Academic Appraisal of Precious Watches

梅亨华
顾青

编著

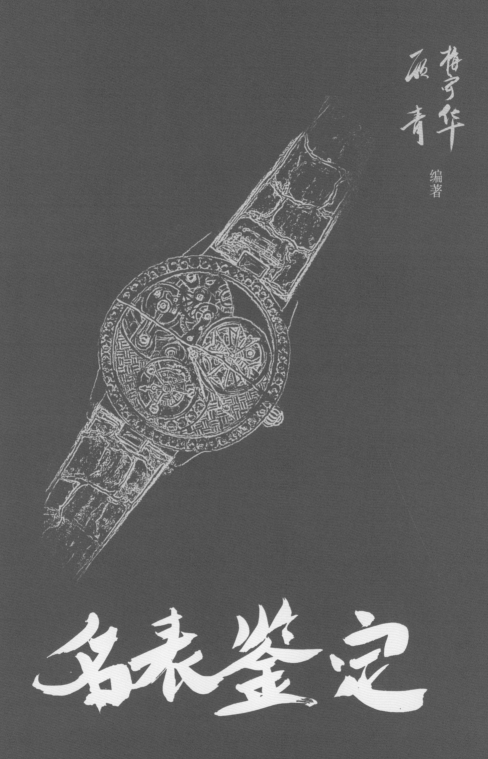

名表鉴定

上海科学技术出版社

图书在版编目（CIP）数据

名表鉴定 / 梅宇华，顾青编著. -- 上海 ：上海科学技术出版社，2024.1
ISBN 978-7-5478-6457-9

Ⅰ. ①名… Ⅱ. ①梅… ②顾… Ⅲ. ①手表－鉴定
Ⅳ. ①TH714.52

中国国家版本馆CIP数据核字(2023)第234876号

名表鉴定
梅宇华　顾　青　编著

上海世纪出版（集团）有限公司
上 海 科 学 技 术 出 版 社　出版、发行
（上海市闵行区号景路 159 弄 A 座 9F–10F）
邮政编码 201101　　www.sstp.cn
山东韵杰文化科技有限公司印刷
开本 889×1194　1/16　印张 15.5
字数 400 千字
2024 年 1 月第 1 版　2024 年 1 月第 1 次印刷
ISBN 978–7–5478–6457–9/TS·259
定价：398.00 元

　　名表从某种意义上讲不仅仅是计时的工具，它已然成为一种奢侈品，成为了人们手腕中的宠儿，象征着佩戴者的身份与地位。而当今市场上鱼龙混杂的现象非常普遍，掌握一定的名表鉴定知识与方法是非常有必要的。

　　那怎样的名表检测鉴定方法与知识是行之有效的呢？钟表的品牌之多，数量之大，仅仅依靠对比，多看的经验之法，已很难成为长久之计。十年前的你不会想到仿表仿制到了现在这样的水准，还有太多的拼装表等更是以假乱真，某些专业机构上当受骗也变得习以为常，当那些鉴定估价师过来求助时，作者能体会到他们的那种挫败感，是精神上的打击远大于经济上的损失。况且还有老表，古董钟表等，在检测鉴定方面更是难上加难，这就需要我们掌握名表的精髓，才能游刃有余地鉴定鉴别，我们需要有一个完整的钟表知识体系呈现在脑海中，这是我们立足于这个名表鉴定行业的不二之选。无论对于商家还是对于大多数的消费者有一定的鉴赏知识，都将获益匪浅。

　　任何行业都需要健康地发展与壮大，名表鉴定是中古奢侈品大行业中的一颗明珠，况且名表鉴定所解决的不仅是真假的问题，还能解决诸如年代的辨别，品相的定义，以及价格的估定等。或许作者的这本书也很难包罗万象，以达全面之效果，但通过本书从历史，文化，特别是制表工艺的源头说起的内容，我们将掌握名表鉴定学科的精髓。

　　作为从事艺术行业和腕表鉴定的从业者，发扬传承本土文化和学习世界经典腕表各方面的知识是我们这辈人的荣誉使命，中国历史文明悠久，国人生活喜欢精致美好的小物件来陶冶性情。近代从大家爱好来看，艺术品市场分老中青三代，古玩、文玩、潮玩就可以知道国人和世界友人对于物件的喜爱程度都有异曲同工之妙。

　　上海作为腕表国营品牌的发祥地有非常高的知名度。在改革开放以后，国外不同品牌的腕表也相继登陆中国，上海作为继承江南文化，红色文化还有世界的人文融合后的多元城市，在这里作者非常荣幸能有这样的机会来详细诠释所了解的各种品牌的历史文化和拆解其腕表中的工艺，为祖国的制表匠人做出我们微不足道的智力和技术支撑，希望中国的奢侈品牌能够发挥其各自特色并逐步走向世界，为全球人民服务，创造出属于中国特色的文化自信和制作出属于中国腕表文化产业的伟大作品。中国是文化大国正向文化强国发展，文化创意产业增强后也一定会带动全球经济的发展。

希望本书能在名表的创意审美、文化历史、内零部件、制作实践等各维度拆分详解为读者朋友提供参考。希望读者朋友们能和我们继续话题共同探讨中国奢侈品发展，共同探索文化产业的发展，共生共创新业态。

梅宇华　顾　青

2022.6

第 1 章

名表鉴定评估概论

第一节 | # 名表的定义

名表是一个很宽泛的概念；通俗来说，名表指的是在国家或国际上具备一定的知名度，并且在品质做工以及制表技术等多方面兼具一定优势的一些品牌钟表，这里的钟表包括钟、怀表以及手表，这是在时间与空间上定义出来的一个概念。

20 世纪六七十年代的上海牌，北京牌手表均是在名表的范畴中，但随着时代的变迁，经济快速发展，国际品牌大量进入中国市场，TISSOT（天梭），LONGINES（浪琴），OMEGA（欧米茄）等取代了曾经祖父辈们、父辈们结婚三大件之一的国产手表品牌的地位，现在意义上的名表有时间维度上的变化，空间维度亦是如此，不同的品牌在不同的国家地区知名度不一定一致，曾经在中国的港澳台地区自发评选过"十大名表"，可实际上到目前为止，世界上还没有任何一家相关的权威机构发布过所谓"十大名表"这样的称呼。所以说名表广义上的定义其实指的就是有法律保护下的计时器，均可称之为名贵钟表，简称为名表。

名表狭义的定义则是指现阶段，在国内以及在国际上所公认的名贵钟表品牌旗下所生产的钟、怀表以及手表产品，是具有一定的品牌文化价值、较强的认知度以及市场流通性强的钟表。而品牌价值以及认知度、市场流通性这些要素也就完全取决于各个品牌的制表工艺了，这也正是我们名表鉴定这门学科所需要真正了解与掌握的关键所在。

如何鉴定名表

鉴定名表的方式多种多样，如同鉴定古董古玩一样，靠的是眼光以及鉴定师所积累的经验，但我们去学习名表鉴定从哪些地方具体入手，这是非常关键的。

无论是练就自身鉴定水平，还是积累下丰富的鉴赏名表的经验，关键在于一个系统化的学习，如果只碎片时间学习，购买品牌杂志了解一些皮毛，可能感觉已学会了好多，实际上会发现啥都没学会，看着任何一款名表，都感觉似真非真，似假非假，很容易进入一个误区和死循环中。导致这个结果的最主要原因就在于浮于表面的学习。

当然了解国际腕表鉴定的知识需要一个循序渐进的过程，切不可操之过急，想要马上练就火眼金睛，并非一朝一夕之事。这循序渐进学习的过程，也就是从易到难的过程，最为直接的方法那就是比对法，也就是表圈所谓找茬法，这是最常用的方法，也是最为实用的手段，与正品相比，有差异的即为假。这种方法简单明了，而且一学就会，这也是目前市场上名表鉴定培训及培训用的相关教材中所惯用的方式。这种是能做到立竿见影的效果，但实际操作以后呢，还是不怎会，那是为什么？原因就在于知其然而不知其所以然，稍稍变化一下后，这个没见过嘛、好像是不对、好像又对。这是因为仿表的技术是在不断更新中，制假者也在不断学习，除了投入更高的成本更新设备，在工艺、结构方面也在努力提高。因此，我们采用传统的比对法无法得出完全正确的鉴定结论，需要综合运用各种方法，并对正品的工艺的充分理解和熟悉掌握方能辨别真伪。

1 PATEK PHILIPPE（百达翡丽）Ref.1463J

2 Paul Newman 的 Daytona 面盘，又称 Exotec 面盘

鉴定名表进阶到第二种方式，那就是经验法，这是依靠鉴定者丰富的从业经验，通过工艺、材质、零部件的特征等来综合确定真伪，这也是本书所要教授给大家真正的奥义所在，而这"经验法"，就需要我们系统地学习钟表各方面的知识，包括文化、历史、工艺、原理等相关知识点，这些将全部成为您鉴定腕表的经验依据，受益匪浅，事半功倍。

在经验法中，我们还会运用到名表数据资料，这一领域的知识点将在书中尽可能地呈现给读者，让读者可通过对名表的外观款式、机芯型号、编号等数据资料得出相应的结论。

当然鉴定最为直接与最为可靠的方式是通过品牌方核对表壳上具体的编号特征来确定是否为正品、原镶钻等，方便而安全。具体的处理方式就是把腕表送入到品牌方的官方售后服务维修中心，做个表带处理或是维修保养，这种方式准确率99%。当然如果要100%，就得采取付费的鉴定服务，但又有几个品牌有这种鉴定服务呢？除此之外，这个方法也有个弊端，品牌的官方售后服务维修中心大多只开设在北上广以及中国香港台北等地区，对于大家来说实际操作不太方便，如果选择邮寄又有交通运输等风险。本书能系统学习鉴定腕表的知识或许对您有意想不到的帮助，个人藏家或商户机构在收藏与投资名表过程中，本书的鉴定技术和系统理论能为您排忧解难，并助您在纵横腕表市场中独具慧眼。

以上是本书的大致框架，而名表鉴定所要得出的结论并非只是真与假这么简单，真伪只是第一步，当然这是最基本也是最重要的结论，是一切鉴定腕表的定性研究。而后需要判定的是原装度、品相、功能状态以及机芯状态等，最后是估值与估价。

1 PATEK PHILIPPE（百达翡丽）背透机芯
2 PATEK PHILIPPE（百达翡丽）工厂

原装度，指的是名表的零部件原装程度，非原装零部件到达一定程度即为非正品。而品相市场俗称成色，一款名表外观有无翻新，是否全新原始状态？后盖有无开盖痕迹？表镜、表壳、表带、指针、表盘、机芯夹板等有无外观处理痕迹，如有处理又是怎么划分程度？腕表的新旧程度是对价格最重要的判断依据。

功能状态则指的是检测手表基本的功能，包括防水、日历翻转、计时等复杂功能腕表的故障判定。而对于机芯状态，这是确定机芯有无维修和保养的经历，机芯有无更换过零部件，运行状态决定了名表的使用情况和是否需要再付代价对机芯进行维护、保养或者维修。很多消费者非常在意名表的走时，对几秒误差都有着特殊的要求。

最后非常重要的一点就是估值，确定二级市场上名表的地位和价值，这是所有消费者与爱好者都想学到的技巧，方法较多，大多需要从业经验和对品牌最基本的认识。而要获得这样的经验，就需要对其材质、年代、品牌价值、市场流通性以及稀缺性等诸多方面的知识，本书将会对每一项做出详尽的解读。

随着网络化的兴起，对于近些年来出现的一些商业和非商业的网络远程鉴定，通过清晰的照片与视频作为鉴定的依据进行初步判断，给予消费者便利，也规避了一些风险。但据我们所知所有的远程鉴定是有明显的缺点：它们无法实现对成色进行评估，也就无法了解手表是否经历过翻新，无法判断机芯的运行状态，甚至对于功能和机芯的真伪也容易造成误判。一些需要通过仪器及真实物品的接触性分析和辨别的手段无法使用，也是远程鉴定的最大弊端。虽然说有一定的弊端，但任何事物都还是需要与时俱进，学习一些名表鉴定过程中如何正确拍照，一是以备不时之需，二是可以留存下来成为自我学习的素材，也可以作为同行或朋友间学习交流达成共同学识语境并增加对手表文化的多元见解。

1 IWC（万国）的达文西万年历双追针（split-seconds）计时

第 2 章

名表鉴定基础知识

第一节 | 钟表品牌等级的鉴别

品牌是一种识别标志、一种精神象征、一种价值理念，是品质优异的核心体现。品牌以一个标识为载体，但仅仅有标识还是不够的，只有那些能触发受众心理活动的标识才能称之为品牌，否则充其量也只是一个商标而已。品牌所涵盖的领域必须包含商誉、产品、企业文化及整体运营的管理。而对于名表鉴定，我们首先要了解的便是钟表品牌的等级划分。不同的钟表品牌之间的制表工艺等诸多方面，我们在鉴定名表真伪时应分以待之，对于名表估值时，更是清楚了解名表品牌的档次与市场地位，才能更为准确地进行评估。

正如本书前文所提及的那样，名表估值的档次是在时间与空间上有很大区别的。20 世纪 70 年代，我国的进口手表有一个分类排名（表 1），从一类一等，一类二等，一类三等，二类一等，二类二等，三类，四类，五类……，这个是当时的国营进口公司，税务部门和国营商店依靠各个品牌在国际市场的声誉以及手表质量进行了分类分级，这也是网上流传的手表等级最初的来源。可以说无论从当时还是现在来说都相当齐全，这个排名包括的品牌数远远超出我们的想象，说实话很多品牌作者都没见过，当然现在所常见的知名品牌也未必出现在这个分类排名中。

当时，中国国内消费水平低，情况特殊（不崇尚黄金制品，黄金管制），一些如 PATEK PHILIPPE（百达翡丽）之类的极品高价表（绝大部分是黄金外壳）无法进入国内市场，造成 ROLEX（劳力士）之类成为最好的品牌。

当时的分类还是比较科学的，主要参考因素为价格、历史、性能和国人认可度。整个品牌的平均售价越高，征税越高，档次也就越高。由于 20 世纪 50—70 年代的瑞士表生产比较稳定（不像 20 世纪 70—80 年代的那场钟表浩劫），所以那时的瑞士表对国内的钟表界有几乎统一的等级评价，而这些评价代表当时各厂的实力，但 20 世纪 70 年代以后（现在）各厂的实力有极大的变化。当时的定档人员还是极其认真地做了大量测试，如抗震、防水、防磁、上满弦后的走时长短、位差、机芯构造及加工、平均准确率等。

通过以上几个方面的综合评价，对进口表做了详细的类别划分。从现在看，有些极不合理，如 GIRARD-PERREGAUX（芝柏）和 ROAMER（罗马）、TITONI（梅花）同列，还不如 ERNEST BOREL（依波路），MIDO（美度），TISSOT（天梭）作为一类三等评级明显过高，RADO（雷达）只是五类三等又评级明显过低等。即使从现在的市场考虑，当时这样划分却十分正常，如 BREITLING（百年灵）当时质量一般，BREGUET（宝玑）面临快倒闭的风险，GIRARD-PERREGAUX（芝柏）产品质量在 20 世纪 40 年代后的急剧下降，RADO（雷达）当时只是组装厂（在当时组装厂没有一点地位）等，拿现在的情况和 20 世纪 70 年代做比较显然是不正确的，但 20 世纪 70 年代的分类还是有极强的参考价值，特别对于收藏与鉴定该年代的钟表。

这样的手表分类标准一直沿用了几十年，到了 2000 年左右，中国的经济飞速发展，老百姓的闲钱多了，对于手表的热情也高涨了。当时的国人有钱但却对钟表的了解不深，再加上陈旧的手表分类标准以及不适应当时的环境。因此，2000 年左右，大家开始对手表品牌进行再次排名，其中流传最广的是两个版本：一个是"十大名表"，一个是"新版分类评级"。

表 1　20 世纪 70 年代我国进口手表分类排名（部分）

（续表）

外文	中文	分类	外文	中文	分类
INTERNA-ONAL ROLEX	国际劳力士	瑞士一类一等	REVUE	莱浮	瑞士三类
LONGINES	浪琴	瑞士一类二等	TITONI	梅花	瑞士三类
OMEGA	欧米茄	瑞士一类二等	WYLER	惠勒	瑞士三类
CYMA	西马	瑞士一类三等	ZODIAC	苏迪亚	瑞士三类
ETERNA	依特那	瑞士一类三等	ANGELUS	安哥拉司	瑞士四类
JAEGER-LECOULTRE	积家	瑞士一类三等	ANLOR	安罗	瑞士四类
MOVADO	摩凡陀	瑞士一类三等	ARCADIA	阿卡地亚	瑞士四类
TISSOT	天梭	瑞士一类三等	AURECLE	奥里柯	瑞士四类
TUDOR	刁度	瑞士一类三等	ASCURO	阿司克路	瑞士四类
UNIVERSAL	万国	瑞士一类三等	ATON	奥顿	瑞士四类
ULYSSE-NARDIN	阿立斯那庭	瑞士一类三等	ASSILLA	爱西拉	瑞士四类
EBEL	依宝	瑞士二类一等	AMBIUS	阿巴斯	瑞士四类
ELGIN（美国）	爱尔近	瑞士二类一等	ATOMIC	阿吐美克	瑞士四类
HAMILTON（美国）	汉弥登	瑞士二类一等	BREITLING	百年灵	瑞士四类
JUVENIA（美国）	左湾那	瑞士二类一等	BOMA	宝马	瑞士四类
MARVIN	摩纹	瑞士二类一等	BONITE	宝耐脱	瑞士四类
MIDO	米度	瑞士二类一等	BOVEET	宝维他	瑞士四类
WALTHAM（美国）	华生	瑞士二类一等	BUDSON	渤生	瑞士四类
BULOVA（美国）	宝路华	瑞士二类二等	BUREN	宝玲	瑞士四类
CORTEBERT	柯迪柏	瑞士二类二等	BRUCA	白罗加	瑞士四类
GRUEN	格路云	瑞士二类二等	BIENNA	比恩那	瑞士四类
VULCAIN	凡尔根	瑞士二类二等	BAUMEMERC-IER	波蒙秘瑟	瑞士四类
WITTNAUER	威那欧	瑞士二类二等	BREGUET	百里鸽	瑞士四类
ZENITH	增你智	瑞士二类二等	CONTEX	康太克司	瑞士四类
ALPINA	阿尔本那	瑞士三类	CYLON	司伦	瑞士四类
BEL-LUX	保路士	瑞士三类	CONDOR	雁牌	瑞士四类
CONSUL	公使	瑞士三类	COLGOR	克尔茄	瑞士四类
DOXA	道洒	瑞士三类	CREATION	克利兴	瑞士四类
EBRHARD	依保哈	瑞士三类	CORAL	柯来而	瑞士四类
ELECTION	依力克辛	瑞士三类	CONSOR	康沙	瑞士四类
ELKA-SOPER	锚牌	瑞士三类			
ERNESTBOREL	依保路	瑞士三类			
GENEVA	日内瓦	瑞士三类			
GIRARDPERR-EGUAX	奇拉派克	瑞士三类			
HEUER	豪华	瑞士三类			
JOVIAL	左威尔	瑞士三类			
JOWISSA	左威洒	瑞士三类			
LUGRAN	留格伦	瑞士三类			
MANREX	门勒士	瑞士三类			
PAULBUHRE	波布尔	瑞士三类			
ROAMER	罗马	瑞士三类			
RECORD	鹅牌	瑞士三类			

"十大名表"是手表杂志《名表论坛》依照国内读者投票评选出的 2003 年最受欢迎的十大品牌。当时评选出来的排名依次是：PATEK PHILIPPE（百达翡丽）、VACHERON CONSTANTIN（江诗丹顿）、AUDEMARS PIGUET（爱彼）、BREGUET（宝玑）、IWC（万国）、PIAGET（伯爵）、CARTIER（卡地亚）、JAEGER-LECOULTRE（积家）、ROLEX（劳力士）、GIRARD-PERREGAUX（芝柏）。

"新版分类评级"则是对曾经的进口手表分类等级做了些修改，参考了当时各个品牌产品的平均价格等级，也考虑了表厂的技术水准（如自家机芯普及度、技术复杂程度等），做出全新的分类等级，之后在这个基础上又总结出顶级、奢华、豪华和亲民品牌的分类。

不管之前的还是现在的分类排名，对于名表鉴定来说是有一定的参考价值，但并没有市场一些所谓名表鉴定培训机构所说的那样，顶级品牌的手表，品牌价值较高，自产机芯为主，鉴定方法统一且简单；而对于奢华、豪华、亲民品牌，公用机芯为主，鉴定较为有难度，这完全是在瞎扯。有多少品牌是 100% 只使用自己的自产机芯的？PATEK PHILIPPE（百达翡丽）？ROLEX（劳力士）？JAEGER-LECOULTRE（积家）？PIAGET（伯爵）？……如果相对熟悉这些品牌历史与表款的话，想必这个答案可以说是仅有一两个而已……而且同一品牌不同时期的工艺又不一致，就拿 ROLEX（劳力士）而言，2015 年之前表盘的生产就有 3 个表盘厂商来供应、PIAGET（伯爵）的表壳镶钻与表盘镶钻前前后后有十几家工坊厂商完成，你能一意而概之？如果将名表品牌涉及那些知名的独立制表品牌，那结果就又不一样了，如 RICHARD MILLE（理查米尔）、F.P.JOURNE（儒纳）等，排名在哪个位置上？独立制表品牌有讲究技艺美学的，也有讲究创意设计的，这些品牌就真的鉴定起来很简单？日内瓦印记的品牌就真的都是时时刻刻全线日内瓦印记的自产机芯？万物都是在变化的，更何况这些钟表品牌呢？

因此，这种品牌排名档次我们只当作一个参考，切不可如市面上所讲的一刀切，因为通过不同的"算法"可以把某些品牌塞进"十大"或是"特级"、也可以把某些品牌挪出去，比如，销量最大"十大"，排名第一应该是 Swatch（斯沃琪）或是 Casio（卡西欧）吧！

只有熟悉了解各个品牌的特性之后，并结合名表鉴定的共性，方为正确之法。

1　RICHARD MILLE（理查米尔）手表
2　PIAGET（伯爵）原镶钻表盘

钟表集团与旗下钟表品牌

一、斯沃琪集团（Swatch Group Ltd.）

　　斯沃琪集团（Swatch Group Ltd.）是目前全球最大的钟表制造商，拥有数个著名的钟表品牌，如 Swatch、欧米茄等。1983 年，正值瑞士制表业面临最严峻的危机时，尼古拉斯·海耶克（1928—2010）通过兼并收购瑞士两家倒闭的制表企业——ASUAG 和 SSIH，成立了 SMH（Swiss Corporation for Microelectronics and Watchmaking Industries Ltd.——瑞士微电子技术及钟表联合公司）集团。在他的领导下，这家公司仅用短短五年时间便跻身全球制表行业的领先地位。1998 年，该公司更名为斯沃琪集团。

　　SSIH 公司拥有欧米茄和天梭两大品牌，成立于 1930 年，宗旨是销售高品质的瑞士腕表。通过收购高品质零部件生产企业以及大量低端腕表品牌，该公司在瑞士制表业巩固了自身地位。

　　ASUAG 则成立于 1931 年，致力于维护、改进和发展瑞士制表业，通过收购半成品机芯生产企业以及大量成品腕表制造商来实现逐步扩张，公司将收购的成品腕表制造商并入其子公司 GWC（General Watch Co. Ltd.——通用制表有限公司）旗下。

　　为了应对 20 世纪 30 年代严重的经济危机以及接踵而至的高失业率，ASUAG 和 SSIH 在各自公司推出了互补研发项目，但事实证明，共同行业政策难以执行。直至 20 世纪 70 年代，瑞士制表业再次面临危机，ASUAG 和 SSIH 再度陷入困境。瑞士制表业面临激烈的外国竞争，尤其是来自日本制表业的压力。日本制表业以批量生产的廉价新款电子产品以及广泛运用的新技术，迅速在市场站稳脚跟。最后，ASUAG 和 SSIH 都面临破产清算，外国投资者提出收购两家公司旗下的一些知名品牌，如欧米茄、浪琴和天梭。

　　当时，时任海耶克工程公司［Hayek Engineering, Zurich（苏黎世）］首席执行官的尼古拉斯·海耶克受命制定一份拯救这两家公司的战略方案。他的建议包括将 ASUAG 和 SSIH 并入 SMH，以及推出低成本、高科技、富有艺术美感、令人心动的"第二只腕表"（second watch）理念的斯沃琪（Swatch），该建议于 1983 年得以执行。五年里，SMH 集团不仅保住了上百个就业岗位，而且发展成为全球最重要的制表公司，从而促进了瑞士制表业的复兴。

　　SMH 集团旗下汇集了欧米茄、浪琴、雷达、天梭、雪铁纳、米度、汉米尔顿、宝曼和斯沃琪在内的知名成功品牌，其产品满足了高端尊贵奢华、中端以及入门级腕表市场的需求（见表 2）。1987 年，SMH 集团再一次创造历史，

表 2　斯沃琪集团的腕表及珠宝品牌

尊贵奢华品牌	宝玑（Breguet）、海瑞温斯顿（Harry Winston）、宝珀（Blancpain）、格拉苏蒂（Glashütte Original）、雅克德罗（Jaquet Droz）、黎欧夏朵（Léon Hatot）、欧米茄（Omega）
高端品牌	浪琴（Longines）、雷达（Rado）、宇联（Union Glashütte）
中端品牌	天梭（Tissot）、卡尔文·克雷恩腕表与首饰（Calvin Klein watches + jewelry）、宝曼（Balmain）、雪铁纳（Certina）、美度（Mido）、汉米尔顿（Hamilton）
基础品牌	斯沃琪（Swatch）、飞菲（Flik Flak）

缔造了儿童专属腕表品牌——飞菲（Flik Flak），如今已经成为全球首屈一指的儿童腕表品牌。

随后，该公司将重点转向高端奢侈腕表市场，1992年收购了知名品牌"宝珀"，随后于1999年收购了历史悠久的"宝玑"表厂，2000年将德国制表龙头"格拉苏蒂"及其姐妹公司 Union Glashütte（于2008年重新推出）纳入麾下，还收购了知名的雅克德罗品牌，该品牌享誉全球的原因不仅仅在于其精湛制表工艺，还在于其所拥有的自动玩偶。与此同时，该公司还进入时尚腕表领域，于1997年创立了 Calvin Klein 腕表与首饰（与美国时装品牌 Calvin Klein 合办的）合资公司。此合资公司获得了巨大的成功，于是集团决定扩大对时尚腕表领域的投资，在斯沃琪集团内成立了一家专业珠宝首饰生产公司（DYB），推出了斯沃琪和欧米茄珠宝首饰系列，随后是宝玑珠宝首饰系列，还重新推出了黎欧夏朵品牌，将其定位为高端珠宝腕表品牌，尤其是针对追求时尚的女性消费者。

同时，斯沃琪集团旗下拥有世界上最大的公用机芯制造及供应厂商 ETA SA.，后者生产的机芯经过调试，打磨，改良或者改装后，被大量运用于入门和中等的机械表款中。其中，ETA2824-2，ETA 2892-A2 和 ETA 7750 为 ETA 被最广泛应用的机芯，不仅被旗下的手表品牌所使用，其机芯经过改良后亦被应用在万国、豪利时、豪雅及帝舵等中高端品牌的手表中。

二、历峰集团（Richemont）

历峰集团是全球第二大奢侈品公司，由南非亿万富翁安顿·鲁伯特于1988年建立，总部位于瑞士。公司涉及的商业领域有珠宝、手表、时装等。

20世纪90年代是历峰集团的黄金时期，营业额仅次于LVMH集团，年销售额高达40多亿美元，用鲁伯特的话来说，"公司就像站在电梯里，你就是站着不动，它也会一直上升。"2002年，历峰问题成堆，运营成本失控，资金问题反过来又拖住了产品创新的后腿，面对重重问题，鲁伯特开始进行大刀阔斧的改革。在其带领下，公司两年内便扭

1 Swatch 斯沃琪集团旗下品牌

转了困境。

历峰集团是一家以经营奢侈品见长的大集团（见表3）。近年来，手表的高利润吸引着历峰加大投入，但旗下部分手表品牌依然必须依靠外购 ETA 等公用机芯来满足自己的巨大需求。机芯已经成为消费者关注的焦点，历峰集团未雨绸缪正努力为自己开发出尽量多的自产机芯，以摆脱外购机芯的需求。

表3　历峰集团旗下钟表品牌及创立时间

品牌名称	创立年份
江诗丹顿（Vacheron Constantin）	1755 年
名士（Baume & Mercier）	1830 年
积家（Jaeger-Lecoultre）	1833 年
朗格（A. Lange & Söhne）	1845 年
卡地亚（Cartier）	1847 年
沛纳海（Panerai）	1860 年
万国（Iwc）	1868 年
伯爵（Piaget）	1874 年
梵克雅宝（Van Cleef & Arpels）	1906 年
万宝龙（Montblanc）	1906 年
罗杰杜彼（Roger Dubuis）	1995 年

历峰集团主力手表品牌的3大机芯来源分别为积家（Jaeger-Le Coultre）、伯爵（Piaget）和罗杰杜彼。积家（Jaeger-Le Coultre）为集团提供了众多的基础机芯，并且为许多不同品牌产品提供技术支持。坐落在"高档手表之乡"（Vallee de Joux）的积家不仅有着悠久的历史，而且在高端的制表领域里有着不俗的实力。从技术的角度来考察，积

家是少数几家几乎在所有不同的机芯制造领域都能够完全自给自足的厂家。直到20世纪中期，这家表厂依然大量地为业内同行提供最高质素的机芯，最近几年主要是因为各家表厂都纷纷被大集团收购，出于集团利益考虑，积家才开始专门为集团提供机芯。从近10多年来的情况看，积家对于新机芯研发工作涉及万年历与星相、高科技材料与陀飞轮功能等许多领域，尤其在计时技术与闹表、超薄表等实用性领域有着十分出众的技术。虽然该厂一向以制造机械机芯著称，但在20世纪70年代积家曾经是最早开发电子石英技术的瑞士手表厂，其制造的一系列电子石英机芯至今依然在其产品中能够看到。

伯爵（Piaget）是历峰集团的另一大机芯来源。这家如今以华贵出名的表厂其实在进入制表业之初是以机芯零件制造出名的，直到今天伯爵依然是一家在瑞士都非常少见的能够在自己的工厂里生产所有机芯的厂家。这里尤其需要指出，伯爵不仅是瑞士最早开发电子石英机芯的制表厂，而且至今依然在生产石英机芯。因此，伯爵在历峰集团里也肩负着为其他品牌提供机芯的重任，尤其在该厂所擅长的超薄机芯方面，整个集团都从中受益良多。

历峰集团买进的豪爵（Roger Dubuis），现在称之为罗杰杜彼，也成为该集团机芯的一个新来源。罗杰杜彼在复杂手表制造方面展示了自己的实力，尤其是将陀飞轮与现代设计结合吸引了众多的爱好者。虽然短时间内还难以看清楚罗杰杜彼在未来历峰集团里将发挥什么作用，但在之后每年日内瓦表展上见到的卡地亚（Cartier）的最新产品，人们已经看到了罗杰杜彼机芯熟悉的影子，如此看来罗杰杜彼已经成为历峰新机芯的第三大来源。

此外，在历峰集团里拥有强大自制机芯能力的还有朗格（A.Lange & Söhne），该品牌也是只采用自产机芯制造手表的少数几家表厂之一，而且其独特的德国风格以及在追针计时、月相与万年历手表制造方面的成就让同行也不敢小视。万国（IWC）虽然至今依然依靠外购来满足自己对于机芯的需求，但该厂的高端产品完全采用自制机芯，是少数几家真正在基础机芯方面有所成就的表厂。同时万国的技术曾经支持过集团内包括朗格在内的不少厂家。

同时作为一家瑞士古老表厂的江诗丹顿（Vacheron Constantin）的机芯技术力量也无人质疑，同罗杰杜彼一样拥有着日内瓦印记的标签。加入自产基础机芯开发行列的还有沛纳海（Panerai），其具体思路是为自己众多的新产品，提供一个新的结实可靠的基础平台。卡地亚、梵克雅宝（Van Cleef&Arpels）、登喜路（Afred Dunhill）、名士（Baume & Mercier）等品牌近年来都曾推出过拥有自己技术的自有机芯产品。比较特别的是万宝龙（Montblanc），2006年收购以机芯开发见长的美耐华（Minerva）之后，万宝龙在复杂机芯开发上表现出特别强的竞争力，尤其是两款分别编号为MB R100手动上链及MB R200自动上链机芯，以及Montblanc Star Nicolas Rieussec Monopusher Chronograph，独特的复古单键计时让表迷有喜出望外的感觉。虽然目前还没有迹象表明美耐华会为历峰集团其他品牌研发机芯，但万宝龙已经成为名副其实的复杂机芯制造专家则是事实，是否今后成为集团机芯的第四大来源值得期待。

2018年，历峰集团在6月1日发布官方公告，宣布收购英国二手表商Watchfinder全部股份，将其并入集团旗下。

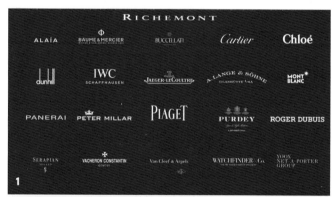

这也标志着历峰集团正式涉足二手表业务。Watchfinder 由 Stuart Hennell 和 Lloyd Amsdon 两人创立于 2002 年，至今已经运营超过 15 年。目前 Watchfinder 除了在网络进行销售以外，还在全英拥有 7 家线下的精品店。Watchfinder 成功的秘诀在于充分考虑到二手钟表后续的保养、维修问题。目前，Watchfinder 的 200 多个雇员中，有一半以上都是钟表维修师傅。同时，Watchfinder 作为私人企业还制定了严苛的技师培训计划，拿下了欧米茄、万国、爱彼、卡地亚、沛纳海等品牌的官方保养授权。在截至 2017 年 3 月的一年里，Watchfinder 报告的销售额为 8 600 万英镑，约合 7.4 亿人民币。净利润率为 6%，净利润额为 4 500 万人民币。

除历峰集团以外，2018 年 1 月，著名瑞士钟表品牌爱彼（Audemars Piguet）也早已推出二手表业务，并在日内瓦的凯宾斯基酒店（Grand Hotel Kempinski）进行销售。而在此之前的 2016 年的 10 月，独立制表品牌 F.P.Journe 推出了 "Patrimoine" 服务，将品牌之前售出的手表从前任表主那里回收，然后进行了保养、维修，配备全新的表盒重新销售。包括 H.Moser & Cie 和 MB & F 在内的几个小品牌都对二手交易产生了兴趣，而 MB & F 更是表示从 2018 年开始他们也将在官网上销售二手表。

更为劲爆的是，除了目前的历峰集团、爱彼、FPJ 等独立小品牌以外，据英国媒体 Reuters 介绍，世界第一大奢侈品集团法国路威酩轩 LVMH 也在考虑让旗下的宇舶、真力时、豪雅品牌涉足二手表。这些钟表集团的入场，从侧面反映出二手钟表市场的广阔前景，二手表逐渐被更多成功人士所接受。

三、劳力士集团

劳力士（Rolex）是瑞士著名的手表制造商，前身为 Wilsdorf and Davis（W&D）公司，由德国人汉斯·威斯多夫（Hans Wilsdof）与英国人戴维斯（Alfred Davis）于 1905 年在伦敦合伙经营。1908 年，由汉斯·威斯多夫在瑞士的拉夏德芬（La Chaux-de-Fonds）注册更名为

1 Richemont 集团在 2018 年 6 月 1 日发布的官方公告

RICHEMONT

COMPANY ANNOUNCEMENT

1 JUNE 2018

RICHEMONT ACQUIRES WATCHFINDER.CO.UK LIMITED

Richemont, the Swiss luxury goods group, is pleased to announce that it has reached agreement to acquire 100% of the share capital of Watchfinder.co.uk Limited ("Watchfinder" or "the Company"), the leading pre-owned premium watch specialist, in a private transaction with its shareholders.

Established in 2002 in the United Kingdom, Watchfinder has grown organically under the careful stewardship of co-founder Stuart Hennell to become the leading platform to research, buy and sell premium pre-owned watches, both online and through its seven boutiques. In addition, Watchfinder operates a highly qualified customer service centre and employs c 200 employees worldwide.

Commenting on the transaction, Mr Johann Rupert, Chairman of Richemont, said:

"Sixteen years ago, Watchfinder's founders foresaw the need for an online marketplace for premium pre-owned timepieces. Watch enthusiasts themselves, they established Watchfinder to provide excellence in customer experience. We believe there are substantial opportunities to help grow the Company further. Today, Watchfinder operates both as an 'online' and 'offline' business in a complementary, growing, and still relatively unstructured segment of the industry.

Together with YOOX NET-A-PORTER and our stake in Dufry, the acquisition of Watchfinder is another step in Richemont's strategy. It will enable us to better serve the sophisticated needs of a discerning clientele.

We welcome Stuart Hennell and his team, and look forward to ensuring Watchfinder remains the compelling destination for premium pre-owned timepieces."

The transaction is expected to close in the summer of 2018 and will have no material impact on Richemont's consolidated net assets or operating result for the year ending 31 March 2019.

1

ROLEX。劳力士以庄重、实用、不显浮华的风格广受成功人士喜爱，其表款高度精准且具备超高的耐用度，在钟表圈中，劳力士的爱好者们常常会用一句话来形容劳力士：一"劳"永逸。

劳力士的发展史与其富有远见和开拓精神的创办人汉斯·威尔斯多夫（Hans Wilsdorf）之间，有着密不可分的关系。1905 年，年仅 24 岁的他便于伦敦创办了自己的企业，名为"威尔斯多夫及戴维公司"（Wilsdorf and Davis），是一家主要负责销售手表的公司，但他也研发自制手表。第一批劳力士表因它高超的技术质量而立即受到重视。1914 年，一块小型劳力士表荣获乔城天文台（Kew Observatory）的 A 级证书，这是英国知名天文台从未颁发过的最高评价。劳力士手表的精确度得到了承认，这是世界性的大事，使其在欧洲和美国顿时身价倍增。从此，劳力士的质量即代表了精准。

"一战"后，劳力士迁回日内瓦，在创始人的推动下，劳力士公司不断创新、创造、完善自己，它的研究方向为防水与自动。1926 年，劳力士创制了首款能防水、防尘的腕表，这就是著名的"蚝"（Oyster）式腕表。蚝式腕表配备密闭的表壳，为机芯提供最佳的保护。1927 年，有名英

国游泳女将美雪狄丝戴着这种防水表横渡英吉利海峡，那只手表在水中整整浸泡了 15 个小时后，仍旧分秒不差，完好无损。当时的英国《每日邮报》消息称这一事件"发明了难以实现的奇迹"，是"制表技巧最巨大的成功"。事实上，这一事件也成为劳力士一次经典的营销，从此，劳力士"蚝式"防水表名闻天下。

1929 年，经济危机打击了瑞士，但劳力士却没受影响。它在这一时期改进发明了一种自动上链的机制，造出了后来风靡一时的"恒动"（Perpetual）型表。这种自动表拥有一种摆陀，它给钟表业带来了一场革命。

1945 年，劳力士创造了世界上首款可以主动转换日期的万年历表；1955 年，劳力士研制出了飞行员手表，使佩戴者能够在不同时区准确计时；同年，劳力士又创造了深海应用的潜水表，潜水表可潜入水下 100 米仍正常运转；1956年又推出了具备星期显示功效的日历表，并有 26 国文字可供选择。

劳力士能在今天的世界表坛享有盛名，与安德烈·海尼格（Andre J. Heiniger）的灵感和热情分不开。海尼格自 1964 年起取代威尔斯多夫成为劳力士公司总经理。他忠实地继承劳力士创始人的事业，不断提高质量和技术革新，为企业带来了新的气息——国际化。海尼格跑遍世界各个角落，开拓新市场，他有着惊人的预测力，决定在各大洲的主要城市建立分公司，这在当时是个创举。

经过一个世纪的发展，总部设在日内瓦的劳力士公司已拥有 19 个分公司，在世界主要的大都市有 24 个规模颇大的服务中心，年产手表 45 万只左右，成为市场占有量甚大的名牌手表之一。该企业品牌在世界品牌实验室（World Brand Lab）编制的 2006 年度《世界品牌 500 强》中位列第79 名。

2008 年 12 月 30 日，世界权威的品牌价值研究机构——世界品牌价值实验室举办的"2008 世界品牌价值实验室年度大奖"评选活动中，劳力士凭借良好的品牌印象和品牌活力，荣登"中国最具竞争力品牌榜单"大奖，赢得广大消费者普遍赞誉。

1 Rolex 劳力士集团
2 劳力士蚝式恒动 Day-Date 星期日历型
3 劳力士上海有限公司

劳力士手表"稳重、适用、不显浮华"的设计作风，备受人们推重，而精确和耐用性更使劳力士身价不凡。劳力士每位钟表技师均抱有同一信心，就是凡事必需精益求精，每个生产程序均经过严厉的质量监控，每块表都进入气压室测试防水性能，然后用每一百年误差两秒的原子钟做精确度校准，完成所有质量测试的表才可以出厂。劳力士人精益求精、对完美的执着追求也赋予了劳力士表最高的品质，使劳力士享有其他品牌所无可比拟的荣誉。

20世纪30年代，劳力士全力实施以英国为中心的全欧洲产品推广计划，但由于价格昂贵，很难让普通老百姓拥有。汉斯·威尔斯多夫决定生产劳力士产品的普及版，即产品品质要和劳力士一样可靠，但售价要让一般人士能够接受的产品。于是，帝舵（Tudor）诞生了。

"Tudor"意为英国的都铎王朝（1485—1603），那是英国历史上最辉煌的时代之一。"Tudor"的中文名被译为"帝舵"，也有着十足的王者气派。帝陀的系列名称也大都与王室有关，如王子系列、公主系列、王者系列等，组成了兴旺的"帝王家族"。从尖端技术到时尚风格，帝舵不仅秉承逾一个世纪的传统制表工艺，更以独一无二的手工技艺打造出一只只有生命、有灵魂的腕表。腕表的精工细作，尽显品牌的现代气息和高雅气质；而其材质选配与非凡设计，更流露出创新鲜明的风格。

汉斯·威尔斯多夫先生有着超凡的洞察力与智谋，在当时发展得如火如荼的腕表制造业中，率先发现大众非常期待一个价格适中的新品牌，帝舵应运而生，其技术、工艺、设计、功能及销售网络均由凭借卓越品质享誉全球的劳力士监制。在此引领和影响下，帝舵很快便独当一面，确立了属于自己的品牌形象。

长久以来，顶尖时尚、经久耐用的瑞士一流制表工艺，造就了帝陀的一贯传统，使其当之无愧地成为当代积极生活方式的典范。每块帝陀表在出售的时候均附有原厂保用证书，证书上载有关于手表的详细资料、出售日期及有效的商号印鉴。为了巩固在国际市场上的声誉，帝陀表已与遍布世界各地的高级珠宝商合作，建立起了庞大的全球分销网络。

四、LVMH集团

全球最大的奢侈品集团——LVMH集团，由路易威登（Louis Vuitton）与酒业家族酩悦轩尼诗（Moët Hennessy）于1987年合并而成。除了卖皮具、酒类之外，集团还涉及服装、零售、出版物，当然也包括钟表（见表4）。不过，钟表不算主业，销售总额只能排名第四。

表4　LVMH集团旗下钟表品牌及创立时间

品牌名称	创立年份
宇舶（Hublot）	1980 年
真力时（Zenith）	1865 年
豪雅（TAG Heuer）	1860 年
迪奥（Dior）	1985 年
尚美（Chaumet）	1780 年
宝格丽（Bvlgari）	1884 年
路易威登（Louis Vuitton）	1854 年

1 Tudor（帝舵）手表

五、开云集团（Kering）

开云集团成立于 1963 年，最初经营木材业务。集团曾经历过多次转型，其中最重大的一次转型发生在 20 世纪 90 年代中期，集团转型发展零售业，后收购 Gucci、Bottega Veneta、PUMA 等。目前开云集团旗下钟表品牌有 BOUCHERON（宝诗龙）、GIRARD-PERREGAUX（芝柏）、JEANRICHARD（尚维沙）、ULYSSE NARDIN（雅典）和 GUCCI（古驰）。

1 路易威登

2 LVMH2020 年在迪拜举办的表展

3 Kering 开云集团

其他钟表品牌

一、百达翡丽（PATEK PHILIPPE）

百达翡丽（Patek Philippe）是一家始于 1839 年的瑞士著名钟表品牌，逾百年来，百达翡丽一直信奉精品哲学，遵守重质不重量、细工慢活的生产原则。主旨只有一个，即追求完美。它奉行限量生产，每年的产量只有 5 万只。在长达一个半多世纪中，百达翡丽出品的表数极为有限，且只在世界顶级名店发售。百达翡丽拥有多项专利，在钟表技术上一直处于领先地位，其手表均在原厂采用手工坚持品质，精致、美丽、可靠的优秀传统，百达翡丽以其强烈的精品意识、精湛的工艺、源源不断的创新缔造了举世推崇的钟表品牌。

早于 16 世纪，钟表制造业的深厚文化已在日内瓦萌芽。日内瓦早期的钟表制造者不仅是工艺师，更怀着一种近乎狂热的热忱，务求令作品在外形及性能上达致完美。

这种力求完美的钟表制造精神世代相传，更成为百达翡丽的创始人安东尼·百达（Antoine Norbert de Patek）的创业基础。1839 年，安东尼·百达在日内瓦开设了百达钟表公司。1844 年，安东尼·百达与简·翡丽（Jean-Adrien Philippe）在巴黎一个展览会中相遇。当时简·翡丽已经设计出表壳很薄，且上链和调校都不用传统表匙的袋表。这种袋表在展览会上甚受漠视，而安东尼·百达却深为其新的设计所吸引。两人经过一番交谈，立即达成合作的意向，就这样，简·翡丽加盟百达公司。两人合力改变了钟表制造业的历史。他们创出各项新发明，取得多项专利，如表冠上链及调校装置，并以其机械机芯的精确度创下多项记

1 PATEK PHILIPPE（百达翡丽）2020 年推出的大复杂手表

录，至今未被打破。1851年，百达公司正式易名为百达翡丽（Patek Philippe）公司。百达翡丽的厂标由骑士的剑和牧师的十字架组合而成，也被称作"卡勒多拉巴十字架"，象征庄严与勇敢。这个厂标从1857年开始使用。

为了突破传统，开创更理想的工作环境，百达翡丽（Patek Philippe）从1988年起就开始规划与兴建全新的工厂，为的是"把百达翡丽独特的工艺及科技结合在一个屋檐下"。新工厂完工启用后成为一个完整的"成表"工厂，工厂旁的一座旧古堡被翻修成日内瓦私人珍品收藏博物馆。

为取得更进一步的发展，百达翡丽在1996年10月正式发行《百达翡丽国际杂志》，以英、法、日、中、德、意6种语言版本发行，力图通过该杂志的内容来吸引客户，提升企业形象。凡此种种，皆在证明百达翡丽不断求新、求变的经营理念，使这家百年老厂依旧充满活力，朝气蓬勃。该企业品牌在世界品牌实验室（World Brand Lab）编制的2006年度《世界品牌500强》中位列第253名。

目前，百达翡丽仍是全球唯一采用手工精制且在原厂内完成全部制表流程的制造商，并坚守着钟表的传统工艺。瑞士钟表界称这种传统制造手法为"日内瓦7种传统制表工艺"，即综合了设计师、钟表师、金匠、表链匠、雕刻家、瓷画家及宝石匠的传统工艺。百达翡丽深信，由这类工艺大师的巧手所制作出的名表皆为艺术珍品，而这也是百达翡丽钟表最值得骄傲的特色。钟表爱好者贵族的标志是拥有一块百达翡丽表，高贵的艺术境界与昂贵的制作材料塑造了百达翡丽经久不衰的品牌效应。

二、爱彼（AUDEMARS PIGUET）

爱彼（Audemars Piguet），瑞士著名制表品牌。1875年，两位年轻有为的钟表师Jules Louis Audemars和Edward Auguste Piguet在瑞士汝山谷（Vallée de Joux）的布拉苏丝小镇（Le Brassus）共同创建了爱彼（Audemars Piguet）品牌，潜心制作复杂功能机芯。自创始之日，爱彼坚持每年至少创作一枚大复杂功能时计的传统从未间断，谱写着一代代饱含独立精神的家族传奇。

1875年，两位年轻才俊的制表大师Jules Louis Audemars和Edward Auguste Piguet决心在瑞士钟表胜地侏罗山谷携

手发展精密钟表事业，正式创办爱彼表钟表厂；并于1881年12月17日在布拉苏丝成立"Audemars，Piguet & Cie"公司。

AP是取两人姓的第一个字母"A"和"P"组成。两位创始人在汝山谷受训成为专业打磨师，并致力研发制作钟表最精巧的部分。钟表厂成立之初，高瞻远瞩的创始人已决定不再作钟表厂的零件供货商，率先研制完整钟表作品，并于1882年制作出首枚配备万年历装置的怀表。凭借卓越的创业精神，他们开始着重研发复杂表款，并进行了一系列策略性的市场推广，令爱彼成为当今世界上拥有最多复杂表款发明纪录的品牌。

1889年，第十届巴黎环球钟表展览上，爱彼的参展作品Grande Complication大复杂功能怀表，搭载三问、双针定时器及恒久日历功能，以精密的设计，引起钟表界的极大回响。这次的成功，令爱彼声名大噪，迅速在表坛建立领导地位。除原有在伦敦及巴黎的代理商外，新的代理商亦在柏林、纽约及布宜诺斯艾利斯等地成立。

随着业务的扩展，1907年，爱彼公司在原有大厦旁购置新物业，百年来，爱彼制造中心亦从未迁离原址，每件作品均出自现代钟表制造的发源地——汝山谷的制表工厂，并刻有制表师的名字和个别编号，弥足珍贵。

爱彼表之所以能在尊贵瑞士制表传统中永垂不朽，全因两个始创家族历来对爱彼表的承诺及后世制表大师的忠心。自1882年开始，Audemars及Piguet的家族成员已出任公司各主要职务，而Audemars及Piguet则分别掌管公司内两大业务范畴；Audemars负责技术部分，Piguet则较多参与商业活动。这种联合的管理方法被家族成员沿用至今，

1 AUDEMARS PIGUET（爱彼）总部大楼

历久不衰。

1917 年，Jules-Louis Audemars 退休并由其儿子 Paul-Louis Audemars 继任董事会主席及技术经理。1919 年，Paul-Edward Piguet 亦继承父业，掌管了公司的商业部门，1962 年，他的两位女儿亦开始在公司工作。之后 Jacques-Louis Audemars 成为董事会主席直至 1992 年。爱彼仍由家族传人掌管，董事会主席由 Jacques-Louis 的女儿 Jasmine Audemars 出任。

已有 130 多年历史的爱彼，在创始人 Audemar 和 Piguet 的家族第四代的领导下，取得了骄人的成就。精湛的制表技术和华贵典雅的设计，令爱彼深受钟表收藏家推崇，成为世界三大名表之一。如今，爱彼制表工厂分布于瑞士 Le Brassus、Le Locle 及日内瓦，制表工匠总数达 430 人。

瑞士汝拉山脉（Jura）汝山谷（Vallée de Joux）上千年来均是环境严苛的区域，天然原始、气候极端。直至 6 世纪，修道士因其四周幽静朴雅，充满灵性才首次定居于此。该山谷因盛产复杂功能时计，被誉为复杂功能钟表的摇篮，并以此闻名于世。

自 1875 年起，位于汝山谷的布拉苏丝小镇（Le Brassus）即已为爱彼表厂的基地。早期表匠在此于夏日耕作，冬日里则借着极光，磨炼最复杂的制表机械。百年来，对传统高级制表技艺的不懈追求与突破创新，已成为爱彼品牌秉承至今的核心价值。

自 1875 年创立至今的 148 年的历程中，爱彼始终秉承突破创新，追求卓越的传统精髓，制造出无数杰作，更创下了很多"史上第一"的记录，如 1892 年发表了史上第一枚三问功能的腕表；1986 年推出全球首枚超薄自动上链陀飞轮腕表；1997 年首推三音锤三簧大小自鸣腕表；1999 年问世星轮三问等惊世之作。"八大天王"大复杂功能腕表系列则更是爱彼对过往复杂功能成就的总结与对未来的展望与宣言；2006 年，品牌推出爱彼独家擒纵系统，革新了钟表界百年以来擒纵系统的运作方式。更为难得的是，爱彼是目前唯一始终由创始家族掌管的高级钟表品牌，并致力于复杂功能制表技艺的传承，成就了钟表业不朽的家族传奇。

1 AUDEMARS PIGUET（爱彼）博物馆内不光是有古董表，更有很多传统的制表机器被完好地保存下来

三、理查米尔（RICHARD MILLE）

Richard Mille 先生出生于法国德拉吉尼昂瓦尔大区（France's Var region in the town of Draguignan）。21 岁考入贝桑松技术学院（Besancon School of Technology）学习市场营销。1974 年进入法国钟表制造公司 Finhor（总部位于 Villers-le-Lac），担任出口部门经理一职。在 Matra 接手这家公司时，他已经成为该集团出口部门总监，负责旗下所有腕表品牌的出口贸易。20 世纪 90 年代，Richard Mille 加入位于 Place Vendome 旺多姆广场的梦宝星珠宝（Mauboussin），随后担任制表部门主席及珠宝首饰部门首席执行官。他直接参与创意制表过程，同时还接触众多顶级瑞士机芯制作大师。例如，他曾与爱彼机芯厂负责人兼首席设计师 Renaud & Papi 合作，共同为 Mauboussin 设计钟表和机芯。

虽然，在其职业生涯中所收获的工作经验与忠实友谊堪称无价，但作为一名管理人员，Richard Mille 仍然因受到公司条款、生产成本、品牌策略等种种约束而无法使自己的创造力得到极致的发挥。50 岁时，他终于决定创立属于自己的品牌，意在突破制表业的当前现状，实现将钟表制造技术与 21 世纪全新理念的完美融合。当 Richard Mille 将这一计划透露给他在爱彼（APR & P）的联系人和好友 Laurent Picciotto，立即赢得了他们莫大的兴趣与支持。随后，他联系了在 Les Breuleux 的好友 Dominique Guenat

（Montres Valgine 的品牌拥有者），其更是欣然同意加盟。这注定是个充满风险的赌注：Richard Mille 计划仅研发一款手表，一款能够真正圆梦的理想作品；他在制作过程中极少考虑生产成本，因而导致经常超支。

终于，第一款 RICHARD MILLE 腕表 RM 001 在 2001年正式发布，并以 20 万欧元的标价将这一初出茅庐的品牌推上了高级腕表市场的尖端。尽管预期销量很低，事实是 RICHARD MILLE 一炮而红，RM 001 在问世当日便吸引数百张订单，人们纷纷抢购这款限量珍品。这先驱性的腕表为后续产品打开了新天地，成为钟表史上的里程碑，同时展现新世代钟表制造业的前景。未来派、大胆、高科技、尖端之类的词语很快成为公众和媒体用以描述 RM 001 款腕表设计吸引力的关键词语。在之后不到十年的时间里，RICHARD MILLE 成了高级制表业的翘楚，其所获的成功至今难以被逾越。

RICHARD MILLE 腕表自创牌以来，始终以绝无仅有的品质，技压群雄。在高科技航空学和赛车工业研发领域中汲取灵感，诸多新材料如 CARBON NANOFIBER（碳纳米纤维）、ALUSIC（铝 AS7G 硅碳）、铝－锂合金、ANTICORODAL（铝基硅镁合金）和 PHYNOX（钴铬镍合金），均凭借 RICHARD MILLE 腕表成功引入钟表制造领域。这些新材料的选择，并不是某些短暂流行的视觉概念噱头，而是因为它们确实能为钟表制造带来切实清晰、改进的功效。此类新颖材料不仅是创作完美时计的基础，同时也为 21 世纪的钟表制造业开创了无限可能，是高级钟表最完美的诠释。极尽奢华的表壳，可选钛合金款、18K 红金或白金铂金款，其臻善臻美的曲线设计完全符合人体工程学，完美贴合或宽或纤的腕部。

目前，RICHARD MILLE 手表系列超过 40 款，一如 RICHARD MILLE 当日出产的首款腕表那般，每款时计的设计与生产都倾注着品牌始终如一的激情与决不妥协的原则。从标志性的桶型表款，到方型的 RM 016 纤薄方形自动腕表、RM 017 超薄陀飞轮和浑圆的 RM 025、RM 028、RM 032、RM 033 等，RICHARD MILLE 探索腕表极限和科研，追求工艺美学，如高速赛车讲求每一部分都要恰到好处，功能与舒适度为首要，诸番细节无不清晰透射出品牌超群、统一、完整的钟表制作观。从每一枚刻着 RICHARD

1

MILLE 印记的腕表中都可以强烈感受到品牌缔造者忠于腕表文化，同时对高科技研发、创新材质、航天和赛车的热忱，以及绝不为寻常规范而妥协的革新派精神。RICHARD MILLE 品牌由三个理念指引：一是勇闯前沿，创新技术；二是强大的艺术和结构层面，便于使用且坚固耐用的腕表设计，同时不失精巧；三是每一枚腕表均是纯手工修饰，诠释何为高级钟表文化的巅峰。

四、香奈儿（CHANEL）

香奈儿是法国著名奢侈品牌，由可可·香奈儿（Coco Chanel）于 1913 年在法国巴黎创立。香奈儿的产品种类繁多，有服装、腕表、珠宝饰品及其配件、彩妆品、护肤品、香水，每一种产品都闻名遐迩。香奈儿是一个有着百年历史的著名品牌，香奈儿时装永远有着高雅、简洁、精美的风格，它善于突破传统，早在 20 世纪 40 年代就成功地将"五花大绑"的女装推向简单、舒适。

香奈儿女士曾说："我要成为未来的一部分。"这种雄心壮志与远见卓识的结合，造就了香奈儿这个独一无二的品牌。从 20 世纪初品牌创立伊始，香奈儿女士的创作语汇超越时代，不断传承发展，时至今日依然深深影响着我们。

最初，香奈儿女士以一家小小的女帽店起家，然后迅速地建立起自己的时尚事业。她所提倡的是一种前所未有的"生活方式"，既赋予女性行动的自由，又不失温柔优雅。在她的设计下，时尚进化为现代、年轻、简洁、实用与理性。

香奈儿女士借用了男士服装的元素，运用在女装上。自此，男士外套、对襟毛衣、斜纹软呢、针织面料、甚至绅士出席宴会在前襟佩戴的山茶花、骑士背心的菱格纹车纹，都被她巧妙地化为极具风格的仕女穿着和手袋上的创作。

香奈儿女士的创作更跨越了传统概念的"时尚"。她曾说："我要一款设计过的香水。"在这个概念的引领下，她与俄国宫廷调香师恩尼斯·鲍合作推出了一款集合了80多种成分的香水——这就是传奇的香奈儿五号香水。

此后，香奈儿女士更以丰富的创意，不断开拓新的领域——八角形的 Première 腕表，1932 年"Bijoux de Diamants"钻石珠宝系列的设计，都为未来的香奈儿腕表和高级珠宝开启了无限灵感泉源。

"香奈儿"品牌走高端路线，时尚简约、简单舒适、纯正风范、婉约大方、青春靓丽。"流行稍纵即逝，风格永存"依然是品牌背后的指导力量。"华丽的反面不是贫穷，而是庸俗。"香奈儿女士主导的"香奈儿"品牌最特别之处在于实用的华丽，她从生活周围撷取灵感，尤其是爱情，不像其他设计师要求别人配合他们的设计，"香奈儿"品牌提供了具有解放意义的自由和选择，将服装设计从男性观点为主的潮流转变成表现女性美感的自主舞台，将女性本质的需求转化为香奈儿品牌的内涵。

今天的香奈儿，传承了可可·香奈儿优雅的现代精神，在时尚精品、香水与美容品、腕表与高级珠宝等各个领域，不断续写新的美丽篇章。

五、萧邦（CHOPARD）

萧邦是瑞士著名腕表与珠宝品牌，1860 年由路易斯·尤利斯·萧邦（Louis-Ulysse Chopard）在瑞士汝拉地区创立，以怀表和精密腕表著称。萧邦的钟表制作工艺超卓，在金质的怀表中享有杰出的声望。萧邦的产品风格秉承着富有浪漫诗意的创意设计，洋溢着时尚动感的同时兼顾考究的传统工艺。

欧洲文艺复兴以后，世界璀璨的文化艺术精品不胜枚举，制表工艺也是一如既往地追求完美和纯粹。1860 年，才华横溢、工艺超卓的年轻表匠路易斯·尤利斯·萧邦在瑞士汝拉（Jura）地区以钟表制造闻名的小村庄松维利耶（Sonvilier）创建了他的工坊，开始生产精密钟表。他匠心独具，制作的表精确可靠，使得公司迅速建立名声，其中又以制造具有高精确度的怀表最为著名。传闻当时的瑞士铁路公司都慕名而来，邀请萧邦担任供货商。此后，这家公司火车误点情况大大减少，从而也让世人见识到了萧邦精准的制表技术。

在经营出口碑后，萧邦于 1920 年决定开始设计镶嵌宝石的腕表。1921 年，萧邦表创办人的儿子保罗·路易·萧邦（Paul Louis Chopard）在拉夏德芳（La Chaux-de-Fonds）开设分店，随后将公司总部也搬迁到那里。1937 年，他将公司迁往高级钟表之都日内瓦，从而令品牌拉近与世界各地顾客的距离。1943 年，路易·于利斯的孙子保罗·安德烈·萧邦（Paul André Chopard）接掌萧邦品牌。

20 世纪 60 年代，保罗·安德烈·萧邦不得不面对这样一个现实：他的儿子之中没有一个愿意继承他的衣钵。就在这个时候，他遇上卡尔·舍费尔（Karl Scheufele）——德国普福尔茨海姆（Pforzheim），一个制表和珠宝世家的后裔。经过简短的会晤后，卡尔·舍费尔决定买下萧邦公司。在舍费尔家族的推动下，萧邦品牌取得长足发展。萧邦的新颖创意、先进技术和工匠们的杰出技艺广受称赞，因而迅速跻身著名高级钟表和珠宝业之林。萧邦品牌完全独立发展，矢志弘扬历史悠久的家族传统。

40 多年来，卡尔·舍费尔及其妻子凯琳一直主持公司在国际市场上的发展，目前仍积极参与公司的运作。他

1　香奈儿（CHANEL）手表

们的两名子女现在担任公司的联合总裁：卡罗琳·舍费尔（Caroline Scheufele）负责女士腕表系列和珠宝部门，而卡尔·弗雷德理克·舍费尔（Karl-Friedrich Scheufele）则主管男士腕表系列和设于弗勒里耶（Fleurier）的萧邦制表厂，即 L.U.C 机芯的生产地。

为纪念公司创始人路易斯·尤利斯·萧邦（Louis-UlysseChopard），萧邦推出了一款男士腕表系列，并命名为 L.U.C。这款腕表最初的创意也和萧邦先生在创业之初的想法有关。L.U.C 系列腕表利用传统的制作方式，达到了返璞归真的艺术效果，更重要的是，这一系列腕表的开发为萧邦的腕表制作工艺成就了一座里程碑。

只有可以独立生产自己的机芯才能够打造完全属于自己的品牌，并且只有全部零件来自本厂才能成为令人向往的制造品牌，这并不是一件容易的事情。1993 年，公司在弗洛伊利尔——一个有着腕表制作传统的小镇，设立了高科技制造中心，经过三年的辛勤工作和不断的实验和测试，完完全全由萧邦设计、生产的新机芯，终于在 1996 年诞生了。

1997 年，"L.U.C 1860"男士腕表由专业记者和腕表零售商推荐，当选为年度最佳腕表。2000 年 3 月，萧邦推出了采用 1.98 机芯的"L.U.C Quattro"。这种机芯在市场上可谓绝对的创新，因为它搭载了四枚发条盒（2×2 互叠式），使得该腕表可以达到 9 天的动力储备。它获得了 2 项专利，加上日内瓦印记使这款腕表成了无法复制的经典。

舍费尔家族在产品设计上所表现的出众创造力，以及在珠宝领域一贯的非凡造诣，使萧邦表的内涵和特质得到了很好的延续，不断地焕发新的光彩和活力。如今，萧邦在十几个国家开设了子公司，而腕表专卖店更是遍布世界各地。萧邦旗下的系列不可谓不多，其中最经典的首推 L.U.C 系列和 Happy Diamonds 系列。除了同样骄人的名气与人气以外，它们和萧邦表的特殊渊源，也奠定了它们作为主打系列的地位。

1 当年的铭牌、钟表零件列表、图稿、两枚旧式萧邦怀表
2 位于桑维里耶（Sonvilier）的店铺，萧邦表创始于此（照片拍摄于 1900 年）
3 萧邦家族照片
4 CHOPARD（萧邦）总部

六、爱马仕（HERMÈS）

爱马仕是世界著名的法国奢侈品牌，1837 年由蒂埃利·爱马仕（Thierry Hermès）创立于法国巴黎，早年以制造高级马具起家，迄今已有 170 多年的悠久历史。爱马仕是一家忠于传统手工艺，不断追求创新的国际化企业，截至 2014 年已拥有箱包、丝巾领带、服装和生活艺术品等 17 类产品系列。爱马仕的总店位于法国巴黎，分店遍布世界各地，1996 年在北京开了中国第一家爱马仕专卖店，"爱马仕"为大中华区统一中文译名。爱马仕一直秉承着超凡卓越、极致绚烂的设计理念，造就优雅之极的传统典范。

我们从这些产品里不难看出，爱马仕始终都保持着法国人的浪漫和艺术格调，为时代烙上了专属的印记。事实上，不仅仅只有皮具和丝巾是爱马仕的标志，爱马仕的腕表也在不断突破，推出了不少标志性的经典腕表。爱马仕的腕表拥有经典的美学风格设计和可靠的性能设计，书写着其传奇的制表历史。它凭借着不断前进的制表实力、艺术情怀以及对时间特有的解读，成了制表界中不可忽视的存在。

1928 年，爱马仕开启了属于它的腕表时代，它与瑞士专业表厂共同生产腕表，在制表界站稳根基。1978 年，爱马仕在瑞士比尔市成立了钟表公司，在专业制表领域中开创了爱马仕腕表的另一个全新的阶段，其中的复杂功能是爱马仕一直以来都在不断探索的一个重要方面。例如，爱马仕的月相腕表——Arceau L'heure de la lune 月读时光腕表，凭借独特的月相设计，获得了 2019 日内瓦高级钟表大赏最佳历法和天文表。这款月读时光腕表最大的亮点之一当属能同时呈现南北月相。腕表将整个月相功能"放大"在表盘上，陨石表盘上的 12 点钟和 6 点钟位置设了两个"月亮"，并将月相盘颠倒，南半球在上，北半球在下。两个副表盘悬浮在南北半球的月相盘上，其中一个副表盘用来显示时间，另一个副表盘用来显示日期，这两个表盘会像卫星一样绕着盘面转动，慢慢遮住表盘上的两个月亮，来呈现出月相的盈亏状态。仔细看的话，南半球的月亮，即 12 点钟位置的月球上，装饰有一匹飞马。这匹飞马出自插画家

Dimitri Rybaltchenko 设计的飞马（Pégase）形象：两只前蹄高高抬起，背上的翅膀舒展着；但是看看 6 点钟位置的月球，绘制的是月球真实的表面图像，这种"魔幻"和"现实"交织的感觉，其实也正好体现出了爱马仕的诗意情怀。

爱马仕擅长从不同的领域中挑选出适合的元素用于制表，当这些元素融入腕表当中，艺术和腕表的交汇让我们看到了制表的另一种可能。在艺术领域上，爱马仕的珐琅是不得不提及的一个方面。从 2008 年开始，爱马仕和 Anita Porchet——世界顶级珐琅大师合作，将不同的珐琅技法呈现在腕表上。深邃的蓝、热情的红，在 Anita Porchet 的设计下，腕表如同注入灵魂一般，呈现出立体丰富的色彩。

爱马仕拓展腕表领域至今，从不故步自封，反而历久弥新。爱马仕将永恒的经典与现代的潮流相融合，以独特的造型和个性来诠释它对于时间的理解，让腕表焕发新生。对于时间的诠释，爱马仕总有自己独特的想法。诞生于 1996 年的 HEURE H 系列是爱马仕非常具有标志性的腕表，它的意义早已超越腕表，成为一份象征，经历时光变迁，却始终保留着那份朝气、活力与清新。用一个字母"H"来捕捉时间，爱马仕对于时间的解读总是让我们眼前一亮。

对于爱马仕来说，和其他的皮具、丝巾、服饰等领域一样，它在腕表领域上同样拥有严谨的制表精神和匠心，成为制表界的一大传奇。爱马仕将对于艺术的特殊理解应用在腕表上，用其浪漫情怀打动了无数人。2003 年，爱马仕与瑞士顶级机芯厂 Vaucher 的首度合作是爱马仕腕表的一大转折点，代表其在机芯领域上，跨出了重要的一步。

1

1 HERMÈS（爱马仕）Cape Code 手表

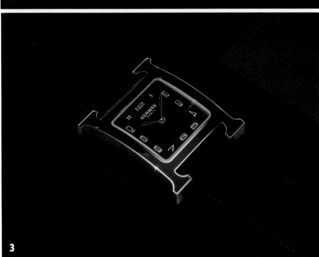

1　Arceau L'heure de la lune 月读时光腕表

2　Arceau L'heure de la lune 月读时光腕表（局部图）

3　HERMÈS（爱马仕）Heure H 手表

4　HERMÈS（爱马仕）珐琅手表

七、帕玛强尼（PARMIGIANI）

帕玛强尼是全球著名的瑞士顶级钟表品牌，1996年诞生于瓦尔德特拉韦尔的中心城区。在山度士家族基金会（Sandoz Family Foundation）的鼎力支持及其对保护高质量瑞士工艺的承诺下，帕玛强尼发展成了当今为极少数拥有自己全线生产网络的独立制表品牌。"心之所欲，技之所长"，帕玛强尼始终致力于将高级制表的梦想变成现实。

今日百家争鸣的瑞士钟表界，独立品牌帕玛强尼以特立独行的风格建立起其制表先锋之形象。提及帕玛强尼品牌，断不能忽略其灵魂人物迈歇尔·帕玛强尼（Michel Parmigiani）。1975年，瑞士钟表工业正处于水深火热之中，他逆潮流之趋，毅然决然成立自己的公司 Parmigiani Mesure et Art du Temps（PMAT），投身于修复杰出钟表这一行。他的坚持赢得了接触无价瑰宝的绝佳契机，也因此机缘得以结识山度士家族基金会（Sandoz Family Foundation）主席皮埃尔兰·多尔特（Pierre Landolt），如此建立的合作关系在20世纪80年代预见了新钟表传奇的诞生，也就是1996年帕玛强尼品牌的创立。

许多著名的博物馆，如巴黎的装饰艺术博物馆（Paris Museum of the Decorative Arts），都把他们的收藏交给帕玛强尼修复。一些私人藏品，如山度士家族基金的藏品，也是交由他修复的。

如今，帕玛强尼品牌已遍布五大洲70多个国家，拥有20余款腕表，全部配备其自主研制和生产的15款机芯，从而为品牌大获成功奠定了坚实基础。迈歇尔·帕玛强尼当日坚信，唯有成为一个自由创作的制表师，才有机会完全实现自己对制表技艺的坚持和梦想。每一个帕玛强尼的运作环节皆透露同样的精神——不懈追求与承诺完美；每一件帕玛强尼作品都注入了特立独行的创始精神，无论精致抑或简约，都能被人们一眼识别。

帕玛强尼把所有制表工艺共冶一炉，以致在研发、设计、表的外部构造（表盘及表壳的设计概念及生产）、微机械工程技术（机械工具的设计概念及生产）、精确的工模修葺（用作制造机芯组件）、机械协作、装配及包装各方面均效率超卓。在那些视独门制表秘技为不可或缺的爱表人圈子里，帕玛强尼被视为瑞士最高级制表指标基准。

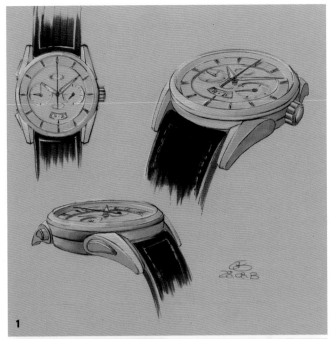

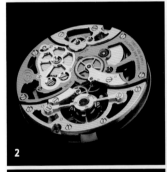

1 帕玛强尼 BUGATTI AEROLITHE 腕表
2 帕玛强尼 Pershing Tourbillon 机芯 PF511
3 帕玛强尼第一款自制机芯 PF110
4 帕玛强尼 TECNICA PALME 腕表
5 帕玛强尼先生

八、法穆兰（FRANCK MULLER）

法穆兰来自瑞士日内瓦，是世界知名的高级腕表品牌之一。大多数人熟悉的知名腕表品牌，有的品牌历史短则50年，长则逾百年，然而在近10年快速蹿红的腕表品牌法穆兰，尽管没有深厚的历史，仍然可以在高价腕表市场中异军突起，原因在于法穆兰一直乐于将制表工艺与无限创意融合，大量打破常规的创意更是使其成为无数男女明星的热捧之物。

与品牌同名的腕表设计师法兰克·穆勒（Franck Muller），是一位有着丰富经验的表匠，曾是独立制表师协会（AHCI）的一员。20世纪80年代末期，法兰克·穆勒在日内瓦结识了Vartan Sirmakes，对钟表的热情让两人一拍即合。当时，法兰克·穆勒已经开始自制腕表，以"Franck Genève"为名发表，年纪轻轻，便已赢得钟表界天才的美誉。至于Vartan Sirmakes，则在日内瓦勒芒湖畔自己开设的工坊中，为许多顶级名表大厂制造表壳。

1991年，法兰克请Vartan协助设计新表壳，他们两人很快地意识到，凭着双方丰富又彼此互补的经验，足以创造一个出众的品牌。同年，法穆兰表厂正式在日内瓦附近的小镇让托（Genthod）成立，三年之后搬进同镇的一座建于1905年的庄园中。从那时起，这片清幽宁静，俯瞰日内瓦湖，远抱勃朗峰，占地16公顷的庄园，就已不再是个简单的制造工坊，它被冠上Watchland的封号，成了法穆兰的钟表王国。

90年代初期，瑞士的钟表业遭遇危机，大部分的公司为了生存，纷纷向石英机芯低头。而专心从事复杂功能机械表的制造，简直就是逆势而行，需要无比的勇气！钟表业，尤其是顶级钟表，非常倚赖传统，因此不是很愿意接受创新，尤其是在外形设计方面。在这样的环境下，要推出Cintrée Curvex这种市场上全然不存在的立体流线型表壳，需要十足的勇气，更何况这个表壳在制造时必须克服极大的技术难关才能完成。此外，大胆地推出如皇家蓝色等鲜明的表盘色彩，也是顶级钟表中首次革命性的尝试。

为了坚持自由地开发具有独特性的腕表，保持灵敏的反应力，缩短顾客等待时间，并且提升产品质量，法穆兰品牌多年来坚持掌握各个生产阶段，不假手他人。得益于这种垂直的工业经营方式，法穆兰才能靠着创新的精神与绝对遵循瑞士制表传统的精湛工艺，不断地挑战钟表业的界线。因为对制造过程有着独立性与自主性，才能维持品牌完整的创造性，得以开发新的时尚，而非盲目地追随潮流。

1

2

1 法穆兰（FRANCK MULLER）36项功能的超复杂手表
2 法穆兰（FRANCK MULLER）的镂空表细节图

如今，法穆兰一共拥有 6 个制造厂，全部位于瑞士。在瑞士境内有超过 500 名员工，并在全世界超过 100 个国家中共拥有 48 家专卖店与 600 个销售点。在短短不到 20 年间，法穆兰已凭借不可思议的成长力、令人称羡的财务实力，以及每年 4 万只腕表的制造能力成为世界顶级的钟表品牌。酒桶型的表壳和夸张的数字刻度是法穆兰品牌特色和象征，而酒桶型表壳在全球掀起的复古情感也让法穆兰得以声名鹊起。时至今日，虽然该品牌仅有二十几年的历史，但其以极具创意的表款设计与具备超高复杂度的机芯为品牌特色，已经成功成为腕表品牌中的经典。

九、百年灵（BREITLING）

百年灵是一家于 1884 年在瑞士创立的著名钟表品牌，凭借其精准可靠、性能超卓的精密仪表，在人类征服天空的漫漫征程中，见证了无数辉煌时刻。作为全球唯一全系产品机芯均通过瑞士官方天文台认证（COSC）的腕表品牌，百年灵不仅象征着非凡精度，更是为数不多自主研发生产自动上弦计时机芯的腕表品牌之一。作为一家家族企业，百年灵也是目前瑞士仅存的几家独立制表商之一。

1884 年，创始人里昂·百年灵（Léon Breitling）创立了百年灵公司。最初，公司主要是生产怀表等计时器，1914 年开始为军队生产带计秒和夜光的手表。1915 年，加斯顿·百年灵研制出第一款计时腕表，也为飞行先驱们提供了第一块航空计时腕表。加斯顿·百年灵并不满足于此，随后又将处理开始、停止、归零的计时控制系统与表冠独立分开，第一个独立计时按钮由此诞生，百年灵"计时腕表的先驱"地位自此确立。

1927 年，当 Charles Lindbergh 驾驭着"圣路易精神号"（Spirit of St Louis）飞越大西洋（从纽约到巴黎）后，里昂的孙子威利（Willy）见到航空及交通对准确计时的巨大需求，便开始为飞机驾驶舱的仪表台配套生产精计时器，从此走上了与航空事业休戚相关的生产道路。至今波音、道格拉斯和洛克希德等大型飞机制造商都还是百年灵的用户。

后来 Ernest Schneider 于 1979 年接收了该公司。自此以后，通过一系列的独特设计，百年灵成为生产样式新颖独特而耐用的多用途手表的翘首。

百年灵结合多年来为航空业制表的经历，为品牌产品赋予了显著的特色，它时刻关注手表的功能导向，赋予其产品不断适应航空、航海、导航、潜水等特殊行业需要的特性，使其手表成为融实用性、功能性和多元性为一体的完美结合。因此，百年灵表不仅仅是一种计时器，它更是一台精密的仪表，获得了"航空计算机"的美称。

1 百年灵（BREITLING）品牌 Logo
2 百年灵（BREITLING）手表

十、亨利慕时（H. MOSER & CIE.）

亨利慕时手表品牌创始人是亨利·慕时先生，他于 1805 年出生在瑞士沙夫豪森的制表家庭。1827 年，亨利·慕时移居俄国圣彼得堡，并于 1828 年在极其艰苦的情况下成立亨利慕时手表品牌。亨利慕时对质量的不懈高要求终于换来成功。短短几年内，他就在圣彼得堡、莫斯科、下诺夫哥罗德和基辅等俄国著名城市开设了新的专卖店，并在俄罗斯帝国以及贯穿中亚、波斯和中国的丝绸之路沿线拥有众多独立零售商，所售腕表工艺优雅精湛、品质超凡卓越。他的供应对象还包括王室和俄罗斯军队。可以说，这一段时间是亨利慕时手表品牌最为辉煌的时代！

1848 年末，亨利·慕时先生作为一名富裕制表商和企业家荣归自己的家乡——瑞士沙夫豪森。1920 年至 20 世纪末，品牌命运多舛、几易其主，遗憾未能由家族掌握并复兴。直至 2002 年，有见识和长远眼光的 Dr. Jürgen Lange 找到了慕时家族后人，并与慕时家族合作创办 Moser Schaffhausen AG 公司，将创办人亨利·慕时先生建立的亨利慕时品牌重新注册。

亨利慕时始终坚持自主制造机芯。品牌拥有研发部门、技术部门及一体式组装厂。不仅确保亨利慕时腕表机芯的大部分部件均为自主制造，且所有的设计、研究与开发工作也都在内部完成。因此，能够完全掌控腕表的品质，这一经营模式在如今的腕表界可谓凤毛麟角。

亨利慕时的腕表产量极少，可谓珍罕难寻。如此稀世，以至于您可能从未见过。每一枚腕表均以非凡的工艺和眼光设计制造，包含众多新颖独特的功能，全部实用又易用，同时独具创新性。亨利慕时知名度不是很高，但却是顶级入门款手表，其产品卓越可靠，华丽又不失低调，在欧洲很受爱表人士的欢迎与青睐！

1

1 亨利慕时（H. MOSER & CIE.）手表

第四节 | # 钟表功能

机械表早已从实用工具转型成为彰显品位的奢侈品，或是束之高阁的藏品。买一枚功能性表款，更多是因为它更稀有、更复杂、更具工艺价值，而不是真的要使用它。不过，表的功能性绝对是一枚手表的一部分，老玩家们能从上手触碰一刹那的感觉，或是一个轻微的声音，辨出腕表的品质好坏，甚至表的性情和个性。

一、计时

计时是表最常见的复杂功能，是一种通过按钮，实现在手表中独立计时的实用功能。一般可以通过表盘上的计时秒针（常见于中央）及累积分钟、小时盘，准确读出所需计时的小时数、分钟数及秒数。

（一）双按钮计时

常见的计时表一般具有额外的 2 个按钮，分别位于 2 点钟及 4 点钟位置。计时功能未启动时，中央计时秒针处于 12 点归零状态，此时按下 2 点位置的按钮可以启动计时功能，中央计时秒针随即开始行走。当到达了所需要测量的时间时，再次按下 2 点位置的按钮，计时秒针将会暂停，此时结合分钟及小时累积盘即可精准读取所计时的长度。

在暂停状态下，再次按下 2 点位置的按钮，计时秒针将会恢复行走，从而继续计时功能。在暂停状态下，按下 4 点位置的按钮，计时秒针及表盘上的累积分钟小时盘将会以就近原则归零，完成计时功能的重置。当需要再度开启计时时，只需要再次按下 2 点位置的启动按钮即可。

（二）飞返计时

具有飞返计时功能的手表在计时操作方式上与一般的计时表并无差异，其额外增加了计时过程中的瞬间归零并重新开始计时的飞返功能。

在计时功能开始时，直接按下 4 点位置的按钮（不具备飞返功能的计时表，启动状态下这个按钮无法按下），计时秒针将会瞬间归零，同时开启新一次的时计功能。比起普通计时表需先暂停、归零、再开启的操作，飞返功能可以将这一步骤简化，只需要按一次即可重新开始计时。

1 HAMILTON（汉米尔顿）计时表

（三）单按钮计时

仅有一个额外按钮的计时表，常见的做法是将计时按钮与表冠设定在同一个轴上，这样的做法简化了操作，增加了便捷性，在视觉上也更为隐蔽。在计时秒针归零的状态下，按下按钮为开启计时。启动状态下再次按下该按钮为暂停，值得注意的是，一般单按钮计时表无法在暂停状态下恢复行走。在暂停的状态下，第三次按下该按钮，计时功能完成归零操作。如果想要再次开启计时，只需回到第一步按下按钮，计时功能即可重新使用。

（四）特殊单按钮设计

虽然计时按钮并未设计在与表冠同侧，但时计操作与普通单按钮计时表一致。只不过其没有采用传统的指针式，而通过计时盘本身的转动，搭配固定的指针读取当下所需要计时的时间数据。此外，计时功能配合特别的表圈，可以衍生出两个实用的功能，分别为测速计及脉搏计。

（五）追针计时

计时中最复杂，也是最难实现的功能，追针计时堪称梦幻般的存在，不过正因为其机械构造十分复杂，于是在使用原理和操作上，也较一般的计时表要复杂很多。

通常，具有追针计时功能的手表比普通计时表要多一个按钮，也就是追针按钮。按下 2 点位置的启动按钮，这时两根计时秒针处于重合状态，并同步开始行走。接着按下位于表冠的追针按钮（有些表款会单独设置在别处），这时重合的两个计时指针上方的追针暂停，而下方的时计指针则继续行走，而追针此时指向的便是所需要计时的第一个数据。在下方计时秒针继续行走一段时间后，再次按下追针按钮，原先暂停的追针会瞬间追上行走中的计时秒针，并再次重合，同时计时。在此状态下，与普通计时表的操作相同，按下 2 点位置的按钮后，再通过 4 点位置的归零按钮即可以使计时指针及追针同时归零，使得整个计时系统得以重置。

1

2

3

1 BLANCPAIN（宝珀）五十噚系列飞返计时表

2 LONGINES（浪琴）经典复刻系列导柱轮单按钮精钢计时表

3 MONTBLANC（万宝龙）计时手表

（六）倒数计时

让时间倒流绝不可能，但计时倒着走，制表师还是可以办到的，这一种机制多用在帆船赛事上，因为帆船赛事并不似其他竞跑运动，船只在海上的操控需要仰赖船员团队一起合作，海上的起跑线也不可能如此笔直且容易认明，所以此时裁判会在起跑前10分钟鸣钟一次表示准备，前5分钟也鸣示一次，最后起跑开始再鸣示一次。所以这起跑前的10分钟是让船只与船员们准备最好的起跑位置与船只状态，最后的五分钟更是非常关键的倒数时间。

GLASHÜTTE ORIGINAL（格拉苏蒂原创）、PANERAI（沛纳海）、RICHARD MILLE（理查米尔）、ROLEX（劳力士）、ULYSSE NARDIN（雅典）、TAG HEUER（泰格豪雅）等均相继推出了相当成熟的倒数计时功能的手表，极大地丰富了极具实用性的计时功能。

1

二、测速计

具有测速功能的计时表，表圈外围往往会印有400、300、200……的字样，最上方一般为60，这样的表圈被称为TACHYMETER，也就是测速计。其实测速计的使用方法很简单，外圈的数字代表着时速，即千米／小时。当我们想要测速时，设定一个起始点然后按下计时启动按钮，这时候计时秒针开始运作，当行驶至1千米时，按下停止按钮，计时秒针所指示的外圈数字便是当前的速度。假设行驶1千米需要耗费1分钟，那么秒针便正好指向12点钟位置的数字60上，即代表当前的时速是60千米／小时。值得一提的是，由于测速计一般外圈最小为60，所以能检测的最低时速为60千米／小时。

2   3

4

1 A. LANGE & SÖHNE（朗格）追时、追分、追秒三追计时表
2 TAG HEUER（泰格豪雅）倒数计时功能手表，甲骨文船队限量版
3 ROLEX（劳力士）的Yacht-Master II 倒数计时功能手表
4 测速计

三、脉搏计

脉搏计的原理与测速计类似，脉搏计最早诞生于医生专用腕表，配合计时功能可以准确测出病患者的心率。脉搏计的使用方法也非常容易，当需要测量心率时启动计时按钮，在脉搏跳动 15 次（有些为 30 次）后按下停止按钮，这时候指针所指的数字便是当前的心率，非常神奇。

四、世界时

作为手表中非常炫酷的功能，世界时功能的手表可以通过小小的表盘，一次性读出全世界所有时区（有些世界时表不包含半时区）的时间，而且调校起来也越发方便，无论身处世界的哪里，都可以将一切尽在掌握。常见的世界时表操作有两种，一种为通过表冠即可调校整个世界时，另一种则配备专门的表把或按钮完成世界时的转换。

（一）单表冠调校世界时

拔出表冠第一档，进行外圈时区的单独调校，将下发 6 点位置的三角形箭头标志对准当前所在地所对应的时区，我们中国所在的为东八区，一般世界时表中以北京（Beijing）或中国香港（Hongkong）来表示。

将时区调校准确后，拔出表冠第二档，进行本地时间的调校。这里需要注意的是，因为世界时将以 24 小时制呈现全球不同地区的时间，所以在调校本地时间时，要结合昼夜显示圈来调校本地时间，浅色代表白天，深色圈则代表黑夜。简单来说，调时间的时候可能会出现需要时针转过一整圈的情况出现。

1 脉搏计

2 PATEK PHILIPPE（百达翡丽）Ref.2523-1 HU PATEK PHILIPPE 与 Tiffany & Co. 双标

3 GIRARD-PERREGAUX（芝柏）1966 WW.TC 世界时

（二）独立按钮调校世界时

先通过表冠进行本地时间的调校，同样需要注意区分昼夜情况。接着单独旋转位于 10 点位置的表把，将所在地的时区与当前本地时间调整一致对位即可。假设如图 1 中所示，本地时间应为上午 11 点，则需要将代表东八区的北京（Beijing）或中国香港（Hongkong）调整对应至白色半圆中数字 11 的位置，这样就可以通过城市名及 24 小时刻度圈读取全球所有时区的时间了。

五、三问

三问往往是仅在"大表"中才会应用的超级复杂功能，使得手表不仅可以用来看，还增加了听这一全新的维度。通过音锤敲击音簧，随时随地都能精准地播报出当下的时间，没有比这更奇妙的事了。

三问的操作非常简单，通过滑动左侧的滑杆（也有部分采用按钮式），即可以启动三问报时装置。通常三问报时通过高低音两个音锤来实现（也有三音锤甚至四音锤的方式），启动后，先是低音播报当前的小时，如 11 点则发出 11 下响声；接着是报刻，以高低音交替的方式，分为一刻、半小时及三刻，比如当前为 58 分，则高低音交替播报三下代表已过三刻；最后是以高音播报分钟，以 11 点 58 分为例，三刻代表 45 分，所以高音会播报 13 下，相加得到当前是 58 分，整个报时也就此结束。

1

2

3

1 JAEGER-LECOULTRE（积家）Geophysic Tourbillon Universal Time 地球物理天文台系列世界时间陀飞轮

2 BREGUET（宝玑）Ref.7087 的做法比较特殊，其参照了闹铃钟的敲击方式，将音锤设计在音簧下面以实现垂直敲击

3 1933 年，享誉表坛的亨利·格雷夫斯（Henry Graves）怀表问世，24 项复杂功能，其中包括大小自鸣、三问、闹铃等

六、响闹

闹铃功能，事先设定好一个时间，当手表走到该时刻时，响闹装置启动，以提醒佩戴者。响闹一般会设置一个单独的表把或按钮进行设定，以图2款手表为例，拔出2点位置的表把，逆时针旋转，表盘内圈的三角标识同步逆时针旋转，以此设定需要响闹的时刻。到达所设置的时间，响闹功能会自动开启。

七、潜水外圈

随着近几年运动表款特别是潜水表的大热，越来越多的人开始选择购买潜水表。而作为潜水表的一个标志，或者说是必备的标准，可旋转外圈同样具有诸多功能。事实上，细心的朋友会发现，一般潜水表的外圈前15分钟会以各式各样醒目的方法标注出来予以区分，这是因为在真正的潜水运动中存在所谓的安全时间，一旦超过15分钟对于潜水者而言就会存在危险，所以表圈的这一设计便是在水下也能一眼辨识，提醒佩戴者及时上浮。

要配合这一原理，可旋转外圈就发挥了作用。假设下潜时间为10点25分，这时可以将外圈旋转的12点位置标志对准表盘上的8点，即10点40分前都是安全时间，这样即便在水下的漆黑环境，通过夜光指针及刻度，潜水员也可以非常清楚地知道距离15分钟的安全线还有多久。这里还有一点值得说明，一般潜水外圈都被设置为逆时针单向旋转，这是因为即便在水下误操作或被碰撞，尽可以逆时针旋转的表圈仅会"缩短"安全时间的显示，而不会使得这一时间"变长"从而误导潜水者并产生危险。

除了这个核心功能，可旋转表圈在某些时候还可以客串两地时的功能，通过将12点位置的标志对准某个时标，从而形成另一个角度的12点，以此可以读取"第二时间"。当然在使用便捷性上远不如正儿八经的两地时表那么直观，但偶尔客串一下那也是非常方便的。

1　TUDOR（帝舵）Advisor 1957 年与 2011 年

2　积家 Master Memovox Boutique Edition 大师系列闹铃手表专卖店版

八、GMT 功能

现在，全球使用"一个时间"来定义使用成为惯例，因此在我们的钟表显示方式上，除了常规的时、分、秒显示之外，更多的会在表盘上再增加一根指针或是使用其他的方式来显示第二个时区的时间。如此让每一位需要跨时区行走或是联系的人士有了必备的工具——两地时手表，也称之为双时区手表，或者称之为 GMT 手表，当然后期的两地时手表可以显示三个地方的时间，这是制表技术上的革新。具备 GMT 功能、也就是两地时间显示是目前手表的复杂功能里面公认比较实用的一种，两地时显示与读取也比较常见，但某些具有 GMT 功能的表款却能显示出三地时，其实早期的具有 GMT 功能的手表只能显示两地时，就比如最为熟知的，也是市场上较热门的 ROLEX（劳力士）GMT Master 系列，早期的确实只能显示与读取两地时，而之后的 GMT Master II 就可以显示出三地时，其关键就在于内部机芯结构的调整，24 小时时区轮可以做出改变，在表盘上所呈现出来的方式就是时针与 GMT 针的角度变化，至此再配合 24 小时圈便能读取第三地的时间了。

九、自动上链

纵观现代市面上各类形形色色的手表，我们不难发现，自动上弦表的比重要远大于手动表。这也不难解释，单纯从实用性角度出发，自动表的确更为符合现代快节奏生活的需求，只需要日常生活中佩戴便可以通过手腕摆动完成上弦，自然能免去不少麻烦事。

作为区分自动表与手动表外观的核心部件，摆陀在其中无疑起着功不可没的作用。随着现代制表业的发展，外观设计或是功能选择上越发呈现出多元化的趋势，手表早已不再是扮演着那个千篇一律的工具角色，于是摆陀的价值也更为鲜明起来。通过制表匠人们的突破创新，机芯摆陀以不同的全新姿态示人，也令方寸间的机械世界更为缤

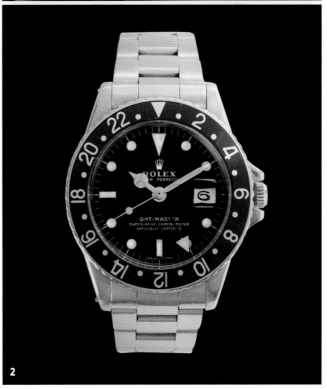

1 ROLEX（劳力士）潜航者手表
2 ROLEX（劳力士）GMT 手表

纷多彩。

谈及自动机芯，最常见的无疑为中央摆陀。以机芯正中心为轴，在其上安装一块半圆形金属板片，通过旋转的方式完成自动上弦的过程。但这里会产生一个问题，由于是绕着中央旋转，因为物力惯性的缘故，事实上摆陀是可以往两个不同方向运动的。于是在早期的机芯设计中，中央摆陀只能依靠一个方向的旋转带动发条盒上弦，反向则为空转，这就是所谓的单向上弦。这就好比通过表冠上弦，往往只能以顺时针方向拧动才有用，反向并不会有效果一样。直到 20 世纪 40 年代，瑞士机芯组件生产商 FELSA 开发了首个能够双向上弦的摆陀系统，自此打开了自动机芯新世界的大门。通过两组齿轮相互一来一往地回转，轮流推进上弦，这样两个方向的旋转就都可以转换为单向的做功运动。

作为如今最为主流的摆陀设计形式，顶级品牌往往会将中央摆陀进行设计以凸显品牌的格调与气质。采用镂空或打磨的方法将品牌的 Logo 或是想要表达的主题融入其中，通过表底的蓝宝石底盖，各式各样的精美摆陀尽收眼底，机芯的高级感也就油然而生了。

如果要说中央摆陀的最大缺陷，可能就在于其硕大的面积往往容易遮挡机芯，在视觉效果上无法将高级机芯的工艺及打磨尽善尽美地展现出来。但若是换成手动表，机芯背面是一览无遗了，时常需要手动上弦所带来的麻烦也不是人人都能接受的。于是聪明的制表师们想出了一个完美的解决方案，将摆陀迷你化，偏隅在机芯的一侧，既不影响美观，又不耽误实用性，可谓是一举两得。

这种摆陀的做法被称为 Micro-rotor，即珍珠陀或迷你陀，最早出现在 1950 年，当时机械表市场可谓是群雄割据，技术力与创造力都正在经历快速上升期，于是孕育出了珍珠陀这个充满魅力的产物。除了美观，珍珠陀的另一大优势便是可以使得自动机芯的厚度变薄，为超薄手表提供了充分的技术支持。

作为采用珍珠陀的代表作，PATEK PHILIPPE（百达翡丽）著名的 Cal.240 机芯必须一提。其诞生于 1977 年，至今已有超过 40 年的历史，这枚有悠久历史的自动机芯在 PATEK PHILIPPE（百达翡丽）的产品线中有着至关重要的地位。纵观品牌的现有系列，Cal.240 机芯被广泛用于经典优雅或工艺表款中，基础款的 Cal.240 机芯直径为 27.5 毫米，厚度仅 2.53 毫米，作为一款自动上弦机芯，即便在超薄机

1　江诗丹顿 1120 自动机芯
2　江诗丹顿边缘轨道式摆陀机芯，不遮挡机芯本身，将高级机芯的工艺及打磨完美地展现出来

芯中都是非常亮眼的表现。1/4 珍珠陀采用 22K 金打造，上面刻有 PATEK PHILIPPE（百达翡丽）的品牌标志，摆陀下方的鱼鳞纹打磨同样清晰可见。同时，Cal.240 具有很强的扩展性，万年历、世界时等功能都可以在其上叠加，并且借助本身的出色制作工艺，在厚度上亦有所保证，即使添加复杂功能，依旧可以称得上是一枚超薄的机芯。

除了机芯背部的珍珠陀设计，缩小版的摆陀更令一种理想中的状况成为可能，那就是将摆陀前置，融入表盘正面的设计，形成非常奇妙的机械感。ROGER DUBUIS（罗杰杜彼）便深谙此道，Excalibur Spider Pirelli 系列通过大面积的镂空表盘巧妙地将前置珍珠陀放置在了 11 点位置，使得强烈的机械构架感看着毫不违和，甚至不稍加注意，会将其看错是一枚手动上弦表。

除了将摆陀缩小以达超薄的需求，还有一种做法同样可以将摆陀所占面积大大缩减，就是将整个摆陀设计在边缘，类似一道弧线，既保证了"隐秘性"，又不影响整体的上弦效率。边缘摆陀的历史同样可以追溯到 20 世纪 50 年代，为了满足尽可能的超薄需求而诞生。但当时由于技术等原因，事实上边缘摆陀存在着诸多问题，比如如何设计表冠的位置以及实际上弦的效率等，使得边缘摆陀仅存在于设计中，实用性大打折扣。

如果说珍珠陀也好，边缘摆陀也罢，仅仅是改变了摆陀的形式，其原理依旧是围绕中心点旋转以完成自动上弦，那么有一种极为特殊的摆陀形式，则是颠覆了传统的机械原理。2014 年，在 TAG HEUER（泰格豪雅）推出的 Monaco V4 陀飞轮表中，我们看到了摆陀的无限可能。其采用了极为特殊的线性摆陀，简单来说，就是不再如传统半圆形摆陀般做圆周运动，而是令其化身为通过上下移动来实现为机芯上弦动作的"金属滑块"。

在这枚 Monaco V4 陀飞轮表的背面，可以看到线性摆陀纵向位于中间，摆陀可沿直线轨道做双方向往复运动，以此带动传送带，为搭载了滚珠轴承的发条盒上弦。两组发条盒分别位于两侧，依靠直径仅 0.07 毫米的超细锯齿传送带进行能量传输。值得一提的是，此上弦系统还具备优异的减震特性。

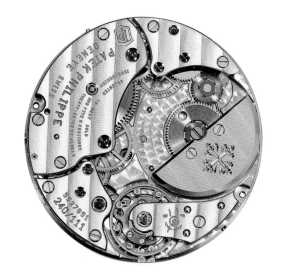

1

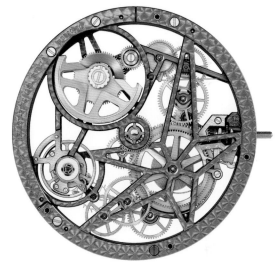

2

3

1 PATEK PHILIPPE（百达翡丽）Cal.240 自动机芯

2 ROGER DUBUIS（罗杰杜彼）RD820SQ 自动机芯

3 TAG HEUER（泰格豪雅）摩纳哥 V4 Phantom 手表同样使用了招牌的线性摆陀

十、日期显示

在手表上，除了时、分、秒的基础功能外，日期显示可以称得上是最常见的功能了。正因如此，日期功能往往容易被忽略，其实在现代手表中，看似简单的日期显示也有着许多不同的方式。最常见的是开窗式日期显示，艾美别出心裁地将日历窗口放在了上方的1点至2点间，万国的三重日历框，即将窗口开大，可以一并显示前后天的日期。

如果说开窗式是以比较低调的方式将日期布置于表盘上，那么大日历无疑就是高调地将日期显示推到了表盘上最为瞩目的位置。通过硕大显眼的两位数字来显示日期信息越发成为如今手表市场上广受欢迎的款式，大日历窗口通常由两个日历盘分别显示个位数和十位数来实现。朗格标志性的大日历窗口，个位数和十位数会明显的分隔开来，同为德表的格拉苏蒂，大日历看着则更像一个整体。亨利慕时的大日历比较特殊，虽然看似普通的窗口式的设计，但却能显示超大的数字日期。这是得益于其上下交叠的日历盘设计，上日历盘显示数字1至15，下日历盘显示数字16至31。

指针式样的也相对比较常见，如单独日期盘，在诸如万年历等复杂功能表款中，外圈日期盘，日期显示指针与时分针同轴，令表盘布局更为简洁。还有逆跳日期显示，比起完整一周的日期盘，仅需半圆甚至扇形空间的逆跳日期为表盘设计提供了更多的可能。

还有比较特别的显示方式，如 Christophe Claret Maestro Mamba 的日期显示位于5点位置，形似宝塔，上方表示十位数，下方则表示日期的个位数；卡地亚的天体运转式万年历表的日期显示位于日历盘的最外圈，通过移动的蓝色窗格来指示日期；梵克雅宝的诗意复杂功能表采用了普通的开窗式日期显示，但被安放在了背面也算是一种很少见的设计了。

听说晚上最好别调日历，是真的吗？熟悉钟表的朋友们都知道，传统机械手表一直以来都有"日历禁区"的说法，也就是在晚上，一般理解为当指针指示8点至凌晨2点的这段时间内是不宜调整手表的日历，容易造成故障与损坏，那么这其中到底有什么讲究呢？

一般的日历系统由一枚日历拨字轮驱动，24小时旋转

1~8 不同形式的日期显示

一圈然后拨动日历盘前进一格,以此完成日期跳转。当进入晚上8点左右这个时间段的时候,日历拨字轮的齿轮尖角已经和日历圈的内齿相接触了,也就是说,日历转动系统已经开始运作了,逐步累积能量完成日历的跳转。如果这个时候进行日历快调或主动施加外力在日历齿轮上,十分容易造成齿轮的磨损,并导致损坏,从而对整个日历系统都会造成伤害。

虽然一般日历在0点的时候就会完成跳转,理论上这时日历拨字轮的齿尖会走到一个相对"安全"的位置,但为了出于绝对的安全考虑,一般还是预留一段相对较宽裕的时间,假设要调校日历,过了凌晨2点后会更为妥当一些。虽然现在很多手表有防禁区设计,可以在全天24个小时内随意调整日历,但考虑到磨损消耗等方面,还是建议不要在晚上这段日历最"敏感"的区间进行调校。再说,晚上调整日历本身也没有太大的必要,不如睡个好觉,早晨再放心安全地好好调,不是吗?

十一、全历与年历

所谓"全历"即能够显示月份、星期、日期的腕表,比全日历稍高级一点,就是"年历"功能,二者的区别是:全历的英文称作"Full Calendar"或"Complete Calendar",无法区分大、小月,以及闰年、平年二月的天数,每月日期自动跳转31天,不是31天的小月及2月的都需要手动调整。年历的英文称作"Annual Calendar",可以自动区分大、小月天数,每年只需在2月之后的3月1日调整一次即可。全历与年历在大、小月天数的识别上有区别,但在初始调校的时候二者几乎完全相同。和双历功能相比,全历及年历只是多了一步月份调校,相信对您来说是毫无难度的。

日历拨字轮

日历快调轮

1

2

3

1 日历功能内部结构
2 18K 黄金男士全历月相腕表,1949 年
3 Blancpain 宝珀 Villeret 系列中华年历表羊年限量铂金款,限量 20 枚

十二、万年历

作为传统高级制表的三大复杂功能之一，虽然没有三问报时的听觉惊喜，没有陀飞轮"看起来就很贵"的直观，作为高级制表中最实用的复杂功能，万年历可谓真正的低调奢华。手表中的万年历机构纯以齿轮的设计与传动去弥补历法上的"特例"：自动区分大小月，平闰年，将秒、分、时、日期、星期、月份、年份、闰年显示，完整显示在盘面上且始终保持完美运行。理论上，若保持手表运作，一经初始设置完成，便无须再对所有历时显示进行调校。

万年历表的结构保证了它对日期的自动调整，只要手表运转正常，那么万年历机芯机构可自动记录月份日历的数据，通过万年历核心部件将每四年的闰年数据进行记录，并交由这个核心部件控制，这个核心部件就被称之为"48月齿轮"，也就是48个齿的万年历命令程序轮。这个核心部件的原理是凸轮运转原理，同时本身又有不同的刻度，它的运转完全是凸轮式的运行，每月的数据在该齿轮上都有明确的数据刻度，并且刻有大小闰年的刻度槽，由该齿轮的横向变化来控制。"48月齿轮"顾名思义，就是刻有48个月的详细数据，日历构件就是通过读取48月齿轮刻度槽的数据来修正日历显示的。凸轮本身带有四年的大小月信息，外形为转盘状，中间有数据槽，用以记录和控制不同月份的数据，凹槽深浅不一，最深的位置是2月28日的刻度。通过48月凸轮可以按照不同深浅的凹槽来实施月份、日历数据的控制，从而实现长时间的正确日期显示。48月凸轮是整个万年历机芯的核心部件，它的精确设计将直接影响到整表的日历显示。

万年历的英文名为"perpetual calendar"，不管中文还是英文都代表着万年或是永恒之意，但实际上万年历功能的手表其实是根本做不到一万年甚至是永恒，原因之一在于上文中讲到的万年历功能中有一个关键的部件是"48月齿轮"，通过该齿轮可以识别大月、小月和平闰年。但是市面上99.9999%的万年历手表都只是配备了48个凹槽的月份齿轮，所以这些所谓的"万年历"并不能识别1万年里面所有的大月、小月和平闰年。

事实上，绝大部分的万年历手表只能使用到2100年，因为根据格里高利历，在4个世纪的周期里，头3个以00结尾的世纪年取消闰年，到第四个世纪年才恢复闰年。如

1

2

1 IWC（万国）葡萄牙系列万年历手表
2 MONTBLANC（万宝龙）万年历手表

果世纪年不能被 400 整除，那么它不是闰年。比如：2000 年是闰年（因为 2 000 能被 400 整除），而 2100、2200、2300 年的闰年都被取消，2400 年又是闰年，如此循环。2100 年并不是闰年，所以这一年的 2 月只有 28 天，但按照 48 凹槽的月份齿轮的运动，2100 年 2 月会多走一天，也就是说 2100 年 3 月 1 日这天，需要返厂调校，故而万年历手表实际上只能独立走动 100 年，为什么说需要返厂，因为日历跟星期是联动的，手动调整那肯定是不行的。

再者，历法是来源自地球公转的时间——真太阳时，365 天 5 小时 48 分 46 秒，也就是 365.24219……天，之后我们近似于 365.2422 天，历法则更近似到 365.25 天。虽然我们现在所使用的历法按照"逢四必闰、百年不闰、四百年再闰"的规则来规避了 365.25 天与 365.2422 天之间的差值，但 365.2422 天与 365.24219……天之间的差值又怎么规避呢？照此计算，过 3 000 年左右仍存在 1 天的误差，所以到那时连这个历法都需要做出改变，所以万年历功能是无法真正做到万年或是永恒那么久的。

十三、月相

月相，一个天文学术语，是天文学中对于地球上看到的月球被太阳照明部分的称呼，随着月亮每天在星空中自东向西移动一大段距离，它的形状也在不断地变化着，这就是月亮位相变化，被称之为月相。而这周而复始的盈亏变化给人们带来无尽浪漫与遐想，除了能在晴朗的夜空中欣赏到这极富魅力的"阴晴圆缺"，同样的，在制表师的聪明才智下将其搬入到钟表中，以盘面上的月相功能完美演绎无尽苍穹内的月圆盈亏，成为钟表世界中最为浪漫的表达。

月相如此周而复始地变化着，而将其运用于钟表中以显示月相的盈亏，从而打破了常规面盘枯燥的设计，使得面盘更为生动。早在公元前 150 年，古希腊人就制作出了最早能显示月相变化的行星运转的机械装置——"安提凯

1　JAQUET DROZ（雅克德罗）黑色大明火珐琅万年历月相表
2　HARRY WINSTON（海瑞温斯顿）月相表
3　HUBLOT（宇舶）镂空月相表

希拉装置 Antikythera Mechanism"，用于远洋航行。在 16、17 世纪处于大航海时代下，潮汐影响着航行，知晓确切的月相至关重要，而当遇上乌云蔽月，就轮到钟表上的月相登场了，随后，显示月相变化的座钟也诞生了，拿破仑在出征埃及前，就曾向宝玑先生购买了一台旅行钟，这款编号为 No.178 的旅行钟配备日历及打簧功能，四边以玻璃覆盖，银质表盘上面配有大月相显示窗。1794 年宝玑先生又将月相首次引入到了怀表。1929 年，又是 BREGUET（宝玑）品牌，把月相首次装配到手表中，并开启了月相手表的潮流。

之后几乎所有的品牌都进军到月相表的领域中，月相好似时分秒及日历等常规功能一样成了一个品牌的标配功能设置，运用精密机械里的美而折射出月的美，有赖于诸多品牌自身的技术与工艺的一以贯之。

月相、月蚀、月亮的阴晴盈亏不仅是中国诗人笔下争相歌颂吟咏的景观，也是古往今来天文学家探索自然神秘力量的动力，当月球轨道与太阳轨道合而为一时，这场由行星交会所呈现的天文盛宴展现时间的流逝以及空间的量测，带领观者重温制表工艺的诞生，以及重溯天文学的起源。月相表显然还应该兼具美观的作用，于是如何让表盘布局优美生动便成了制表大师们的重要任务，无论展现形式还是月相的设计每一个品牌都"竭尽全力"地开展，位于拉夏德芳（La Chaux-de-Fonds）的 JAQUET DROZ（雅克德罗）制表工坊以出类拔萃的美学手法重新演绎月相，整个形式就好似月亮的迷人笑脸儿在偷偷地看着你，童话般的感觉油然而生，将星体运行与光阴荏苒的奥秘演绎得淋漓尽致。

十四、天文功能

时间的成形，来自人类对于天体的观察，地球自转一圈是一日，绕太阳公转一圈是一年，而身为时间载体的钟表，自然而然便是时间的"化身"，也是天体运转的"缩影"。当然这样的"缩影"有时相当的隐约，只是时分的显

1 ROLEX（劳力士）切利尼月相型手表
2 PATEK PHILIPPE（百达翡丽）Ref.5102G

示或是日期的显示，如万年历功能、陀飞轮功能等，然而有时会将这天体运行轨迹搬上盘面，日升月落、月相盈亏、斗转星移……其精湛的背后展现的是独特而卓越的制表技艺。

无论是天文钟还是天文怀表，以及之后的天文手表，其天文功能的展现模式可以说是相当多，和天空相关的功能中最为常见的是月相，通常意义的月相表并不复杂，一枚59齿月相盘就搞定。月相之外有一种功能称之为时间等式，在某种意义上时间等式是反"时计"的，因为钟表就是为了准确指示平均太阳时间，也即每天24小时，时间等式则是把真太阳时也加了进去（指地球围绕太阳公转所产生的每天日照长度），每天时间其实并非恰好24小时，这有多大意义？在钟和怀表时代加载时间等式的作品也非常少。或者应该说时间等式功能是一种非常特殊的需求。

作为科学、技术与人类天才的成果，这些卓越的计时器提供了一系列高度复杂的天文功能，除了上面所提及的月相及时间等式之外，还有恒星时间、时差、日出日落、星图（星空）、月亮角运动、预报日月蚀的系统、二至、二分和四季，以及黄道十二宫的符号等，这些均能通过巧夺天工的制表技艺呈现于世人面前。

十五、24 小时指示

不知道大家是否思考过，一天明明有24小时，为何手表面盘却只显示12个时标呢？面盘精简成12时标背后原来也经过一段时间演变而来，依据12小时白昼、12小时黑夜，至于数字6在下方和12在上方则是形象化太阳的日出日落及月亮升起下降，这样的想法皆源自古代人看日头天色判断时辰。

12小时制和24小时制在结构上不会差太多，后期钟表设计化繁为简后，被广泛运用在时计中。除此之外，简化成12小时时标后在手表面盘呈现上也较简洁清楚，放进24个数字的话，一则造成面盘资讯过多，二则必须把表径

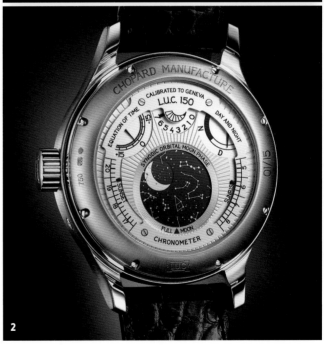

1 VACHERON CONSTANTIN（江诗丹顿）Métiers d'Art 艺术大师系列 Copernicus celestial spheres 哥白尼天体球 2460 RT 手表

2 CHOPARD（萧邦）L.U.C 150 "all in one"

加大，会造成佩戴者的负担。24 小时制的腕表和 12 小时制的腕表大体结构是一致的，只是在转动轮系不同，普通的 12 小时制的分轮旋转一圈 360 度，带动时轮旋转 30 度，面盘上就分针走了一圈，时针走一格。24 小时制的腕表则只需调整分轮和时轮的齿轮比，让分轮旋转一圈，只带动时轮走 15 度。

然而市面上也并非完全没有 24 小时时标的手表，针对特殊专业领域比如飞行表，就是 24 小时制手表的最佳代表。对于制作最多 24 小时制的手表品牌则属浪琴，20 世纪 50 年代浪琴为瑞士国家航空公司 Swissair 供应手表，专门从品牌的飞行员表开发出的时计具有独特的 24 小时面盘。当时的飞机导航员必须确定飞机位置及制定飞行计划，而该手表的这一技术正满足了这些需求。在 20 世纪中叶的航空业，飞机导航员的一个职责就是要确定飞机的位置并制定飞行计划。因而一只性能可靠的手表就成为飞行员的必备装备。飞机在来回途中需要穿越不同的时区，而有的时候看不到太阳，无法以太阳作为参照点，于是需要一种仪器能够准确显示一天中的时间。配备了 24 小时面盘的手表，飞行员就克服了这个难题，这种时候时间就是生命，准确的时间是很重要的。而如今提到飞行表，又怎能不提到百年灵呢？百年灵 24 小时制的飞行表历史必须追溯至 1962 年 5 月 24 日，美国飞行员斯科特·卡彭特（Scott Carpenter）驾驶极光 7 号（Aurora 7）太空舱成功环绕地球飞行三圈，他当时佩戴的正是一只配备 24 小时刻度的百年灵航空计时码表 Navitimer，能轻松辨认白天和黑夜。这款征服太空的先锋时计随后成为百年灵标准表款，被命名为飞行员腕表。

1 百年灵航空计时宇航员腕表黑钢限量版
2 浪琴经典复刻系列 24 小时单按钮计时秒表

十六、动力储存显示

在今天，虽然很多腕表已经有了自动上链功能，但对于很多强迫症来说，戴一枚没有动储显示的腕表不外乎开一辆没有油量表的车，或者是给你一部看不到电量显示的手机，这种不安全感就叫做——无法纵观全局的痛。在没有动力储存显示功能之前，判断腕表的剩余动力是一件麻烦事。对于腕表新手来说，动储显示功能则省去了很多因为动能不足而需要重新调校腕表的烦恼。早期的动力储存出现在几个世纪前的航海钟上，当时在海上航行的船只，需要依赖走时精准的航海钟来测算经度，确保航行安全。后来随着怀表的盛行，动力储存概念也被沿袭下来。宝玑的 No.5 怀表是早期具动力储存显示的名作之一，1948 年，积家推出了钟表史上首枚结合自动上链系统和动力储存指示功能 481 型机芯，动储位于 12 点钟的视窗显示。

动力储存显示在腕表上最常见的是指针刻度盘显示。通常会在面盘以一个弧形刻度标示，并在两端分别印上诸如 "High" "Low" 的判读依据或是完整的动储能力单位（还有的是数字和 "+" "−" 符号标识）。当然也有什么都不标注的，只凭指示标识的粗细来进行判断。有时候为了平衡面盘的格局，会把动力储存指针的运作弧度范围拉大至近似圆周的地步，将动力储存显示设计成表盘的圆形样式以与小秒针等功能形成对称，增加腕表整体的视觉美感。显示为 UP/DOWN 的动力储存指示是 朗格的特色，早在 1879 就已经获得了专利，专利列明此"怀表装置可识别怀表已上链或未上链，并显示怀表在进入完全松链状态前剩余的时间"，这也标志着 朗格独有的 UP/DOWN 动力储存指示正式诞生。朗格 1815 的动储显示小表盘以 UP/DOWN 每隔 6 小时设有刻度标示，"AUF"（UP）代表完全上链，"AB"（DOWN）则代表主发条处于完全松链的状态。

还有一种刻度指示，看起来也跟大多数的指针刻度指示类似，但事实上，隐藏在指针刻度之下的，是一颗低调的内心。真力时开心系列，虽然也是指针式动储显示，但细看会发现，其将动储指针同轴置于中央指针处，这样的结构需较传统设计更繁复才能顺利运作，实际技术上更难实现。

和指针刻度显示不同的是，视窗显示更为直观。尽管看不到具体的时长刻度，但仅凭色块区域能够大致知道动

1　江诗丹顿腕表

2　BLANCPAIN 宝珀世界首款 VILLERET 半时区 8 天动力储存腕表

3　Rotonde de Cartier 八日动力储存陀飞轮计时码表

储时间，也更有趣味一些。小清新鼻祖 NOMOS（诺莫斯）非常擅长用撞色的视窗色块来显示动储时间，Metro 1101 在 1 点钟位置有一个非对称的视窗，红色显示为上满链的状态，随着红色逐渐消失，则提醒你，你的腕表该上链啦。动储显示发展成熟后，也有一些表厂开始尝试一些创新的动储显示。2000 年开始，线性动储显示开始出现。它打破过去因发条盒为圆形故动储显示系统亦采圆弧思维建构的观念，以线型显示动力的想法就如同温度计的呈现方式一样直觉且合乎逻辑。然而为了达成直线式的量化指标，其组成结构需改造，相对也提升其制作难度。所以这种类型的动储显示也塑造了一些品牌独特的产品特色，如沛纳海搭载 P.2000 和 P.2002 机芯的腕表。

　　除此之外，还有将线性显示和视窗显示相结合的动储显示。例如尚维沙的 Diverscope LPR，其动储显示位于 12 点的数字时标上，时标自上而下显示"F"（full）与"E"（empty），当时标白色全满则为上满链的状态，随着白色区域一点点消失，动力储备也渐渐减少。从视觉效果来说，确实让人眼前一亮。

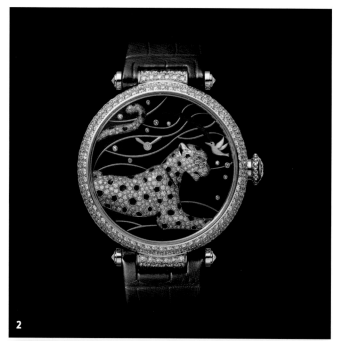

2

1

3

1 格拉苏蒂原创动力储存显示手表

2 Panthères et Colibri "猎豹与蜂鸟" 按需显示动力储存腕表

3 格拉苏蒂原创动力储存显示手表

十七、长动力

从实用性来说，自动表动力长不长不打紧，上链效率才是王道；纵然是手动表，手表就是需要"玩"需要互动，每天上链是麻烦，但 3 天动力肯定够了。而把非必要之用做到极致、做成艺术，某种角度而言是顶级制表的精髓。如复杂功能与表盘工艺的本质相似，8 天以上的长动力，把发条系的设计与性能做到无以复加，不断创新，攀登巅峰。可以用不到，可以不理解，但你无法不肃然起敬。以下的长动力表款以动力储存时间长短进行排序，相同参数情况下则以品牌首字母排序。

TOP 0	65 天

直径 42 毫米，铂金表壳，金质手工机雕刻墨褐色表盘与透明蓝宝石表盘，时分显示、万年历、动力储存显示，3610 手动机芯，静态模式 65 天动力储存，动态模式 4 天动力储存

2019 年上市，具有活跃和静待两种模式：在无须佩戴的静待模式下，机芯将以 1.2 赫兹的低振频运作，动力储存时间可达 65 天；而在佩戴的动态模式下，手表可保持 4 天的动力储备。最难得的是，这款江诗丹顿传袭系列双重芯率万年历手表仅采用了单发条盒，算得上是高级制表界的"黑科技"了

江诗丹顿传袭系列双重芯率万年历手表

TOP 1	50 天

尺寸 45.8 毫米 × 39.5 毫米，黑色 PVD 处理钛金属或蓝宝石表壳，筒状时间显示，动力储存显示 /HUB9005 手动机芯，50 天动力储存

动储达到 50 天的超级长动能手表，2013 年首次问世，之后宇舶又不断推出各式材质表壳的版本，包括钛金属和蓝宝石等。除了独特的筒状时间显示，其内置的 HUB9005 手动机芯配有惊人的 11 个发条盒，因此具有如此夸张的动储表现

宇舶 MP-05 LaFerrari

尺寸 52.2 毫米 ×47.9 毫米，钛金属表壳，时分显示，REB
T-3000 手动机芯，1 000 小时动力储存

独立品牌 REBELLION 的招牌系列，灵感来自汽车引擎。表
款不仅具有 1 000 小时的强大动储，上方表盖还可以打开
通过上下运动的方式进行上弦，并且通过侧边的透明窗口
欣赏整个上弦过程

REBELLION Prometheus T3K

直径 42 毫米，Ceramyst 创新型多晶硅透明陶瓷表壳，时
分显示，手动机芯，32 天动力储存

继 ID One 后卡地亚推出的第二款概念手表，之所以能提
供长达 32 天的动能，主要有几大创新，首先，ID Two 配
备双发条盒，且使用玻璃纤维作为发条材质，有效提升储
能。其次革命性的齿轮和擒纵机构，令能量传输效率大大
提升。最后，卡地亚首创的 Airfree 技术可以使表壳内部
完全处于真空状态，隔绝空气阻力使得摆轮可以大大减少
能量的消耗

卡地亚 ID Two

直径 45.9 毫米，18K 白金表壳，灰色表盘，时分秒显示，大日历，动力储存显示，L034.1 手动机芯，31 天动力储存

2009 年推出的朗格 31 是首款具有 31 天超长动能的机械手表，不同于传统手表，朗格 31 并非使用表冠进行上弦，而是通过表背面的钥匙上弦机构进行，因为钥匙上弦可以最大化保证传动比。同时 31 天长动能的另一大秘诀则是表款具有两根长达 1850 毫米的发条，是普通机芯发条的 10 倍。除了 18K 白金材质，朗格 31 另有 18K 红金及铂金表壳版本

朗格 31

直径 45.2 毫米，18K 红金表壳，镂空表盘，时分秒显示，陀飞轮，动力储存显示，手动机芯，22 天动力储存

播威 Flying Tourbillon Braveheart 具有双面表盘，正面设有一个偏心时针，上方为分钟盘；背面则设有一个完整的偏心时分表盘。通过简单操作，表款可在小台钟、怀表及手表之间随时切换

播威 Flying Tourbillon Braveheart

直径 44 毫米，钛金属表壳，镂空表盘，时分显示，三问，动力储存显示，发条扭矩显示，947 型手动机芯，15 天动力储存，图 1

直径 43 毫米，铂金表壳，白色表盘，时分显示，三问，动力储存显示，发条扭矩显示，947 型手动机芯，15 天动力储存，图 2

直径 44 毫米，18K 红金表壳，时分显示，三问，动力储存显示，发条扭矩显示，947 型手动机芯，15 天动力储存，图 3

积家的这三款三问手表均搭载了品牌自制 947 型手动机芯，具有双发条盒及 15 天动力储存，三问报时则采用了积家专利的水晶音簧，使得音质更为清澈通透。除了显示时间外，表盘 8 点位置可显示动力储存，而 4 点位置则为发条扭矩显示，其可以显示手表达到最佳运行状态的扭矩区域，以辅助动力储存显示。

1 积家超卓传统三问大师系列手表
2、3 积家三问大师系列手表

直径 45 毫米，蓝宝石或碳纤维表壳，蓝宝石表盘，时分显示，动力储存显示，HUB9011 手动机芯，14 天动力储存

MP-11 采用了蓝宝石及碳纤维两种高科技创新材质作为表壳，并且造型极为独特，表盘下端凸起，可以清晰地看到 7 个串联发条盒，共可提供两个星期的动力储存

宇舶 Big Bang MP-11

TOP 7	14 天

直径 42 毫米，18K 红金表壳，银乳白色表盘，时分显示，陀飞轮，动力储存显示，2260 型手动机芯，14 天动力储存，图 1

直径 42 毫米，铂金表壳，镂空表盘，时分显示，陀飞轮，动力储存显示，2260 SQ 型手动机芯，14 天动力储存，图 2

直径 41 毫米，铂金表壳，雕刻表盘，时分显示，陀飞轮，动力储存显示，2260/1 型手动机芯，14 天动力储存，图 3

2012 年上市，首款获得日内瓦印记全新标准认证的手表，搭载 2260 型手动机芯，有 2 个发条盒，可提供 336 小时暨 14 天动力储存，之后还推出过墨褐色表盘的版本镂空陀飞轮版本，搭载 2260 SQ 手动机芯，同样为 14 天动力储存，雕花亦展现了无与伦比的艺术和技术造诣

1 江诗丹顿传袭系列陀飞轮手表
2 江诗丹顿传袭系列镂空陀飞轮手表
3 江诗丹顿艺术大师雕刻机械陀飞轮手表

TOP 8	12 天

直径 42 毫米，18K 红金或铂金表壳，白色珐琅表盘，时分显示，陀飞轮，动力储存显示，Cal.242 自动机芯，12 天动力储存

Cal.242 自动机芯仅有一个发条盒，即可提供长达 12 天的长动能，动力储存显示位于表背面

宝珀 Villeret 系列十二日长动力陀飞轮手表

直径 44 毫米，铂金表壳，银色表盘，时分显示，陀飞轮，万年历等 16 项复杂功能，2250 型手动机芯，250 小时动力储存

江诗丹顿品牌 250 周年之际推出的大表，在当时 250 小时的超长动储只有极少数品牌可以达到。之后江诗丹顿还推出了 2250 机芯的后续版本 2253，增加了时间等式、日出和日落时间 3 个复杂功能

江诗丹顿 Saint Gervais

直径 46 毫米，18K 红金表壳，镂空表盘，时分显示，万年历，陀飞轮，17DM02-SKY 手动机芯，10 天动力储存，图 1

直径 43 毫米，铂金表壳，镂空表盘，时分显示，动力储存显示，17BM03 手动机芯，10 天动力储存，图 2

直径 46 毫米，18K 红金表壳，蓝色双面表盘，时分显示，三时区，陀飞轮，手动机芯，10 天动力储存，图 3

播威对于长动能机芯似乎颇为心得，除了前文提及的 22 日动储的 Flying Tourbillon Braveheart，这 3 款手表均具有 10 天动储，并且不同程度地搭载了包括陀飞轮在内的复杂功能

1　播威 Récital 20 Astérium® 陀飞轮手表
2　播威 Ottantasei 陀飞轮手表
3　播威 Edouard 陀飞轮手表

直径 47 毫米，陶瓷表壳，黑色表盘，时分显示，陀飞轮，动力储存显示，手动机芯，10 天动力储备

看似没有表冠，但实际上这款 J12 RMT 手表采用了垂直伸缩式表冠，位于 3 点位。那么分针在 10 至 20 分之间便会被阻挡，如何解决？答案是这款复杂时计在分针部分采用了逆跳设计，并且在 6 点位设置了一个 10 至 20 分之间的显示窗口，用以补充这段时间内分针无法显示的问题

香奈儿 J12 RMT 手表

直径 43 毫米，不锈钢表壳，银色表盘，时分秒显示，动力储存显示，Oris 110 手动机芯，10 天动力储存，图 1

直径 43 毫米，不锈钢表壳，蓝色表盘，时分秒显示，日历，动力储存显示，Oris 111 手动机芯，10 天动力储存，图 2

直径 43 毫米，不锈钢表壳，银色表盘，时分秒显示，日历，两地时，动力储存显示，Oris 112 手动机芯，10 天动力储存，图 3

直径 43 毫米，不锈钢表壳，银色表盘，时分秒显示，日历，星期，月份，周历，动力储存显示，Oris 113 手动机芯，10 天动力储存，图 4

2014 年，在豪利时 110 周年之际，品牌推出了完全自主机芯 110，手动上弦，具有 10 天动力储存以及获得专利的非线性动力储存显示。之后在 110 的基础之上，豪利时又相继推出了 111、112、113 三款自主机芯，在保留 10 天动力储存的同时，新机芯添加了日历、两地时、星期、月份，甚至周历功能

1 豪利时 110 周年限量款
2 豪利时 Artelier 111 自主机芯腕表
3 豪利时 Artelier 112 自主机芯腕表
4 豪利时 Artelier 113 自主机芯腕表

直径 47 毫米，不锈钢表壳，黑色表盘，时分秒显示，日历，两地时，动力储存显示 /P.2003/5 自动机芯，10 天动力储存，图 1

直径 44 毫米，黑色陶瓷表壳，黑色表盘，时分秒显示，日历，两地时，动力储存显示，P.2003 自动机芯，10 天动力储存，图 2

直径 44 毫米，18K 红金表壳，蓝色表盘，时分秒显示，日历，两地时，动力储存显示，P.2003/10 自动机芯，10 天动力储存，图 3

沛纳海 Luminor 和 Radiomir 系列中都有 10 天动储的表款，均搭载 P.2003 系的机芯，并叠加两地时功能

1 沛纳海 PAM00323
2 沛纳海 PAM00335
3 沛纳海 PAM00659

18K 白金表壳，蓝色表盘，时分秒显示，动力储存显示，Cal.28-20/220 手动机芯，10 天动力储存

2000 年，百达翡丽推出了惊世骇俗的 Ref.5100，俗称魔鬼鱼。包括铂金、18K 白金、18K 红金和 18K 黄金 4 种表壳材质，共计限量 3 000 枚。其搭载的 Cal.28-20/220 手动机芯是百达翡丽首枚长方形机芯，其具有的 10 日动储亦是百达翡丽品牌有史以来的最强表现

百达翡丽 Ref.5100G

18K 红金表壳，时分秒显示，动力储存显示，陀飞轮，Cal.28-20/222 手动机芯，10 天动力储存

相比 Ref.5100，Ref.5101，额外增加了陀飞轮装置，由 72 个独立部件构成的陀飞轮总重不足 0.3g。所搭载的 Cal.28-20/222 手动机芯同样为 10 日链

百达翡丽 Ref.5101R

尺寸 36.3 毫米 × 50.5 毫米，18K 红金表壳，黑色表盘，时分显示，动力储存显示，PF372 手动机芯，10 天动力储存

帕玛强尼与布加迪合作的表款，独特的造型很容易让人联想到布加迪超跑的英姿。表盘位于表壳侧面，无须转动手腕即可轻松读取时间，而正面则为 10 天动力储存显示

帕玛强尼 Bugatti Super Sport

TOP 11 9 天

直径 43 毫米，铂金或 18K 红金表壳，银色表盘，时分秒显示，万年历，陀飞轮，L.U.C 02.15-L 手动机芯，9 天动力储存

萧邦 L.U.C Perpetual T

TOP 12 8 天

直径 42 毫米，18K 红金表壳，白色表盘，时分秒显示，日历，Cal.1335 自动机芯，8 天动力储存

宝珀 Villeret 系列八日链手表

TOP 12 8 天

直径 43 毫米，不锈钢表壳，蓝色表盘，时分秒显示，日历，动力储存显示，A&S1016 手动机芯，8 天动力储存

亚诺 Eight-Day Royal Navy

TOP 12 8 天

直径 42 毫米，铂金表壳，白色表盘，时分秒显示，日历，动力储存显示，手动机芯，8 天动力储存

宝珀 Le Brassus 系列八日链手表

直径 45 毫米，18K 红金表壳，白色表盘，时分秒显示，日历，动力储存显示，手动机芯，8 天动力储存

名士克里顿系列八日动储手表

直径 48.8 毫米，黑色涂层钛金属表壳，镂空表盘，液态小时显示，分钟显示，手动机芯，8 天动力储存

HYT H2

直径 43 毫米，铂金或 18K 红金表壳，白色或黑色表盘，时分秒显示，9R01 Spring Drive 机芯，8 天动力储存

GRAND SEIKO Spring Drive 腕表

直径 51 毫米，不锈钢表壳，镂空表盘，液态小时显示，分钟显示，手动机芯，8 天动力储存

HYT H20

直径 45 毫米，不锈钢或 18K 红金表壳，白色表盘，时分秒显示，日历，动力储存显示，59210 手动机芯，8 天动力储存

万国波涛菲诺系列手动上弦八日动储手表

尺寸 29 毫米 × 47 毫米，不锈钢表壳，银色表盘，时分秒显示，大日历，动力储存显示，875 手动机芯，8 天动力储存

积家 Reverso 大日历手表

直径 40 毫米，不锈钢表壳，银色表盘，时分秒显示，万年历，月相，动力储存显示，Cal. 876-440B 手动机芯，8 天动力储存

积家 Master Eight Days Perpetual

直径 60 毫米，钛金属表壳，黑色表盘，时分秒显示，P.2002/7 手动机芯，8 天动力储存

沛纳海 PAM00341

直径 47 毫米，不锈钢表壳，黑色表盘，时分秒显示，Angelus SF 240 手动机芯，8 天动力储存

沛纳海 PAM00203

沛纳海 P.5000 手动机芯，具有双发条盒 8 天动力储存；沛纳海 PAM 00510、PAM00511、PAM00560、PAM00561、PAM00562、PAM00590 和 PAM00786 等很多表款均采用了这枚机芯

尺寸 32.4 毫米 ×46.9 毫米，18K 白金表壳，蓝色表盘，时分秒显示，日历，星期，动力储存显示，Cal.28-20 REC 8J PS IRM C J 手动机芯，8 天动力储存

百达翡丽 Ref.5200

直径 44.5 毫米，18K 白金表壳，黑色表盘，时分显示，Cal.UN-208 手动机芯，8 天动力储存

雅典奇想幽灵陀飞轮手表

十八、跳时

跳时功能，广义上说就是以数字显示代替传统时针来指示小时，常规的做法是在表盘上开设一个数字窗口，每经过 60 分钟，该数字往后跳一格。就技术而言，跳时机构本身并不难，仅是将指针改变为能够转动的数字盘，但却能带来极为方便的读时效果。

虽然早期怀表与手表也有一些跳时作品，但直到 20 世纪 60 年代，跳时表才再次流行，越来越多的品牌推出各具特色的跳时表，而数字窗口显示和其他功能的组合更是很值得玩味，确是百花齐放的繁荣景象。论及跳时表，朗格 Zeitwerk 系列必然是最具代表性的作品之一，这个昵称为"猫头鹰"的系列也是顶级制表品牌中唯一一个将跳时表做成单独系列的。Zeitwerk 系列的最大特点是小时与分钟均采用了跳时机制，分居表盘左右，并且两者都为瞬跳，每当整点时刻，一个小时盘和两个数位的分钟盘会在瞬间完成一起跳跃的动作，这种双窗齐跳有非常强的赏玩度受到不少藏家喜爱。

2

1

3

1 宝珀 Villeret 经典系列飞鸟陀飞轮跳时逆跳分钟腕表
2 朗格 Zeitwerk，昵称为"猫头鹰"的跳时表
3 跳时显示盘

（一）逆跳与飞返

　　在腕表的功能中，有两种功能会让表针的位置瞬间发生变化，那就是飞返和逆跳，下面我们就来了解一下飞返与逆跳的功能和区别。飞返即飞返计时，搭载有飞返功能的计时码表，佩戴者只需按动按钮一次，计时指针立即归零并马上开启下一次计时。普通的计时码表需要停止、归零和启动这三个动作来完成。飞返计时最初是为飞行员在战斗机上操作计时而设计的，在没有电子导航的传统年代，飞返计时码表解决了计时码表连续计时的不便，由于这项复杂功能可以节省操作时间，因此极受飞行员的喜爱。

　　"逆跳"顾名思义就是指针往回跳跃，是指针运动的一种方式。与传统的顺时针指针走势不同，逆跳指针是走单程的；其最明显的特征，就是表盘上的扇形指示盘，指针到达终点时立即自动跳回原点，并且继续运行。如果仅从实用性上讲，逆跳功能并无多大作用，但逆跳能让表盘风格和设计都具有个性和多样化，给人们带来视觉上的新体验，逆跳常用于星期、日期的显示，比如星期一到星期天，星期天之后又是星期一。

　　更有甚者，将逆跳的指针做成拟人化的效果，梵克雅宝的情人桥就是一个很好的例子。

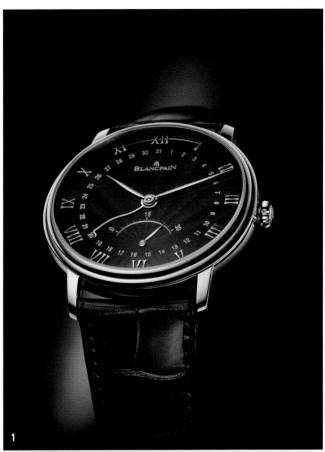

1

2

3

1　宝珀经典 Villeret 系列超薄逆跳小秒针腕表
2　海瑞温斯顿海洋 OCEAN 系列女装双逆跳功能腕表
3　VAN CLEEF & ARPELS（梵克雅宝）情人桥

（二）不规则跳时

2003 年推出的疯狂时间（Crazy Hours）腕表，完全颠覆了固有的时间概念，建立新的哲学，在既有的时间秩序之外，展现自己的独立性且遵循着清楚简单的逻辑，而实现一枚疯狂腕表的基础机芯，只需 ETA 2892。以顺时针方向由 1 到 12 排列的既有钟表安排方式，早已深入人心，Crazy Hours 的时标数字却不按顺序排列，但忠实地表示它所代表的时间。每当分针完成绕行一圈，时针便会跳到正确的数字位置。虽然表盘上 Art Deco 式阿拉伯数字经过重新排列次序，读取时间却完全没有难度：分针依照顺时针方向转动，显示分钟的时间；而奥妙则在于显示小时的飞返时针之上，只要看着这根时针所指的阿拉伯数字，便可立即知道小时的时间：如腕表的时针指着"7"，即是七点钟。这块腕表 Franck Muller（法穆兰）于 2002 年 8 月 23 日取得专利，专利号 CH20020001446。仔细观察，疯狂时间并不疯狂，时针跳动都有规律，即每次跳动 150 度。这是一个特殊的角度，它能保证时针在跳动 12 次后回到起点，然后进行下一轮"乱跳"。

Franck Muller 还申请了另外一种实现疯狂跳时的机械结构，原理还是一样，只是取消了现在使用的圆柱和弹簧片的搭配，换成了蜗牛外壳形轮和螳螂臂形的金属片。目前在市面上出售的 Crazy Hours 采用的是第一种圆柱和弹簧片的搭配结构。150 度是一个极其特殊的角度，只有这个角度才能顺利完成乱跳，其他角度在走完 12 个小时的过程中就会发生指针重叠。虽然乱跳结构不难，但 Franck Muller 把 12 个能乱跳的盘面数字组合全部注册了专利，完全断绝了其他表厂模仿的后路，这也成了专属于 Franck Muller 的标志性经典。

这枚"乱跳"采用的机芯是最常见的 ETA 2892，但使用的是最高版本，五方位调教，日内瓦纹打磨，机芯镀铑，原来的 ETA 2892 机芯厚度为 3.6 毫米，添加乱跳机械组件以后变成了 5.2 毫米。自动陀为 950 铂金，但只是陀边为铂金，FM 这样做并不是为了偷工减料，而是因为使用密度大的金属制成偏重的自动陀，有利于产生更大的静力矩，提高上链率。但如果使用全铂金，自动陀过重，会加快自动组件磨损，这样做反而得不偿失。

特别注意的是，Franck Muller 疯狂时间的假表：现在市场上面大量充斥着疯狂时间的假表，也可以实现乱跳。

1

目前据作者所知，只有 Franck Muller、海鸥、明珠三家生产过这种"乱跳机芯"，海鸥只是在 2004 年小批量生产过，之后再也没有生产。所以现在的假表搭载的都是广西南宁出产的明珠机芯，上面再加装"乱跳"组件。采用的设计原理完完全全就是 Franck Muller 在专利中提到的两种方法的结合体。

十九、陀飞轮与卡罗素

陀飞轮是素有"现代钟表之父"之称的 Abraham Louis Breguet 阿伯拉罕·路易·宝玑先生于 1795 年的一项伟大发明，其目的是为了减少怀表由于地心引力的干扰有碍于摆轮游丝的精准振荡而导致时计的运行误差，为此宝玑先生将整个擒纵与摆轮游丝装置安装于每分钟旋转一整圈的活动框架内。如此，所有误差有规律地重复出现，从而互相抵消。此外，摆轮轴在其宝石轴承中的接触点不断变化，可确保润滑效果更佳，走时更出众。

话说现如今的陀飞轮已然没有了最初的意义，机械表所追求的高精准度已经变成了常态，然而高精准度的陀飞轮也并非一无是处，而是仍旧处于高级制表领域内复杂功

1 FRANCK MULLER（法穆兰）疯狂时间

能的范畴，想来必有它的独特之处。毕竟除了精准的实用性的好处之外，它还有一个除动偶功能唯一可以做到运动中的美学的时计作品，令冷冰冰的机械时计拥有了灵性。与此同时，在陀飞轮发展前后期的技术革新也对整个制表行业的进步是有着举足轻重的贡献之力，陀飞轮不仅仅是为精准而生为艺术而美的产物，同时也给严谨之下的制表注入了浪漫的气息，令诸多品牌的陀飞轮创意无限。

无独有偶，在陀飞轮的发展历史中，又有一个全新的机构脱颖而出，那就是由丹麦籍制表师 Bahne Bonniksen（伯尼金森）于1892年发明制作的卡罗素结构——Karrusel（即英文 Carrousel "旋转"的意思）。将该擒纵系统、摆轮游丝系统及四轮都放了一个圆盘上（框架内），三轮和框架下方的四轮轴齿相连，带动四轮转动，同时三轮连接着与框架固定在一起的框架轮，带动框架转动。因此我们看到，三轮的能量一方面传输给四轮，一方面传输给框架，这和陀飞轮完全不一样，而且四轮并不固定，陀飞轮的四轮是完全固定的，整个的传输顺序是这样的：三轮传输给四轮，四轮传输给擒纵轮，擒纵轮再传输给擒纵叉再到摆轮游丝系统，同时三轮轴心轮再通过二个过轮带动框架旋转。卡罗素的走时与框架的旋转是两条线，两者并列而成，如果手表停走了，框架也有可能还是会旋转着，或者是框架不动了，但表还在走都是有可能的，很奇特。原本卡罗素的发明是想要制作出比陀飞轮结构更为简单的擒纵装置，但事与愿违，之后发现这项新发明的制作工艺更为复杂、零件更为多样，因此在一小段时间的盛行后，便并没有更好的发展（这与英国制表业的发展也有一定的关系）。直到2008年，这一尘封已久的制表技艺在 BLANCPAIN（宝珀）的支持下得以重见天日。

进入21世纪，陀飞轮的发展如雨后春笋般脱颖而出，从传统的经典陀飞轮、飞行陀飞轮、卡罗素的基础之上继续演变，推出了一系列新颖而独特的陀飞轮机构。从偏执一隅到位置中央，从小巧玲珑到独霸整"屏"，从单个到双个、双个到多个，从单轴的到双轴的，再到多轴的，从平面的到三维立体的……让人眼花缭乱，目不暇接。

而在独立制表方面，陀飞轮也成了一块精准的敲门砖，GREUBEL FORSEY（高珀富斯）、F.P.JOURNE、Thomas Prescher、FRANCK MULLER（法穆兰）、Vianney Halter 等大师的杰作更是一鸣惊人。

1　BLANCPAIN（宝珀）Villeret 经典系列卡罗素月相表

2　ROGER DUBUIS（罗杰杜彼）双陀飞轮手表

3　F.P.JOURNE 垂直陀飞轮

4　JAEGER-LECOULTRE（积家）双翼立体双轴陀飞轮（局部图）

二十、自鸣

　　自鸣表（Strike），泛指那些不用人为操控即可自动报时的钟表，其主要可分为大自鸣表（Grandstrike）和小自鸣表（Small strike）两种类别。两者都可在钟表运行至"整时"和"整刻"钟时自动鸣响，但小自鸣在自动报刻时不再重复整点报时。自鸣表与问表的区别在于自鸣表能够自动报时。结合两问、三问功能与自鸣表的作品在怀表时代就已出现，其中还多包括有"静音"转换装置，以便适用于不同的使用环境。由于结构复杂、制造不易，因此迄今为止做出过大自鸣表的仅有宝格丽、杰罗尊达、爱彼、Philippe Dufour（杜福尔）、F.P.Journe、法穆兰等几个品牌。

　　自鸣表，它除了三问表的功能外，最大的差别是能自动报时。因它多了一组报时的发条，还能选择报时报刻，或正点报时或静音，也就是每到15分、30分、45分它会自动地发出声音，来告诉你现在是几点几刻，有的只能报刻。每个正点会自动报点如同老式报时挂钟一样几点就敲几下。当你随时想知道时间只要轻轻地拨柄，它会报时、报刻、报分，如三问表相同的功能。三问表它所发出的声音非常优雅悦耳，而且音调不同很容易让您辨别出时、刻、分，大部分是双锤结构，三锤比较少看到，也有很多特别的四锤会报出类似伦敦西敏寺大鹏钟的钟声，也有会演奏美妙旋律的音乐表。

2

3

1

1 1910 年 PATEK PHILIPPE（百达翡丽）"Duc de Regla" 高级复杂功能三问报时怀表问世，带有大小自鸣以及教堂簧音报时功能

2 1998 年世界上第一只具有大小自鸣报时功能的问表诞生，由 Philippe Dufour 制作，由 AUDEMARS PIGUET（爱彼）推出市场

3 宝格丽 Octo Roma 大自鸣腕表

二十一、动偶

　　三问作为一个超复杂的功能，与其他功能进行组合就变成了更为复杂功能的典范，其中与计时、万年历等的组合在动偶这一功能之前那只能算是简单的叠加，即使与结构相互整合的大小自鸣，在功能上各司其职，与活动人偶的搭配可以说是将时计变得非常有趣味，不得不赞叹于制表师的奇思妙想。

　　18 世纪后半叶，对钟表的需求出现了第二次井喷。钟表不再仅作为知晓时间的工具，而是被赋予了诸如珠宝之类的更多内容。然而，钟表首饰化的服务对象为女性群体，而钟表的使用者主体实为男性。为此，除了增加钟表在功能上的复杂度外，提高其玩赏性成为另一个创新点。随之而来的是表盘与背面开始出现小巧精致的活动机构，并多以著名历史事件或宗教典故为背景，通过机械演绎再现其情景，今天统称此类功能为活动人偶（Automata）。钟表上，该功能多与报时联动，使拥有者从视觉听觉上都得到愉悦。谈到活动人偶，则不得不说 JAQUET DROZ（雅克德罗）。自 18 世纪诞生之日起，制作活动人偶便是其专长，作品不仅受到欧洲王公贵族的青睐，同样远销中国、印度等亚洲国家，在著名的鸟鸣盒中，其核心的活塞结构正是源自雅克德罗先生的设计。2012 年，品牌以日内瓦山雀为主题，推出了鸟鸣三问。盘面由 18K 红金为底材，并融合了金雕、镶嵌及微绘等技艺，营造了山雀哺育雏鸟的立体情景。此场景与三问联动，在启动报时功能后，会根据报时长短来选择不同的内容组合。不仅如此，品牌还将原有的音簧长度增加一倍，达到教堂音的标准，借以实现更加悠扬的回声效果。

二十二、芝麻链

　　Fusee Chain，也就是如今国人口中的芝麻链，是一度盛行于机械钟及怀表时代但最终退出历史舞台的"恒动力"装置，实现原理简单来说就是"力矩 = 力 × 力臂"，当然也可以粗略地理解为现代变速自行车的原理。发条盒与宝塔轮通过一根细小的金属链相连，上弦时，宝塔轮旋转，

1 JAQUET DROZ（雅克德罗）报时鸟，跨越时空的梦想

2 配备陀飞轮、芝麻链传运系统和硅材质宝玑末端挑框摆轮游丝

链条由下往上卷向宝塔轮，从而带动发条盒内的发条旋紧；运行时，发条盒转动，带动链条由上往下回卷至发条盒。这也就意味着，整个动力释放过程中，满弦时的力对应的为力臂最小的宝塔轮上端小轮，接近落弦时的力对应的则为力臂最大的宝塔轮下端大轮。如此，一定程度上保持扭矩的恒定输出。

到了手表时代，部分钟表品牌"复苏"了芝麻链这项有着悠久历史的"恒动力"装置。虽然因手表与怀表的尺寸差，搭载于手表上的芝麻链相比传统的难免有着些细微的区别，但在实现"恒动力"的方式上，可以说如出一辙。

诚然，芝麻链如今在手表上起到的作用是"恒动力"还是提升表款的视觉效果，见仁见智。但有一点可以肯定的是，芝麻链的存在使手表在手动上弦的过程中能始终保持较为平滑的手感，即不会出现因动储增加而感到阻力的情况。满弦时，宝塔轮上的"马耳他十字"会"锁死"宝塔轮，以避免过度上弦可能导致的发条断裂。

1

二十三、暂停时间功能

Arceau 暂停时间腕表将时间隐匿，让时间从面盘上消失，同时，机芯仍在精确地不停运转着，这项全新的复杂钟表功能由 HERMÈS（爱马仕）独家研发，成为全世界首创。

一按钮即可暂停时间，在这个充满趣味的简单动作之外，隐藏着非常复杂精细的机械结构，透过凸轮、齿轮和转向器的巧妙运作让人把时间遗忘。一套额外附加的组件使腕表能在暂停的时间和精确的时间之间即刻自动转换，从而给人遗忘时间的幻觉。腕上充满玩味的一瞬，只要轻轻一按9点的按钮即可让时针和分针停在12点，日期指针也消失不见。时间暂停了……或者说，时间的显现被暂停了——因为机械装置仍在记录精确的时间，好像乐器在后台继续演奏，舞台却保持静默。2分钟，3小时，5天或几个星期过去了，由想象力带领着你；再按一下按钮，3个指针都各归正确的位置：被暂停的时间又重新开始运转。

二十四、隐藏时间功能

隐藏时间腕表，分针隐藏在时针下方，第二时区时间也以 GMT 字样代替，同步玩起捉迷藏游戏，只有按下表壳9时位置按钮时，正确的分钟与第二时区才会呈现。一松手，又返回原先隐藏的状态。爱马仕的想法是，不管时间对我们来说是多么公平或者残酷——每个人的一分钟都不会比任何一个人多一秒或少一秒，但我们仍旧可以用自己的方式去解读时间并应对时间。快乐的时光总是短暂易逝，痛苦的时光总是煎熬难耐，那么何不让时间暂停或是隐藏呢？

二十五、守候时光功能

HERMÈS（爱马仕）于 2017 年的巴塞尔表展上发表了一款 Slim d'Hermes L'heure Impatiente 守候时光手表，在与时间的游戏中 HERMÈS（爱马仕）试图以一种梦幻的方法，以倒数计算时间和闹铃提醒的功能设计，去阐述时间的表

1 朗格的芝麻链传动

达方式。

以 9 点钟位置的按钮操作启动到时打铃的机制，若以 4 点钟位置的按钮操作可调校 4 点钟位置的 12 小时针圈，这个针圈用作你需要设定事件发生的时间，此时在机制被启动的状态下，7 点钟位置的扇形 60 分钟倒数指针将会归到 60 的定点位置，并随着时间的前进，倒数针将会倒回走到 0 的位置，轮系中的音锤将敲击音簧一声叮作为提醒。创新且趣味的机械结构，由 Jean-Marc 设计，而在近几年中专门为 HERMÈS（爱马仕）品牌设计的机芯中，往往有一个特征：零件本身已经不再是规矩且无新意的传统设计，Jean-Marc（让马克）尝试用各种不同具象的图腾，来象征或直接性表达零件本身的用途。

1

如此的做法不但让每一枚他设计的机芯独一无二，也让制表师在组装或维修时更好辨识。在 HERMÈS（爱马仕）L'heure Impatiente 守候时光手表里，Jean-Marc 特别使用了飞马形状设计的零件，作为倒数分针的推动凸轮，此为象征爱马仕品牌的飞马形状；而在飞马与打铃时间设计的凸轮接触，倒数的 60 分钟内，两个凸轮分别不断前进，直到两者接触到最顶点，在凸轮的形状设计下，两个凸轮接触点会落下，因此就推动了音锤敲击一声提示音。

这个扮演打铃时间设定的凸轮则为鲨鱼形状设计，其凸轮最顶点即为鲨鱼的鳍，在以 9 点钟位置的按钮压入后，机芯内以杠杆推动一个有 12 齿的星形轮，这个星形轮连接了一个如计时表机芯内常用的归零锤的长形零件，零件尾端将推动飞马形的凸轮接触鲨鱼凸轮，而此时鲨鱼凸轮的时间设定与推动都将与中央正常时间连动，因此能够让飞马凸轮上的指针归到 60 的位置，并且开始进行倒数。此时音锤所需要的动力也在此番的连续推动中，压推了长形卷曲弹簧足足 60 分钟，因此当飞马凸轮与鲨鱼凸轮的接触从制高点落到最低点时，弹簧的动力被释放，本来被渐渐推离机芯的音锤就强劲落在音簧上，打响了"叮"一声的提示音。

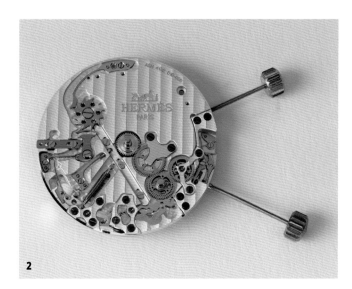

2

二十六、飞秒与跳秒

飞秒自古就有，最常见的是 1/4 飞秒，还有 1/2、1/5 飞秒，除 1/2 飞秒是由摆速决定外，一般是增加一套复杂的轮

1　HERMÈS（爱马仕）Dressage L'heure masquée 隐秘时间手表
2　HERMÈS（爱马仕）自制 Cal.H1912 机芯

系实现飞秒，与正常时间轮系在擒纵叉上交汇；由于现代提高了摆频，故常见的是 1/6、1/8、1/10 飞秒。而 1 秒的飞秒比较牛，有单独的名称"跳秒"，除双轮系，跳秒的机制就多样化了。古董界制作最多飞秒的应属丹麦制表师 Jules Jurgensen，在 18 世纪末 JAQUET DROZ（雅克德罗）制作的中国市场马车钟和 19 世纪中国市场的大八件也能见到飞秒和跳秒的踪迹。

飞秒可以说是升级版的计时功能或高精度的计时功能，现代表厂制作飞秒主要是彰显制表技术，印象中制作的品牌不多，有 GIRARD-PERREGAUX（芝柏）、HUBLOT（宇舶）、ZENITH（真利时）、PANERAI（沛纳海）和 JAEGER-LECOULTRE（积家），超级复杂的 A.LANGE & SÖHNE（朗格）Grand Complication 也有飞秒功能。在为数不多的现代飞秒家族里，不得不重点提 JAEGER-LECOULTRE（积家）的 Cal.380 双翼机芯开山之作便是 1/6 飞秒的单按钮追针计时表 Duometre a Chronographe，属于复杂之作，整只表里里外外有点 A.LANGE & SÖHNE（朗格）的感觉，据说 A.LANGE & SÖHNE（朗格）有些表款是委托 JAEGER-LECOULTRE（积家）设计的，同集团有相似也正常；说回双翼（Dual-Wing），顾名思义即是机芯有两套动力系统，分别供应走时和附加功能的动力，大家互不干扰，以达到最精准的效果，Cal.380 手动上弦机芯由 443 个零件组成，48 石，21 600 摆频，直径 33.7 毫米，厚度 6.95 毫米，双发条盒对称平放很协调，独立分割的夹板打磨相当到位，整个机芯美得一塌糊涂，最牛之处是无须采用离合器，乃世上独一无二的无离合器计时机芯。

跳秒属钟表的半复杂功能，古董界应用甚广，石英危机后几乎被摒弃，因石英表为了省电也是每秒一跳的，故高档机械表为了与廉价石英表有所区分，表厂纷纷采用了扫秒，慢慢地成为分辨石英表和机械表的标志性特征（跳秒是石英表，扫秒是机械表）。跳秒在英文上有很多叫法：Jumping Second、Dead Beat Seconds、Dead Seconds、Independent Seconds 等。石英危机过后特别是中国市场的开放，机械表迎来了新的春天，近年市场已相当成熟和稳定，表厂开始发掘一些古老有趣的功能，也不再担心跳秒会被误看成廉价石英表，跳秒这种半复杂又有趣的功能很快被市场接受，近年陆续有品牌加入制作跳秒的大军，好不热闹，目前市场的跳秒有中置大秒针、偏心大秒针和小秒针。

1

2　　　　　　**3**

1　沛纳海飞秒腕表

2、3　亚诺飞秒腕表

第五节 | 手表基础结构

一枚精致的腕表，有表头、表带组成，而表头则有表壳中框、表镜、底盖、表冠以及表盘、表针与机芯等组成，表带又有皮质表带、链带之分，同时又有表扣与之配合起来使用，同时这些的零部件间通过不同的方式衔接在一起，而组成了我们手腕所佩戴的手表。而这些组件正是我们学习名表鉴定所要关注的每一个鉴定点，通过对每一枚名表的零部件的制作工艺的细节判断，得出真伪、原装、品相等结论。

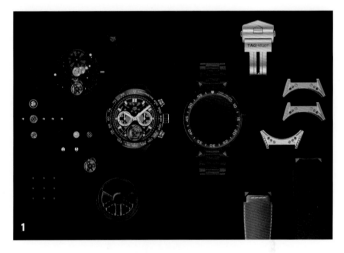

一、表壳

（一）表壳的结构

目前，绝大多数的表壳都是由3个部分组成——用来固定和保护机芯并负责连接表带的壳体，固定表镜的上表圈和可拆卸的表壳后盖，也就是经典的3组件式表壳结构。对于多数防水表而言，表后盖一般采用螺纹旋压紧固结构，多数高质量的手表，其上表圈也使用内/外螺纹旋压紧固结构。此外，在这3个主要零件之间，还有各式各样的密封圈来提高防水性能。但是，即便各个手表品牌使尽花招在密封结构上做文章，但是万变不离其宗，最基础的结构仍然是那简单的"三大件"。

1　手表的基础结构
2　手表的外观件

当然也有两件套式样的表壳设计，其主要的原因就是在于减少进水的可能性，起到更好地防水防尘，所以也就没有了后盖这一部件，使得表壳中框与后盖一体成型之下与最为前面的表镜、外圈一起形成了表壳。随着时代的发展，进入到 21 世纪之后，蓝宝石表壳材质的出现，将这两件套式又一次做了变化，表镜与表壳中框一体成型，再配合之后的后盖，来形成表壳。还有另外的一种，更为新颖，当然也是两件套式的，直接将机芯与底盖相联，取消了表壳中框的设计——一体式镂空机芯底板，其特点在于将主表壳与底板融为一体，进而省去两个零件之间的连接固定件。实际上这种设计理念被普遍应用于赛车车架制作上，使用这种技术的 Richard Mille 腕表的刚性和耐冲击性能大大增强。

1

　　Richard Mille 作为腕表新技术、新材质以及新结构发明使用的急先锋，很早就在腕表表壳上下了大功夫。对于 Richard Mille，尤其是 Richard Mille 的表壳制作来说，2014 年是其品牌建立之后的重要年份。因为 Richard Mille 在 2013 年启用了位于瑞士制表重镇 Les Breuleux 的 Proart 工厂，Proart 工厂正是 Richard Mille 的表壳、主夹板以及板桥等零件的制造工坊。使其很大程度上不用过多依靠历峰集团与 2007 年初收购的 Donze-Baume 为自己提供表壳，进一步完善了自己的制表产业链。Proart 工厂建筑面积达 3 000 平方米，历时两年才最终竣工。2014 年至今的很多全新表壳都是来自 Proart 工厂。在正式落成前，其内部其实早就开始运转，拥有 30 名左右的数控机床人员、检测人员与抛光工人。

2

　　表壳通常是手表主体（表头）的外壳部件，其作用是包容并保护手表的内在部件（机芯、表盘、表针等），与表壳紧密相连的部件有：表镜、底盖、表冠、按掣等。英文名为 case，表壳有如人体的躯壳，它除了直接呵护手表的"内脏"，同时很大程度地决定了手表的各项性能指数，例如：防水度、防尘性能、防磁性能、抗震性能……

　　而仅仅只有表壳中间这个主干，也就是一般而言没有了表镜与后盖之后的那一部分，我们则称之为表壳中框，英文名为 millde case。

3

1　Richard Mille 一体式镂空机芯底板
2　两件套式表壳
3　三件套式表壳

（二）表壳的材质

15世纪末，德国纽伦堡市的 Peter Henlein（彼得·亨莱因）创造了第一只怀表、蛋型、镀铜、单针表，只能指示大概的时间。此表就是著名的"纽伦堡蛋"。这种"握在手中的钟"作为当时最便于携带的计时装置，在人类日常生活和工作中崭露头角，其制作和研发迅速风靡整个欧洲。但是，初期造价昂贵的表仅能在各国皇室家族以及上流社会中出现，并且很大程度上被当作可佩戴的装饰品所使用，直到百年后真正意义上的怀表出现了才算是结束这一段历史。从17世纪开始，怀表逐步流行起来，在怀表的初始阶段，除了某些早期曾使用天然水晶或石质材料（玛瑙或紫晶或玉石）作为表壳外，多数钟表的表壳是用金属（铜、黄铜、金和银）制成的。尽管如此，制表大师们也会使用诸如皮革、玳瑁、鲨皮、兽角、象牙和木材等材料制作单层、双重乃至三重表壳。双重壳、三重壳以及多重壳怀表是英国人17世纪之后的经典之作延续了2个多世纪，其最外重的表壳也会使用琥珀、各种木材、鸡血石、兽角或象牙等来制作，同时配以金、银、铜胎的珐琅彩、瓷胎珐琅彩以及珍珠等镶嵌工艺使得这些非比寻常的材料一齐赋予了怀表鲜明的个性。

从钟表的发展史上看，新材质取代旧材质的过程总是非常缓慢而坚定的，它的更迭一旦确立，就会成为一个鲜明的历史性的标志。例如，在16、17世纪，金属加工工艺还十分落后，当时的便携式表以铜壳的为主，也有少量木制的，主要是遵循了钟壳材质，不过早期的铜壳外表面大多以镀金工艺为主，此后由于鎏金工艺的发明，而改成了鎏金，鎏金是把经过切割制造成规定的外形后进行手工雕花，其后再进行鎏金，鎏金是将金和水银合成金汞水，涂在铜等的表面，然后加热使水银蒸发，金就附着在器面不脱落。这样的技术是为了美观和防锈，因为汞有毒，所以后来逐渐被之后的电镀取代。

到了18、19世纪，随着怀表的普及和加工工艺的日渐成熟，金、银这两种贵金属成了绝对的主流，用来制作怀表的外壳。不过，这其中也掺杂了些奇特的表壳材质，比如动物骨头、象牙等材质做表壳以及机芯零件，大大超乎了现代人的想象，这样的怀表如果能适当地保存下来其寿命可以说是"与天齐寿"了。

怀表时代的表壳材质主要分为实金〔22k（0.916）、18k

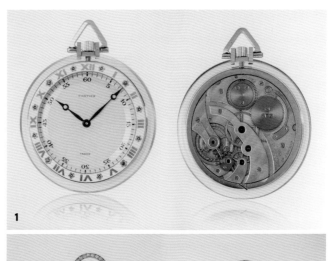

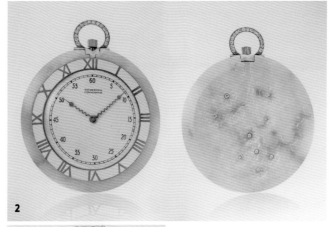

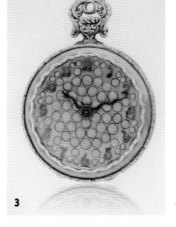

1　天然水晶材质的表壳
2　玉石材质的表壳
3　鎏金铜胎的珐琅彩的表壳
4　象牙材质的表壳与机芯

（0.750）、14k（0.585）、9k（0.375）]、实银（0.925、0.800）、银鎏金、铜鎏金、白铜、黄铜及钢质等。其中，钢质怀表的出现已经是19世纪中叶之后的事情了，不过也流行一段时间，因为19世纪中叶出现了现代平炉和转炉炼钢技术，使得人类真正进入了钢铁时代，而作为当时的新材料，风靡是肯定的。但真正的普及是在20世纪的手表时代。

进入20世纪，随着手表的不断普及，手表表壳的材质种类可谓进入了百花齐放百家争鸣的境地，就拿贵金属而言，就拓展出了玫瑰金、黄金、白金、铂金等，不锈钢的钢壳材质也出现在了手表表壳的材质中，被大量地使用，但其中有那么一种金属材质慢慢地淡出了历史的舞台，淡出了我们的视野，虽然在整个制钟制表的历程中及20世纪早期的手表中有着举足轻重的地位，这就是白银，一个与黄金同样的贵金属一起引领了几个世纪的表壳材质史。在怀表时代，兼具耐用以及低成本的银制表壳可以说是普遍受欢迎的材质选择。当时的银合金通常是以92.5%的纯银，加上7.5%的其他合金材质所组成，目的是为了强化纯银的塑形力，这就是一般所称的"925银"。不过，925银相比其他贵金属还是太软了，同时表面氧化之后会出现难看的锈色。不过在材质使用的转变过程中，银作为曾经的主要材料之一，还是被用于手表之上的，如1905年才正式成立的劳力士，在一战时期就曾经制造过纯银材质的军表。之所以在怀表时代能被大量使用白银为表壳材质，而到了手表时代就慢慢消失了，其主要原因在于：一是随着战争，金银贵金属的成本提高；二是新型的制表材料的出现，使得比较容易氧化的纯银材质逐渐地退出了制表的历史舞台。

不过，为了在怀表上重现银表壳的经典质感，同时强化银的材质特性，2000年之后的BELL & ROSS（柏莱士）特别开发出Argentum R合金作为怀表的表壳材质。Argentum R是专利的锗银合金材质，在纯银中加入1.2%的锗，可使银的硬度变高，并具备抗锈色的特征，同时还会散发出相当独特的银色光泽。另外的一种贵金属黄金也被保留了下来，其材质稳定，抗氧化性极强不易于生锈，颜色美观等的优点，被手表用于高档品牌及限量的系类中。同时人们还在黄金的提炼中发现，增加不同的合金元素会产生其他美妙的外观色彩出来。

黄金 化学元素金（化学元素符号Au）的单质形式，是一种软的，金黄色的，抗腐蚀的贵金属。金是最稀有、最珍贵和最被人看重的金属之一，用在手表的表壳上也已

1

不再稀奇，黄金材质质地柔软且韧性好，自古以来也都被用来制作成饰品。由于黄金质地非常柔软，所以表壳、多以合金形式出现，通常是18K居多，这个比例是经过验证的，既可以保证黄金的色泽永不消失，又能保证硬度而减少磨损痕迹。当然还有22K（0.916）、14K（0.585）、9K（0.375）等，并以不同的图案标示于表壳之上如女皇头、松鼠等，1995年之后统一为圣伯纳德（st.Bernard）狗头。

玫瑰金 暖色调，给人带来温馨与浪漫之感，在手表中出现已经不是很稀奇了，因为早在怀表时代就已经开始流行了。它是一种黄金和铜的合金，又称粉金或红金，由于这种金属曾经在19世纪初期风行于俄罗斯，因而又称俄罗斯金。玫瑰金多用于珠宝及高端品牌，特别是女款手表的系列中，比如卡地亚有玫瑰金的金属材质的手表，精致而细腻的打造可谓璀璨耀眼，更能衬托出女性

1 来自东欧平原东部的俄罗斯基洛夫州的 Semyon Ivanovitch Bronnikov （1800—1875）出品的一枚全木质怀表

高雅的气质。

18k 白金 白色耀眼的金属光泽令我们为之倾心，它与18k 玫瑰金属于同一种类型，18k 玫瑰金是在 75% 纯金中加入了 4.5% 的银和 20.5% 的铜而有了红金质感，18k 白金则是 75% 纯金加入了 25% 的钯金而制成的。

铂金 被人们称为贵金属之王，简称 Pt，是一种天然的白色贵金属，只有铂金才可以称为白金，铂金纯度通常可达到 95%，铂金所具有的持久性和耀眼的白色光芒。纯净的铂金呈银白色，其颜色和光泽是自然天成的，历久不变。铂金是金属中最稀少最珍贵的，因而也是最昂贵的，手表中使用这样表壳的也只有限量款才偶尔为之。而当人们于 1735 年在乌拉尔山脉首次见识到它时，还以为是毫无价值的东西呢！不过，人们很快就发现了铂金的特异性质，19 世纪末铂金开始应用于珠宝制造业，同时也用于了同为奢侈品的制表业。

铂系金属 金属之中的"贵族之家"，除了铂金之外还包括钯、铑、钌、铱和锇这 6 种金属元素，其中钯金的外观与铂金相似，呈银白色金属光泽，色泽鲜明，其重量相对于铂金来说更轻，硬度更高。由于其延展性和可塑性都很强，被某些首饰及奢侈品制造商采用，像江诗丹顿、雅典、卡地亚等都曾用钯金作为表壳。铑也是一样的，除了早期的镀夹板外，后来也用于了手表表壳的制作，2000 年 HARRY WINSTON（海瑞温斯顿）就推出了一款铑金属表壳的手表。而铱被少许加入铂金中，形成铱铂金，两者为同类族元素，添加入后不会影响其铂金纯度，还是为Pt950，但其颜色会偏呈银白色，更具有强金属光泽，硬度也更高，也被用于高档品牌的表壳材质中。

到目前为止我们所讲的都是实金，而由于贵金属的昂贵及"一战""二战"的因素在，我们的制表业也会使用套金（rolled gold）、包金（gold filled）、镀金（gold plated）、鎏金（gilt）等方法来省钱，也达到了金子的美感。某些工艺技术也算是传承了怀表壳与钟壳的做法，其中鎏金就是个很古老的工艺。而套金是将 K 金圈或薄片以焊接技术压合在不锈钢表壳上；包金是将极薄的一片 K 金薄片与一底层金属（通常为锌铜合金）相结合，有单面也有双面；镀金则是在不锈钢表壳上电镀上薄薄的一层金，电镀的原理是利用阴阳两极电解正负电离子交换。但这些都有可能会脱落磨损，之后的 20 世纪里还发明出了一种 PVD 的真空离子镀层的新工艺……

1 1995 年之前不同贵金属的印记

2 后盖处的贵金属印记

钨钢　也叫硬质合金，是一种硬度高、耐磨、强度韧性较好的金属，除此以外它拥有耐热、耐腐蚀等特点。再加上钨钢外观高亮泽度，钨钢材质做成的手表相比普通手表更显高贵时尚，在市场中深受消费者们的喜爱，是雷达等品牌的主力表壳材质，日本的精工也拿它来做表圈。

陶瓷　用作手表材质的陶瓷有别于传统的日用陶瓷，手表用陶瓷的制造工艺，是将极细的氧化锆粉末以高压注入模内后，在超过 1 000℃高温的烧结炉内结成不易磨损陶瓷部件，再用钻石粉末打磨，方可制成。其优点众多：表面非常光洁、特耐磨、物理性质稳定、耐酸碱、抗腐蚀、不会变色脱色、质量很轻，而且它还不伤皮肤，而不锈钢表壳里面有镍金属，镍对人的皮肤不好，很多人都会过敏。

钛金属　在全钢手表的热潮带领下，钛金属逐渐崭露头角，也被称为"航空时代"金属。什么是钛金属？钛金属是在地球外壳内所发现的，其外观可以是光亮有光泽的金属，或是银灰色、深灰色的粉末。钛金属是一种轻巧、坚硬、耐热、耐寒的金属，表面有一层氧化膜，可防止磨损及锈蚀。1980 年出现了第一款钛制手表，这种材料之前仅用于航空航天工业中，此后迅速开辟了持续至今的表壳材质的征程，已被许多品牌（OMEGA、IWC 等）用来制作手表外壳，成了一种"新型的贵金属"材料。

金属铝　拥有良好的物理性质与顺磁性，可并没有大规模运用在钟表中。怀表年代，谈到铝制表的制作，可能最著名的品牌当数 VACHERON CONSTANTIN（江诗丹顿）了。20 世纪 30 年代，加拿大铝业公司苦心寻找合适的物品为了表彰在公司辛勤工作超过 25 年的员工，经蒙特利尔珠宝商 Henry Birks & Sons 牵线，VACHERON CONSTANTIN（江诗丹顿）于 1937 年接下了订单。制作过程并不轻松，首先是原材料的改变导致所有模具进行调整。其次，铝的硬度上佳，可是缺乏韧性，在百分之一毫米的精度下极易断裂，需要大量的实验工作摸索金属成分配比，以求拥有与传统材料相媲美的特性。除了摆轮、游丝、齿轮、轴承与螺钉使用传统材料外，表壳、指针、刻度、表盘与机芯夹板均采用了铝。因此，整枚怀表的重量仅有 19.61 克，可

1　PVD 间金款的浪琴手表

2　1986 年 RADO 瑞士雷达表 Integral 精密陶瓷系列

3　DIOR VII GRAND BAL PLUMES 系列高级腕表 38 毫米表款黑色高科技精密陶瓷

谓最轻的正装男士怀表。从 1938 年交付第一只至 1950 年 4 月，VACHERON CONSTANTIN（江诗丹顿）一共生产了 271 只。机芯由 Lecoultre 生产，型号 V.439，拥有 40 小时动力，直径 17 法分（38.25 毫米），3.5 毫米厚，具有 17 枚红宝石轴承，双金属截断式温差补偿摆轮，宝玑式游丝，鹅颈式微调，属于高等级配置。

925 银　"二战"加速了精密航海钟微型化的进程，在精准与产量的双向挤压下，催生出一种独特的钟表门类，甲板表（Deck Watch）。甲板表的尺寸分布在 45 毫米至 60 毫米之间，搭载多方位与温差调校的怀表机芯，直径在 38 毫米至 50 毫米，一般无华丽的修饰。功能方面也多为大小三针，而动力储备是最常见的附加功能。虽有尺寸、品牌、机芯等区别，但多数甲板表的表壳采用了 925 银，原因是银的价格远低于黄金，同时抗海水腐蚀性也高于钢。顶级品牌的甲板表今天依然是一个被严重低估的古董表门类，它们往往有着硕大的尺寸，精致的打磨与高级别的硬件配置。其实，即使生产工具表，大牌们依然是贯彻自己的制表哲学。

1、2　PATEK PHILIPPE（百达翡丽）出品的银质表壳甲板表与机芯

铜合金 物理性质稳定，耐腐蚀，硬度适合加工，这些优点都让铜合金成了制作机芯的不二选择。常见的铜合金分为两种，黄铜与白铜，前者包含了铜与锌，而后者在这基础上添加了镍，以满足更好的机械强度与耐腐蚀性。黄铜作为表壳的例子在今天并不多见，原因在于长时间暴露于空气中后，表层会产生致密的黑色氧化膜。虽然可以阻止进一步的氧化，可并不美观。历史上，大量使用黄铜作为表壳材料的是小型的船钟，作为工具用表的它们没有装饰的要求，防腐蚀与价格才是需要重点考量的因素。当然，一些比较讲究的船钟则为黄铜外壳做了镀金处理。复杂功能怀表中，VACHERON CONSTANTIN（江诗丹顿）曾经根据客人要求将一枚三问机芯放入在了黄铜表壳中。镍让黄铜的耐腐蚀性能再一次大大提高，ROLEX（劳力士）的904L钢也正因此具有比316L钢更加卓越的性能。与黄铜一样，白铜主要是作为机芯夹板的原材料，因其银白色，所以在怀表年月经常可以无须电镀，随着缓慢的氧化，机芯会呈现出温润的香槟金色。历史上，MINERVA（美耐华）曾经出品过搭载19/9CH机芯的白铜外壳计时怀表，供给军队所用。1908年，美耐华推出了首个自产计时机芯19/9CH，19表示机芯的尺寸为19法分（42.9毫米），9则代表了公司内部的登记号，CH则是Chronograph计时的缩写。这是一枚单键计时机芯，并带有30分钟累计计时功能。青铜有时也会称作"枪铁（Gunmetal）"，由黄铜加锡而成。青铜有着非常稳定的物理性质，理论上也可以用作表壳材料。历史上，军表采用该材质较多，高档钟表中较为罕见。市面上常见的枪铁怀表一般配有金色的表冠与挂环。

19世纪早期或更早的时代，人们会使用铸铁充当计时器的外壳，但是铁容易氧化，对环境的要求苛刻，因此进入到19世纪中叶后逐渐淡出历史舞台。不难看出，曾经的"少数派"材质还是从实际需要与客人要求出发，当然不乏如木质怀表这样标新立异的东西。虽然一些矿石材质与动物的甲壳也偶尔用来充当表壳材质，但基本上都是属于镶嵌的范畴。随着时代的变迁，钟表已经完成了从实用工具到饰品的转变，曾经"实用但不美观"的材料必然会退居二线。与此同时，名贵钟表的保值理念逐渐被人们所发掘，像诸如昂贵的木质怀表之类的作品自然也很难被大众所接受。最终，在石英危机之前的手表时代上半场，凸显价值的金质表壳与坚固耐用的不锈钢表壳成了市场的主流。

碳纤维 从化学角度上说，于19世纪末期诞生的碳纤维本质上是由有机纤维经固相反应转变而成的纤维状聚合物碳，虽然因为种类的不同性能会有所差异，但从通性来说确实具有密度小、比强度大、稳定性高等特性。因此，在20世纪50年代碳纤维量产成为可能后，各个行业都在寻找实现碳纤维制的可能性，钟表行业亦不例外。

在介绍碳纤维于钟表行业的发展前，不妨先将目光转至碳纤维的分类。就现有资料来说，化学领域已商品化的碳纤维可以按照原丝种类、碳纤维性能以及碳纤维用途分为三大类，每个大类下面均设有数个小类。在工程学或其他高科技领域的使用中，与不锈钢相同，基本上用牌号予以区分。而不同牌号的碳纤维因为原丝结构与碳化环境的不同（这部分内容与钟表部分关系不大，因为大部分钟表品牌都是直接外购，故此处不再详述），所以在力学性能、物理性能、化学性能方面会有些许差异。然而，有一点可

1 宝珀的大日期双追针飞返计时码表（碳纤维款）
2 PANERAI PAM00616 碳纤维表款

以肯定的是，无论何种，碳纤维均拥有比铝金属更低的密度，以及比任何常规牌号不锈钢都高的比强度。

或许是因为碳纤维在其他领域已经证明了自身性能，相比其他材料的优异性，作为后起之秀的碳纤维在钟表领域并未遭遇过多的阻碍，在 AUDEMARS PIGUET（爱彼）于 20 世纪 80 年代证明了碳纤维在钟表领域中的可行性后，越来越多的钟表品牌开始尝试在表盘、表壳乃至机芯等部件中使用碳纤维。但此处需要指出的是，许多人会误以为所谓的碳纤维部件就是全部以碳纤维材质制得的零部件，但事实上并非如此，钟表领域中所指的碳纤维大多数情况下指的是以碳纤维作为增强材料融入环氧树脂而得的复合材料。进入钟表领域不久的碳纤维就成了 21 世纪表壳材质革命中的主角之一。

之所以会产生如此现象，主要有两方面原因：一方面在于碳纤维本身具备的优异性能，无论是对于表壳或机芯内零部件的轻量化作用，还是成品特有的格纹图案，均符合时代对于手表发展的需求。前者力主更轻，后者则具有更好的视觉效果。另一方面，则在于碳纤维部件成熟的制作工艺。

钽金属 提及从高科技领域移用而来的金属材料，钽金属是不得不提的一项。该材料就本质而言是一种灰蓝色的惰性金属，具有优秀的抗腐蚀性、抗磁性以及较小的膨胀系数，所以是如今航天科技中的常见材料。再加上钽金属与人体有极佳的生物相容性，所以在医学领域也能常见其身影。可以这么说，钽的稳定性使其如今成为众多行业中炙手可热的"新秀"。但在钟表领域，以钽金属作为表壳并不是常见的做法，印象中只有 PANERAI（沛纳海）、VACHERON CONSTANTIN（江诗丹顿）、AUDEMARS PIGUET（爱彼）、HUBLOT（宇舶）、F.P.JOURNE 等数个品牌曾经推出过相应表款。

虽然曾有钟表品牌尝试以钽金属作为表壳材料，但其中的大部分都是"昙花一现"，一款作品面世后便再无后续。而 F.P.JOURNE 则不同，在首款 Chronomètre Bleu 于 2011 年面世后，又为 Only Watch2015 特别制作了同样采用钽金属表壳的 Tourbillon Souverain Bleu。虽然相关产品数量仍无法与其他金属材质相提并论，但至少相继"出现"是一个好的开始。

锆金属 如今钟表行业中非常少见的一项表壳材料。很多人乍听之下或许会将其与 HARRY WINSTON（海瑞温

1

2

1 碳纤维材质表壳的爱彼手表
2 为 Only Watch2015 特别制作的钽金属表壳的 Tourbillon Souverain Bleu

斯顿）Project Z 中的锆合金混淆，但其实两者是完全不同的物质。锆金属由锆原石提炼而成，呈现淡灰色并带有光泽，表面很容易形成氧化膜，因此在外观上与不锈钢颇为相似。不过，相较不锈钢，锆金属具有更强的抗腐蚀能力，特别是对于盐酸和硫酸的耐受度极高。

然而，不知是何原因，纵使锆金属在理论上是可以大幅提升手表的耐用度，且该材料报价也在合理范围，但以此作为表壳材质的钟表品牌却寥寥无几，数量甚至低于钽金属。印象中 JEANRICHARD（尚维沙）曾经在 2011 年推出过一款名为 Time Zones Zirconium Silver 的手表，表款采用锆金属。此时无法确定这是否为锆金属在钟表领域的唯一，但可以肯定的是，就现有资料来说，以锆金属最为表壳材质的手表屈指可数。

锆合金 该材质由 HARRY WINSTON（海瑞温斯顿）前任总裁 Ronald Winston 于 2002 年正式引入钟表领域。当年，他有感于锆合金在航空航天领域的优良表现，决定以其作为表壳材料。随后的两年时间里，HARRY WINSTON（海瑞温斯顿）一直在尝试寻找最为适合表壳材质的锆合金组成成分以及相应的切割打磨方式。最终，HARRY WINSTON（海瑞温斯顿）找到了合适的配方并注册专利，也发现了铝合金锭可以用于加工锆合金，并于 2004 年推出了首款采用锆合金表壳的手表——Project Z1。

诚然，时至今日，笔者仍无法检索到 HARRY WINSTON（海瑞温斯顿）所用锆合金的具体组成成分，品牌也对其三缄其口。因此，无法将该合金与其他金属或合金做理化数据上的对比。但从表款表现的性能来看，锆合金具有非常优异的防腐蚀性以及较小的密度，硬度方面更是显著高于如今常见的钛金属。更为重要的是，该材料具有较低的致敏性。

Project Z1 推出后不久，HARRY WINSTON（海瑞温斯顿）开始尝试在锆合金表壳的基础上不断融入全新功能，Project Z2、Project Z3、Project Z4、Project Z5、Project Z6、Lady Z、Project Z8、Project Z9、Project Z10、Project Z11 应运而生，时至今日，这 11 款作品构成了 Project Z 系列。如此庞大的作品数量，不仅使得 Project Z 系列成功吸引了市场的广泛关注，更让锆合金材质在钟表领域声名远播——高硬度、耐腐蚀、亲肤性佳。

可能因为专利的关系，如今市面上使用锆合金作为表壳材质的只有 HARRY WINSTON（海瑞温斯顿）一家。

1

但不可否认的是，HARRY WINSTON（海瑞温斯顿）成功地将锆合金与手表结合，并打造出了一条极具代表性的产品线。2015 年，品牌更是首次尝试将锆合金材质融入第五大道 Avenue 系列，让人们看到了锆合金表款的更多可能性。这也是在本篇讲述的众多小众材质中，产品线最为成熟的。

众所周知，相比金属，合金有着更多的可能性。金相组织与组成成分的细微变动，就可以使得材料的理化性能发生翻天覆地的变化。基于此，钟表品牌对许多传统合金做出改变，从而让"传统"以全新的方式进入人们的视野。当然，如此形成的全新合金，在成品数量上定是寥寥无几。改变组成成分是如今钟表品牌在合金表壳创新过程中最常见的方式。

钛合金 众所周知，钟表品牌常用的钛合金为 2 级钛和 5 级钛，前者是工业纯钛的一种，后者为 Ti-6Al-4V。乍看之下，钟表行业中钛合金的种类似乎已成定型，但部分品牌的创新让这个"古老"的合金再次焕发魅力，JAEGER-LECOULTRE（积家）正是其中之一。其在 Master Compressor Extreme Lab2 中采用一种名为 TiVan15 的特殊合金作为表壳材料。该合金的具体组成成分不知，但从名称中就可知显著增加了钒含量，从而大幅提升了材质的硬

1 2011 年面世的钽金属表壳的 Chronomètre Bleu

度，这也切合表款登山的定位。CARTIER（卡地亚）在 ID One 中用的铌钛合金也是钛合金的一种。此处额外一提的是，据 GBT 3620.1 显示，如今的钛合金种类多达 76 种，而钟表行业所使用的，不过是冰山一角。未来，期望能在手表上看到更多全新的钛合金。

Ergal 合金　如果说钛合金的名称对于钟表行业而言并不陌生，那么 Ergal 合金或许人们知之甚少。该合金的本质是由铝、镁、锌三种金属熔铸而成的轻合金，各成分的具体比例不得而知，制作工艺相关厂商也是三缄其口，只能猜测是电化与阳极处理的结合。该材质的性能主要体现在高强度、高可塑性以及高抗腐蚀性，常见于 F1 赛车车体。但之于钟表行业，似乎至今只有 FRANCK MULLER 曾经在新加坡 2009 F1 大奖赛限量计时表中使用过。

相较于钟表品牌在组成成分方面的"百家争鸣"，在金相组织方面下功夫的则寥寥无几。RICHARD MILLE 曾经使用过的正交晶钛铝算是一种，PANERAI（沛纳海）在 PAM00692 中使用的名为"BMG-Tech 金属玻璃"的材料也分属其列。但除此之外，甚少见到。

综上所述，材料学与钟表行业的逐渐"接轨"，赋予了表壳不断"创新"的可能。自此，表壳材料迎来了新一波的发展浪潮！

1

（三）表壳的形状

圆形　最常见的形状，几乎 90% 的手表都采用了圆形。其实这也不奇怪，手表毕竟是从怀表发展而来的，而怀表基本上都是圆的。

方形　指的是长度与宽度相等的正方形表壳，不过真正符合方正条件的表壳非常少见，卡地亚的 Santos 系列可以视作其中一个比较接近的。

矩形　比起方形表壳，矩形则常见很多，一般矩形表壳均为长度大于宽度的长方形，以更符合常规的佩戴及使用习惯。

酒桶形　宝玑的那不勒斯王后系列采用了上下两端窄中间宽的椭圆形表款，而爱彼的千禧系列则相反，以左右两端窄中间宽的方式呈现了另一种椭圆形表壳。

枕形　形状类似介于圆形和方形之间，四边都具有弧度，几乎所有的沛纳海都采用了枕形表壳。

八边形　最常见采用正八边形表壳的就是爱彼的皇家

2

1 海瑞温斯顿 Project Z4 腕表
2 海瑞温斯顿 Project Z9 腕表

橡树系列，招牌式的外观一眼就可以认得出来。

十二边形 比起皇家橡树的八边形表壳，昆仑海军上将系列的十二边形表壳同样具有很高的辨识度。

三角形 最出名的无疑是汉米尔顿的探险系列，因猫王曾经在经典电影《蓝色夏威夷》中佩戴过而广为流传。无论如何，三角形如今都是非常罕见的表壳形状。

特殊形状 有些特殊的表壳形状很难界定，其中卡地亚 Crash 系列绝对算是一个极端，被扭曲的表壳你觉得这是什么形状呢？

1 圆形
2 方形
3 矩形
4 酒桶形
5 枕形
6 八边形
7 十二边形
8 三角形
9 特殊形状

二、表耳

表耳，对连接表带与表壳的关键零件的统称。选配表带时，表耳宽度是一个关键参数，通常单位是毫米（mm）。穿耳，是指表耳上固定生耳的小孔是通透的，从表耳的外侧就可以看到小孔和孔内的生耳。密耳，和穿耳相对，表耳的小孔是半透的，只有在表耳内测才能看到小孔，外侧看不到。表耳的内侧与外侧的加工与打磨工艺对其真伪的辨别很有帮助，是否打磨加工到位，是一个真伪鉴定的一个点，真品手表的表耳，无论是穿耳还是密耳，从内侧看还是外侧观察均是正圆孔，且孔的边缘均有相应的倒角处理，特别是对于穿耳外侧的边缘圆弧倒角，是考虑到使用中不割手而人性化的考虑。而对于表耳的内侧也会做打磨处理，不会像仿品一样，只有加工表壳的一次加工就不管不顾，但因仿品考虑到工序及人工成本的考量，不会做到如真品一致的打磨等二次处理，所以这是鉴别真伪的一个细节处的观察点。

同时表耳的打磨工艺，也是对判断是否翻新处理的一个很好的观察点，因表耳的形状均会涉及曲线美的考量，以及多种打磨工艺的混合呈现，如抛光打磨工艺与拉丝打磨工艺的配合，形成更为立体的视觉美学。但翻新处理过后，这样的一个原厂打磨工艺就会被破坏，而呈现出几种打磨工艺在交接处的混合出现，或是改变了四个表耳形状的变形与不一致，这些均可以帮助我们判断这枚手表是否经过原厂之后的打磨翻新处理。哪怕是品牌售后的打磨，也能从该表耳处的工艺形状做出判断，这是因为国内品牌售后打磨设备与原厂的不一致以及打磨技术人员与原厂技术人员的技术差距而导致的。

当然，通过表耳的某些形状也可以对手表的年代等做出判断，如劳力士的表耳，五位数与六位数的老款与新款型号间表耳会在曲面与侧面之间还有一个清晰可见的45度倒角的工艺，现在在售新款的劳力士均取消了该工艺设置，这也将给到我们做出年代等判断提供依据。

表耳的形状形形色色，我们以江诗丹顿的古董表及某些现代表为例，可以看出表耳的美学真的是美不胜收。"牛角（Cornes de Vaches）""蝙蝠侠（ Batman）"和"巧克力（Cioccoalatone）"……这些作品因鉴赏家们的喜爱而被冠以生动形象的奇趣昵称，充分展现出每一枚表款精

1　ROLEX（劳力士）Ref.6538 穿耳
2　ROLEX（劳力士）格林尼治型 I IRef.126710BLNR 密耳

1 蝴蝶（Butterfly）形表耳

2 丰收之角（Horn of Plenty）形表耳

3 巧克力（Chocolate）形表耳

4 蝙蝠侠（Batman）形表耳

5 牛角（Cornes de Vaches）形表耳

6 长颈鹿（Giraffe）形表耳

7 螃蟹（Crab）形表耳

妙的原创性和与众不同的外形特征，更彰显出江诗丹顿独树一帜的美学传承。螃蟹（Crab）、蝴蝶（Butterfly）、长颈鹿（Giraffe）、丰收之角（Horn of Plenty）、鞋履之底（Sole）……腕表昵称的灵感来源虽各有不同，但大多体现了腕表独具一格的外形的特点，如取自动物、字符、知名建筑或日常物品等。为了方便记忆，一些昵称源自表款的技术特性，有些则源自品牌面向意大利客户的主题销售目录，以意大利语里的一个形容词命名。无论昵称因何而来，如今，它们都已经与这些时计杰作的命运紧紧交融。

1

三、生耳

英文名为 Spring Bar，也可称之为弹簧闩耳，指连接表带与表壳的弹簧栓。真表的生耳做工精细，打磨光亮，两头通常会有倒角或球面处理，呈向外凸起，耳托表面光亮平整（目前只有新款劳力士与豪雅为双托）；而假表的生耳做工粗糙，两头平切无倒角，表面不平整。

劳力士、百达翡丽等品牌的金表上，通常会使用到18K 金生耳；而像朗格、卡地亚、萧邦等品牌，其金表上通常使用的是镀金生耳，拆下来观察的时候，可见生耳表面出现了不同程度的掉色现象，其生耳头部有做倒角处理，耳托表面光亮平整。

同时生耳大体上又分为单节生耳与双节生耳，用于不同的品牌与品牌的不同年代中，当然还有一些特殊的无节表耳，一般用于穿耳中或是表扣处，还有一种内伸缩型的生耳。

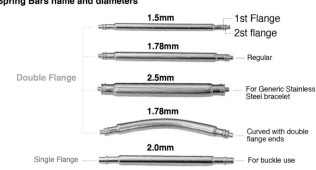

2

1　PATEK PHILIPPE（百达翡丽）Ref.2405 的三梯面表耳
2　单双节生耳

四、表镜

（一）表镜的作用

　　表镜是钟表非常重要的外观件，它的作用就是隔离水汽和灰尘，为了保护表针、表盘、机芯。但是在钟表发明之初的 16 世纪是没有表镜的，而是使用一个罩子盖住，就好比以前的翻盖手机，或者干脆直接裸露。后来，制表师才在钟表上使用透明的硅酸盐玻璃作为表镜，当然，在那个时期还有使用天然的水晶来磨制表镜的，比较豪气了。

（二）表镜的材质

　　纵观历史，表镜的发展经历了"无→金属罩子→硅酸盐玻璃→天然水晶→石英玻璃→亚克力→矿物玻璃→蓝宝石"的演变。

　　玻璃　使用时间最长的一种表镜材料，用了小儿百年，但是众所周知，硅酸盐玻璃不仅易碎，而且还容易产生划痕。19 世纪上半叶，由最初的硅酸盐玻璃升级为石英玻璃，提高了防划耐磨度。在 19 世纪 40 年代的时候，一种革命性的表镜材料"亚克力"登上了舞台。亚克力，又叫 PMMA 或有机玻璃，源自英文 acrylic（丙烯酸塑料），化学名称为聚甲基丙烯酸甲酯。这种材料虽然还是容易产生划痕，但是比起石英玻璃和硅酸盐玻璃来讲，它不容易破碎。因为这一优点，后来亚克力表镜迅速取代了玻璃表镜。古董手表的表镜大多是拱形的，因为亚克力表镜采用压制工艺，将原料加热以后就可以任意冲压，容易制造出弧度，后被表友们称为"泡泡镜"。而且亚克力表镜还有一个好处就是可以轻松的后期加工，使用砂纸或者锉刀就可以进行修改。随着玻璃工业的发展，又出现了一种矿物玻璃，矿物玻璃不同的地方是在熔炼的时候加入了氧化铝，而且后期还进行了化学和热处理。这些加工手段减少了易碎性。

　　蓝宝石　70 年代以后，蓝宝石表镜开始运用。到了现代，除了少数的复古版手表使用塑料亚克力表镜以外，绝大多少的高档钟表都是蓝宝石表镜。如果销售告诉你，手表不是蓝宝石表镜，不少人肯定扭头就走。毕竟"蓝宝石"这三个字听上去很高大上，感觉很值钱的样子，但实际上钟表表镜使用的"蓝宝石"并不是价格高昂的天然蓝

宝石，而是地地道道的人造蓝宝石，成品蓝宝石表镜的价格并不高。

　　人造蓝宝石其实由矾土（氧化铝）制作而成。混入了氧气和氢气，先将氧化铝在 1 200℃的高温下分解，然后使材料达至 2 050℃的熔点。需 15 小时左右才形成一条棒状物。在 1 800℃的高温下再次烧制这种石材，以确保材质的稳定性。接着，用钻石抛光刀片切割至所需的标准厚度。对高低表面进行打磨后，即制成弧形或半圆形晶体表面。经过打磨侧边处理后，需确保蓝宝石表镜能够与表壳严密契合，并要对正反两面进行化学抛光。然后将蓝宝石表镜送往无尘实验室的熔炉中，以通过高精密的真空蒸发工序进行防眩处理。经双面防眩处理的蓝宝石表镜能够减少 99% 进入肉眼的反射光。而这层膜就是手表表镜在某些

1

1　PAM399 采用复古的拱起式亚克力表镜使表盘有明显的折射效果

特定角度才能看见的蓝膜。

蓝宝石表镜的原料是刚玉，莫氏硬度达到9，仅次于钻石。不少表友都认为已经坚不可摧了，但实际上蓝宝石表镜也是很脆弱的。一旦遭遇硬物的撞击，它就可能瞬间破碎。蓝宝石碎了没有什么，反正不贵。但比较麻烦的是，蓝宝石表镜碎了之后会产生小碎屑，这些碎屑很容易刮花表盘和表针，造成不可挽回的损坏。手表的表盘和表针可能是除了机芯以外最贵的部件了，甚至有的时候，一张表盘贵过几块机芯。更倒霉的是，因为表镜已经破碎，所以一般官方售后和维修点都会要求同时做一个全面的机芯检查和保养，瞬间小几千就没了……蓝宝石表镜材料虽能抗磨损，但却不能承受强力撞击，同时一些硬度相同或更高的物质（如磨石、砂纸、指甲挫、花岗石面、混凝土墙面及地面等）都有可能会刮花这些材料的表面。

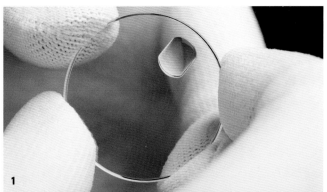

（三）表镜的镀膜

我们发现很多手表上的蓝宝石表镜会呈现出若有若无的蓝色，特别是在某些特殊角度下，这种蓝色会非常明显。根据日常生活经验可知，玻璃等物体，尽管它们是透明的，但是它们的表面会反光，而且根据观察角度不同，反光的强弱也会变化。手表上的蓝宝石表镜自然也一样，在特定的角度下，我们甚至完全不能看清，呈现一片亮光。

为了减轻这种反光，提高手表的易读取性，我们开始在蓝宝石表镜上面增加镀膜。这层镀膜的反射率介于蓝宝石表镜和空气之间，光线经由空气进入镀膜，穿过镀膜以后再进入蓝宝石表镜。在"空气－镀膜"和"镀膜－蓝宝石表镜"这两个分界面上都会发生反射。当镀膜在特定的厚度下，这两个分界面上反射出来的光线就恰好会发生抵消。虽然不能完全消除反光，但也可以极大地减轻。

"氟化镁"是常用的镀膜材料，这层镀膜原本也是无色透明的，但出于蓝宝石表镜材质的特殊性而做了修改，改成了蓝色。这里的特殊性并不是指蓝宝石表镜的名字里面有个"蓝"字，而是因为蓝宝石表镜特殊的光学性质。不同波长的光在蓝宝石表镜上的透射率不仅不一样，而且差

1 带有小凸镜的劳力士表镜
2 装配表镜
3 Full Strike 三问腕表音簧和镜面是由同一块蓝宝石一次性切割成型，成为萧邦的革新设计

异非常大。波长 400～500 的蓝色光线透射率最高，达到 80% 以上，而波长 600～700 的红色光线透射率只有 30% 左右。

当光线穿过透明的蓝宝石表镜和透明的镀膜的时候，会导致红色部分的减少。那么手表上的表盘、指针我们会得到偏蓝的感觉，因为红色光线穿透不过去而缺少。为了让透过蓝宝石表镜展现的手表色彩更加真实，我们必须对这一部分的改变进行修正。采取的办法就是镀上一层"蓝色"的"氟化镁"，这层蓝色的镀膜会反射、过滤波长 400～500 的蓝色光线，导致蓝色光线进入量减少，这样和进入红色光线的比率就趋于平衡，而不产生"偏蓝"的感觉。

因此，给无色透明的蓝宝石表镜镀膜，绝大部分的时候会镀成蓝色，而不是其他颜色。既然都镀膜了，何不顺便弥补一下蓝宝石表镜的缺点。蓝宝石（Sapphire）被分为人造和天然两种，在手表上使用的蓝宝石表镜虽然成分也是氧化铝，但是它却是人造的。透过不同颜色的玻璃看东西，东西也会随着发生相对的颜色变化。那么，透过不同颜色的蓝宝石表镜看东西自然也一样，所以为了避免产生干扰。基础标准的蓝宝石表镜其实是透明无色的。我们可以透过表镜清楚地看见盘面、指针、机芯的状态。另外有少部分品牌会镀上淡紫色的"氟化镁"镀层，那是因为蓝色和紫色的波长是相近的，非常近，所以弄成淡紫色也是一样一样的效果，比如宝珀的五十噚。镀膜可以减少蓝宝石表镜的反光、提高透射率，并且还可以修正蓝宝石表镜产生的色差等，好处不少。

（四）表镜的养护与鉴别

一些品牌的镀膜只是单面镀膜，放在了表壳内部，避免外部磨损。镀膜容易产生划痕，并且是不可以修复的，特别是有镀膜的蓝宝石表镜。由于镀膜是可以被擦掉的，所以不要使用粗糙的东西去清洁，最好使用眼镜布。

如遇表镜破损裂开应立即停表，拔出表冠到底（大部分的手表均有停秒功能），停止手表运行，不让指针带动玻璃碎屑而划伤表盘和日历盘。此时绝对不能拨针和调拨日历，也不要自己去试图去掉表盘碎屑。送去售后修理的时候，把手表平放（最好玻璃面朝下）到包装盒中，送修途中切忌剧烈摇晃。

1　百达翡丽装配表镜的辅助工具

1

使用滴水法检测是否属于蓝宝石表镜现在已经并不正确了，而且蓝宝石检测笔，现在也已经并不是很准确了，现在对于仿制不同品牌的表镜工艺，在一个小小的工坊内就可以做出来，当然跟正品比还是有工艺上的差别，需要我们通过去用眼看，用手摸感受，以及有条件的话拆解出表镜，观察表镜配合防水圈的凹槽处的工艺就可以判别出表镜的真伪问题。

当然，判断表镜的真伪可以辅助我们间接判断整表的真伪，但更多的帮助是通过判断表镜真伪的方式来进一步留意表盘表针的品相问题，如果说一枚手表的表镜被替换为非原厂的表镜，那么就代表着这一枚手表肯定经历过破损等情况下而后换了，那么此时表盘表针品相的观察得更加仔细与慎重了——有无伤痕？有无翻新过表盘与表针，以及开盖检查机芯的品相——是否维修过，维修的机芯状态如何？

五、底盖

（一）底盖的种类

就广义上来说，表底盖的嵌入方式有 3 种，撬盖、旋入式和螺丝后盖，乍看之下似乎没什么差别，实则内藏不少玄机。

1. 撬盖——最富历史感的古典方式

撬盖是钟表历史上最早使用的后盖方式，早在怀表时代初期，基本清一色都是撬盖。顾名思义，撬盖的开启方式是通过撬盖工具将后盖撬开，装配时则同样需要借助工具压入。常见的撬盖会在底盖外沿设置一个隐藏的撬口，正面看一般不易察觉，以此形成一体化的视觉感官。因此，撬盖有一个非常大的优势，那就是看上去是一个整体，是一整块金属或是一个圈（透底），各类信息参数像是编号、型号、防水性能等都可以"流畅"地刻在上面。而且因为是压入式扣紧的，所有出厂，哪怕开过后盖的表，都可以使得背部信息对得特别整齐，尤其是那些具有特殊图案或符号的密底盖，整整齐齐的看着倍爽。

撬盖还有一个不易察觉的优势，那就是可以做得很薄，而且很平，所以超薄表大多都会采用撬盖的设计也就不无道理了。再者，撬盖也更容易被应用到异形壳上，甭管你是方形、酒桶形还是三角形，都可以给你丝般顺滑的给扣进去。

纵然撬盖有这么多的优势，其劣势也非常明显。首先，采用撬盖的最大问题就是防水性能，现代手表对于防水性能的追求越来越高，如今大行其道的运动表几乎就和撬盖说拜拜了。这也是为什么很多古董表防水性能都比较差的原因，因为那个时代大多都采用撬盖的设计，经过开启再闭合后防水更是大打折扣。

而在维修装配方面，虽然撬盖的开启非常简单，也不会对底盖造成太大的磨损。但是，在装入的过程中，会存在一定的风险，工具使用不当容易使得底盖挤压变形，甚至用力过猛压碎前表镜的情况也是屡见不鲜，所以即便是看似简单的撬盖，还是建议让专业师傅去开合，用手去压紧这种行为是不靠谱的。

2. 旋入式——为防水而生

前面提到，早期的怀表几乎都采用撬盖设计，而在中后期，怀表上开始出现了旋入式后盖，特别是在一些美国产的廉价怀表上尤为常见，这也与大型机械化制造逐步普及息息相关。旋入式后盖是指通过表底盖上的卡扣，借助工具以旋入的方式使之与表壳锁紧。一般来说，旋入式后盖起码需要进行三圈以上的旋入，以起到锁死的目的。

旋入式后盖的优点很明显，那就是出色的防水性能，运动表款特别是潜水表必然需要装备旋入式表底盖，方能达到300米、600米、甚至超过1 000米以上的极端防水性能。

虽然有着不可替代的超强防水性，但旋入式后盖同样有着不容忽视的劣势。由于旋入式的特殊设计，比起撬盖，厚度肯定会有所增加。再者由于需要旋入扣紧，这种底盖

1 撬盖

2 旋盖

对于材质的硬度有一定的要求。比如近几年大热的青铜表，表壳纵然是铜，但底盖多数依旧使用不锈钢材质。这是为什么呢？一是考虑到底盖是贴着手面的一侧，避免金属过敏问题；二是因为铜相对要软，当采用旋入式表底时会难以咬合至紧，影响防水性，所以用硬度更大的不锈钢旋入更为保险和恰当。

在维修保养中，旋入式后盖对于开盖工具的专业度有着很高的要求，如若开合不当很容易造成螺纹的损坏，那整个表壳就废掉了。不同于撬盖，旋入式底盖一经开盖，势必无法恢复到原先的位置，背部图案或信息无法对齐那更是常事。不过也正因这点，据说早期有些表匠会在旋入式底盖边缘与表壳接缝处做上记号，类似"守宫砂"，以此方便鉴定表底盖是否被开启过。

3. 螺丝底盖——更符合时下的潮流和便利

螺丝底盖是3种底盖中最晚出现的。螺丝底盖被广泛用于现代手表中，主要还是出于便利的原因。通过数颗螺丝将表底盖固定在表壳上，所以就制造工艺来说，螺丝底盖难度较小，对于现代制造业来说更容易实现。从美观的角度，底盖上的信息和图案等对齐的难度变小，因为螺丝本身就定好了位置，就算开盖后也不会受到影响。对于异形表壳，螺丝底盖更加是极度友好，反正都是靠螺丝拧紧，形状的差异完全可以忽略不计。而且，对于维修人员来说，螺丝底盖拆装也是三种底盖里面最为简单的。所以各种角度来看，螺丝底盖都有着便捷的优势，流行起来也就是顺理成章了。

便利的同时，螺丝底盖自然也有着先天不足，其中最大的问题就是防水，不仅是手表本身，螺丝接口处如果进水生锈，那问题就大了，螺丝断裂在里面的话底盖甚至表壳可能都报废了。另外就是很多人在拧螺丝的时候会不太注意，螺丝顶面刮花对于底盖的美观度也会有很大的影响。

（二）密底与透底

表底按是否透明分可以分为两类：一类是密底表底，也就是从表底看不见机芯内部的表底；另一类是透底表底，又称背透表底，可以通过表底观察到机芯内部的情况，多采用合成蓝宝石打造表底。

一般来说，密底的壳子对机芯的保护要好一些，而透底可以更好地观赏机芯的打磨工艺，可以说各有千秋。一

1　螺丝底盖
2　密底的孤品 PATEK PHILIPPE（百达翡丽）Ref.2419

般运动表多用密底，而正装表则多用透底。不过劳力士与帝舵有点特别，不管什么表款，都用密底。有一些既用自产机芯，又用通用机芯的品牌，其高档自产机芯表款多偏于用透底，而使用通用机芯或入门自产机芯表款则使用密底，比较典型的有卡地亚、万国、欧米茄等。

（三）后盖常见英文单词

SAPPHIRE CRYSTAL——蓝宝石表镜；STAINLESS STEEL——精钢材质；STAINLESS STEELCASE——表壳是不锈钢，表带不是；WATER RESISTANT——防水；WATER RESISTANT 30 M（或 3 ATM）——防水达到 30 米或 3 个大气压；QUARTZ——石英表；SWISS MADE——瑞士制造；ANTIMAGNETIC——防磁表；AUTOMATIC——自动机芯；AUTO QUARTZ——自动石英。还有品牌系列或限量的英文，如欧米茄 CONSTELLATION——星座系列……

1

六、外圈

手表的外圈，英文名为 Bezel，从广义的角度可以说也是表壳的一部分，外圈按其功能的不同被分为固定式外圈、双向旋转式外圈、单向旋转式外圈以及功能性外圈 4 种。

（一）固定式外圈

也就是固定不动的外圈，一般起装饰、加强防水以及功能性的作用，固定式的外圈可以镶嵌以钻石，或是配以刻度，形成测速圈，脉搏计等。这其中不得不提的是已有近百年历史的劳力士（Rolex）三角坑纹表圈。起初这个外圈是考虑到防水而设计，1926 年，劳力士研发出一种全新设计，表圈旋入壳体中，以增强防水效果，在表圈上镂刻坑纹，也是为了方便配合钥匙旋入，类同于劳力士的齿纹后盖设计，而之后随着防水圈材质的升级，该设计不再采用，但这一三角坑纹表圈却成了品牌的标志性特征之一，所形成的日志型、星期日历型表款成为劳力士销量最好的表款，也成了诸如爱其华、天王等无论是国外知名品牌还

2

1 透底的天梭航行者 160 年复刻版后盖
2 ROLEX（劳力士）Ref.18038，18K 黄金表壳

是国内知名品牌诸多效仿。当然固定式的外圈也成了后镶钻的一个阵地之一。

（二）双向旋转式外圈

双向旋转式外圈，多用于 GMT 功能的表款，配合着 GMT 针显示出第二第三时区的时间。同时随着时代的发展，外圈的材质也从铝制材料升级为陶瓷材料，包括单向旋转式外圈一起形成了表圈中一道亮丽的风景线。

（三）单向旋转式外圈

潜水表一般都配有不可逆时针转动的表圈（Unidirectional Turing Dive Bezel），除了具有装饰和象征运动生活的现代概念外，表圈上的轮齿及清楚易读的数字，让佩带者能准确地调校潜水及运动时间，绝对可靠。外圈只朝单方向旋转，即便被意外转动，剩余的运动时间也只会缩短，而不会延长以确保安全。一般都是单向旋转到一定刻度（不可逆），目的是让潜水的人能够根据表的指示确定氧气用量而返回水面的时间。

（四）功能性外圈

ROLEX 劳力士有个独门的表圈设计叫做 Ring Command，你可能听过这个名称，也知道它最先是出现在 2007 年登场的 Yacht-Master II 上，后来在 2012 年时又在 Sky-Dweller 系列出现一次，它的主要目的是将表圈与机芯内部结构相连，所以旋转表圈不是用来装饰，也不像潜水表多出计算下潜时间的作用，它的表圈是和手表的操作设定绑在一起，表主在调校手表时，要先靠着旋转表圈来配合后续的操作，这样手表的功能才能真正被用上，说是这么说，但是你可能还是不太清楚到底要怎么使用 Ring Command，以下就分别针对 Yacht-Master II 和 Sky-Dweller 系列来做说明，首先从 Yacht-Master II 开始。

Yacht-Master II Ring Command 操作方式（比赛前的倒数设定）：

步骤一：要设定倒数功能，秒针必须为停止状态，否则秒针还在运转，记得先单击表壳右侧的上方按把让秒针停下来。这时候才开始把 Ring Command 以逆时针转动的

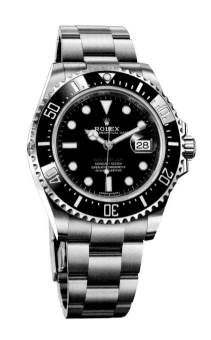

1

2

1　ROLEX（劳力士）海使型
2　ROLEX（劳力士）Ref.1675

方式到位置 2（差不多逆时针转 90 度），接着再次锁定上端按把。

步骤二：按下下方按把，此时它会维持在压下去的状态，倒数秒针便会同时返回 12 点位置，而倒数分针则会贴心的回复到上次已设定好的分钟位置。

步骤三：先把表冠旋开，现在你就能够设定倒数时间了，只要顺时针转动表冠，倒数分针就会以一分钟为单位跳动，直至设定好你需要的倒数分钟时间（图示为需要倒数 10 分钟）。

步骤四：把 Ring Command 顺时针转动回到原来的初始位置，便可替上方按把解锁，同时下方按把也会回到原本的高度。

步骤五：别忘了表冠还露在外面，当然要记得把它按压旋紧回表壳，倒数功能就这样搞定了。

从以上这些步骤可知，Ring Command 主要是用在操作倒数设定的时机，如果我们只是一般看时间之用，实际上它派上用场的机会不高，不过从中还是显示出劳力士的确在制表创意上有自己的一套，至少能想到把表圈拿来和手表操作调校连在一起的作品，目前还是不多见。

而对于 Sky-Dweller，除了专利年历装置外，Cal. 9001 并沿用 4160 的 "Ring Command" 机制，表圈逆时针旋转 1、2 或 3 格，便可依次选取调校日期、当地时间或第二地时间，再拔出可双向旋动的表冠调整。

七、表冠

表冠，也就是俗称的"表把儿"或"表把的（我国南方的一种讲法）"，在手表上最常见出现的位置为 3 点位外侧。表冠是从单词"Crown"直译得来，"Crown"的本意就是皇冠。用于调校日期及时间、上链，用钢、钛、陶瓷或金制成，分普通或旋入式。

普通表冠：直接拔出调校时间。有日历的手表，第一档为调校日历，第二档为调校时间。

旋入式又称螺旋表冠：表把螺旋式锁定，逆时针旋转表把后，表把解除锁定，可以正常使用。螺旋式表把可以有效提高手表的防水功能，操作后应注意锁定表把。

表冠的辉煌时期大约可追溯至怀表盛行的年代。这一

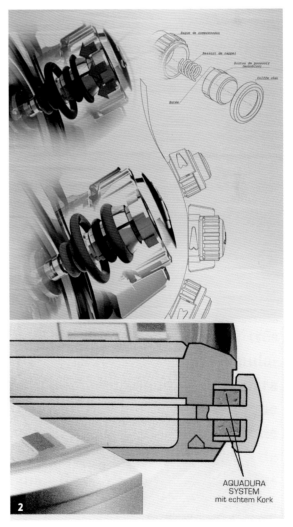

1 劳力士（ROLEX）Yacht-Master Ⅱ
2 积家 Compressor 表冠采用压缩螺旋装置

最初作为上弦用途的装置，被珍而视之地安置在了表壳最顶端的12点位，并因此而得名"Crown"。拥有了表冠的钟表如同完成了一次郑重其事的加冕，因为只有表冠可以为静止的钟表重新注入活力与灵魂。

手表的出现让表冠的位置发生了改变。为避免表冠与表带之间的冲突，表冠被移至现代手表中所通用的3点位。有观点认为偏移的表冠造成了手表的审美障碍，因为它的存在打破了手表的视觉平衡。于是此后许多手表中（多见于石英表）甚至取消了表冠的设计。然而作为以整体视觉效果强调艺术价值的事物，钟表正是因为表冠这点睛一笔，或沉稳厚重、或轻盈飘逸的灵动之气才找到了呼应与依托。不妨试想一下，对于一只大三针或者大二针的复古表款而言，其功能已极尽简化，此时表冠等细节处的着意修饰，无疑便成了其在审美取向上的重要环节。

表冠的形状：果粒型、八角型、齿轮型、洋葱头表冠、嘻哈式小王冠、螺旋式表冠、折叠式表冠等。

表冠宝石：钻石、蓝宝石、红宝石、绿宝石（祖母绿）、翡翠、尖晶石等。

憨憨的洋葱头表冠，乍一看，洋葱头表冠给人的印象会是可爱的卡通造型。其实，恰恰是在那些优雅又理性的表款中有了洋葱头表冠的用武之地。不仅展现出憨憨的稳重特质，更给整款腕表带来儒雅的文艺气息。憨憨的洋葱头造型成为瑞宝的标志性表冠，中规中矩的设计在洋葱头表冠的加入后呈现出中性与感性兼具的另类气质，硕大又古朴的造型憨厚可爱。小号洋葱头表冠同样圆润可爱，复古范儿的表款一向是格拉苏蒂的拿手好戏，古朴的风格配上圆滚滚的小表冠，煞是可爱，使表款不再过于中性。

复古范儿的螺旋式表冠，此类表冠受到众多拥有深厚历史积淀品牌的拥戴，让人们以最直观的角度去感知腕表的文化内涵。中规中矩的设计很古典，有着大家风范的宁静美，而设计师会在表冠上雕刻独特的标识来体现腕表的价值。

不规则表冠，出于美观或实际使用的需要，一些腕表品牌也会把表冠设计在表壳的其他位置，4点、9点或12点的位置上，不规则表冠会带给表迷出其不意的惊喜。斜

1　欧米茄碟飞名典系列女士腕表的花形镶钻表冠
2　带有欧米茄品牌 Logo 的表冠

斜地被安排在表盘的一侧，犹如俏皮的小王冠，少了一丝凝重，多了几分嘻哈风，再搭配上高新材质的运用，打造出如电影银幕中的劲酷造型。

　　表冠护肩、护桥是被众多钟表品牌所广泛采用的表冠设计元素之一，两翼为肩而覆盖者为桥，两者最初或是基于保护表冠免受伤害的功能性立场才应运而生，但其问世之后即饱受非议。许多方家认为这一设计有蛇足之嫌。非议者所持的理论是，手表之于爱表之人自是珍视之物，小心呵护尚且不暇，又怎会轻易让表冠有所损伤？此言论从表冠护桥、护肩的功能意义而言诚然无可厚非，然而从设计与欣赏的角度看来却未免有失偏颇。带有护肩与护桥的表冠，如同为表冠插上了想象的翅膀，自此钟表设计师与鉴赏者的审美情趣便可随着护桥与护肩那或圆润、或硬朗的弧线得以无限延伸。如沛纳海的 Luminor 手表中经常采用的拱形表冠护桥，从力学角度而言其不仅具有极强的坚固性，同时这一设计也为表款平添了许多强悍气质；此外，诸如真力时的 DefyXtreme Zero-G 零重力陀飞轮手表、GRAHAM 的 GMTBIG DATE BRG 等表款也均其以沉稳厚重的护桥，诠释着极尽男性化的坚毅与果敢。不过，笔者所见的表冠中最为严密也最为有趣者，则当属 RSW 在 High King 陀飞轮手表中所采用的专利折叠式表冠。这一密闭空间的设计对表冠的保护可谓淋漓尽致，甚至佩戴者必须以折叠的方式开启护桥，才能一睹那"神秘"表冠的真容。

八、表盘结构

（一）表盘

　　手表表盘制作看起来很简单，其实相当复杂，涉及大量的工艺，从凸版印刷到扭索纹雕刻，从宝石镶嵌到涂布夜光材料。这些技能是非常专业的，这是设计师和工程师之间的美学和技术的融合，它需要特殊的设备和高素质的员工。大多数高级钟表制造商只是设计面盘，然后由专门的表盘厂家制造完成。这些厂家包括历峰集团于 2000 年收购的 Stern Creations，或者独立表盘制造厂 Cadran'or，当然少数品牌是自己打包一切的（包括自制表盘），比如劳力士

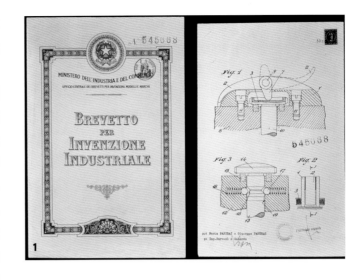

1

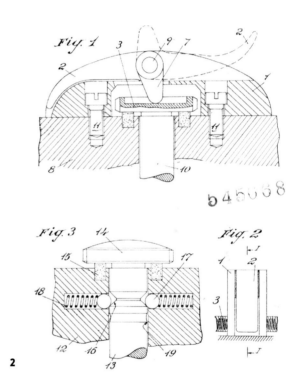

2

1、2　表冠护桥结构

和帕玛强尼。

1. 表盘制造第一道工序——基板

表盘设计是任何手表和品牌形象的一个组成部分。客户提交设计图纸，工程师负责将它们转换为工程设计规范制造工艺。表盘工作和复杂性取决于设计，机芯功能和表面处理工艺所需的程度。例如，大日历肯定需要在表盘上开个大孔，月相指示还得印个月亮盘，计时码表子表盘意味着制造过程中的额外步骤。由于某些类型的贴花是非常微妙的，它们涉及精确的手动工作。所有这些进程必须由专家来掌握；它们涉及精确的手动操作，因为最先进的机器无法取代专家的眼光和手。

一旦设计确定，表盘制造商将从被称为 ébauche 的金属板开始，材质通常是银，金或镍。一旦 ébauche 基板削到正确的形状，两个小脚就被铆接在板的背面。这两个脚像两个小金属棍，1～2毫米长，用来将表盘固定在机芯上。如果面盘是金质，脚总是黄金，但是如果表盘是镍，脚会是铜质。如果脚断了，那表盘也就废了，所以每一个脚都进行力量测试。下一步骤是用机器加工出面盘上的一些小孔（用于固定时标，LOGO 等）。接下来把表盘硬化到 90～120 维氏强度。然后清洗抛光，为接下来的装饰工艺做好准备。

2. 表盘装饰工艺

几个世纪以来，钟表行业发展出了多种表盘制作工艺，很多工艺一直保持传统没改变。这里选择介绍一些高级制表中常见的主要表盘技术。

Tapisserie 方格纹样 表盘制作的最古老的形式是 Tapisserie 方格纹样，爱彼表中最常见。其加工技术自 19 世纪末以来一直保持传统不变，如果你见过机器配钥匙的话，那就和 Tapisserie 加工机器原理相同，机器左边有一个小茶碟大小的母板，这个母板已经手工加工成 Tapisserie 方格纹样，机器右边可以固定住待加工的表盘板，两个板前有两个伸出的臂，左边的用来机械读取母板上的纹样，右边的刀头依样缩小复制刻在表盘之上。真是天才的设计，要知道这机器原理创立已有上百年历史！

扭索雕纹 扭索是一种历史悠久的雕刻技术，发明于 17 世纪，几个世纪以来都使用这种方法装饰表盘和表壳，本质就是在表盘上雕刻出圆内旋轮线（Hypotrochoid）。如果你玩过小朋友的万花尺，就明白了，那个画出来的就是纽索纹的一种：用左手按住大齿轮，让它紧贴在纸上，不能移动。在大齿轮里放一只小齿轮，把笔尖插进小齿轮的某

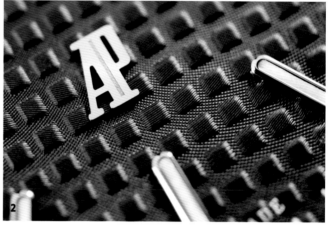

一个孔里，让小齿轮紧贴大齿轮内壁滚动，这时笔尖就会在纸上画出许多美丽的曲线花纹。另外，也可按住小齿轮，把笔尖插入大齿轮的某个小孔中，使大、小齿轮啮合运转，同样也能画出各种美丽的曲线。

纽索雕刻机就是画画的"笔"——刀头不动，而把表盘固定住，然后按照齿轮设计做圆内旋轮线运动，其前面刀头自然就雕出相应的纽索纹路。这些微型版画相当复杂，完全取决于加工者进刀的细腻手感，对他们来说，机器只是双手的延伸。他一定要小心，不要刻得太深，并确保一致的力施加于每个线程。最终会产生一种和谐，悦目的图案。纽索纹路在宝玑表中最常见。

表盘印刷 你有没有感叹过表盘上的数字画得如此完美？这些数字，轨道纹，徽标等几百年来都是凹版印刷到表盘上的。首先，会把表盘所需的数字，刻度，徽标刻在金属板上形成印刷凹版（以前都是手工刻，现在都是化学

1 ULYSSE NARDIN（雅典）表盘

2 爱彼皇家橡树系列超薄腕表的表盘细节

工艺腐蚀），然后涂布墨水在凹板上，再擦去表面多余的墨水，这样只有凹陷的刻度槽内才有墨水残留，然后印刷工会用一个弹性硅球压在凹板上拾取油墨，然后转印到表盘之上！

宝石镶嵌　还记得 1980 年代的天梭岩石手表吗？这些年来，腕表行业采用不寻常材料已日益流行。劳力士，伯爵等品牌一直在用一些非常奇特的材料，表盘上会出现各种各样的宝石：如 40 万年前石化珊瑚、陨石、达尔马提亚碧玉、青金石、玛瑙、绿松石、孔雀石、虎眼石、铂矿、鲍鱼壳和罕见的蛋白石等。加工安装异国情调的宝石颇具挑战，大多数宝石都非常脆，切割出孔颇为不易，现如今，表盘厂家多使用超声切割来加工宝石。

表盘上色　表盘上实现完美的色彩本身也是一门艺术。现在有两个主要的技术，分别是金属电镀和四色印刷。许多不同的颜色可以通过电镀来实现，电镀的问题是，表盘原板浸入化学浴的时间必须非常精确。时间哪怕多一秒，都会是不同色泽。如同四色印刷类似于印刷彩色报纸。其关键在于定位精准。

但是，表盘制作过程中有很多困难，有时，最后清洗工序的一个微小的划痕或灰尘都得让表盘报废。另一个问题是，表盘是非常脆弱的。有时一个复杂设计的表盘的成品率相当低，可能四五个原板才能有一个正品。这也可以解释为什么有些表盘可以大大增加钟表的价格。

（二）指针

15 世纪的钟只有一根指针用来指示小时数，人们只能粗略掌握时间。相传英国制表师丹尼尔·奎尔（Daniel Quare）于 1691 年引进了分针的概念。因为以前的怀表没有起保护作用的表镜，设置时间必须用手指来拨动指针，所以那时指针必须做得非常牢固，这样的话，指针看上去很笨重，忽略了美观的因素。直到 18 世纪中期，指针才开始变得更为细巧、优雅。与此同时，指针的外观和形状也不断推陈出新，为钟表塑造出不同的气质。

除了造型外，指针的材质和颜色也是多样的，较为常见的是用黄铜、青铜、不锈钢、黄金等材质。现今也很流行电镀工艺，比如镀铑或镀钌。指针呈现黑色是由于黑色氧化的过程，而运动表或计时表上经常出现的红色、橙色和黄色指针，主要都是通过手工上色。蓝钢指针则是将不

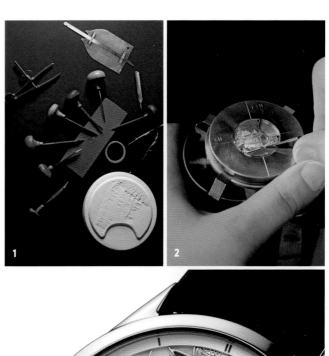

1 ~ 3　表盘的手工工艺制作

锈钢指针经高温烧制，当其表面氧化逐渐成为湛蓝色之后再通过化学溶液冷却、淬火、皂化，最终令其表面产生一层蓝色的氧化膜。除了美观之外，蓝钢指针还有防锈的性能，令钟表爱好者们为之沉迷。

九、表带

在整只表的结构中，表带最能直观反映手表使用时间长短。对于爱表的人士来说，平常佩戴手表的时候可以尽量避免手表刮伤或磕碰，但是避免不了表带慢慢松懈。自然规律不可违背，能做的就是尽量减缓其下懈的速度，比如不戴着腕表去运动等。

我们评价表带使用时间长短的时候（前提是没有翻新过），通常以正常佩戴为标准，横放表带，观察其松垮程度。通常松垮程度越明显，表明佩戴时间越长，价值也就会越低。

当然还有一个关键的问题是链带的节数。不同人的手腕会有粗细，所以手表的链带也可能会被截短些，那到底多少节组成的原始链带？这个最为简单的方法是查品牌官网数据，最为靠谱的做法主要靠经验，就是比我们佩戴尺寸长差不多 1.5 倍的样子。

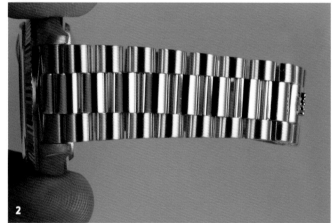

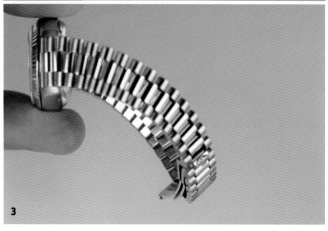

1　PATEK PHILIPPE（百达翡丽）蓝色珐琅表盘的 Ref.2523 HU 配的鳄鱼表带

2、3　横放表带观察松垮度

十、表扣

表扣是手表表带中间活动表带的装置，多由不锈钢、钛金属制成。好的表扣需具有扣接牢固、不易变形、整体性强、美观高雅、易于修复等特点。常见表扣有蝴蝶扣、珠宝扣、折叠扣、针扣等。其中，针扣是最常见的表扣类型，非常容易摘戴。顶级表的皮带上经常用针扣。蝴蝶扣分蝴蝶双按扣、蝴蝶单按扣、蝴蝶暗扣，珠宝扣又称手镯扣，折叠扣又分为折叠保险扣、折叠安全扣、单折叠扣，也可用于非金属表带也可用于金属表带。

劳力士新型表扣——新款潜航者上专配的 Glidelock 表扣，能够实现快速对表带长短进行调校，表扣内嵌的一排轨道，如果需要，拨起表链的末端一截，然后在滑轨上移动到合适的位置，按下锁紧即可。这个设计的初衷是用来方便潜水者使用，因为潜水衣的厚度，会使得佩戴者手腕变粗，其实这种表扣在我们日常佩戴时也非常实用。传统链式腕表需要加装或拆卸表链表节，来实现长短调节，但是 Glidelock 表扣，完美解决了这一问题。

劳力士的表扣上有 "ROLEX S.A." 商标，此商标中有4个点，字母 "O" 下面有一个点，字母 "E" 与 "X" 之间的下面有一个点（位置偏下一些），字母 "S" "A（平头）" 的右下角各一个点，位置特别，清晰明了。商标的外圈也很特别，有点像橄榄球或眼睛，向两边略突起。（有见过早期的女皇头金劳表扣上只有 S、A 右下角的两个点）。而对于假的表扣商标缺少这4个点，就算有点，数目也不对，还很模糊，字母 A 为尖头；假的商标外圈为椭圆，弧度过于圆润。同样的商标也出现在后盖内，可作为一个辅助鉴定依据（真的 A 为平头）。

十一、机芯

（一）机芯种类

1. 手动机械机芯

动力通过表冠上链系统为发条储存动力作为动力源。常规动力持续时间为 48～72 小时。左右摇晃一下手表，听

1　针扣
2　折叠扣
3　劳力士表扣上的商标真假对比（左真右假）
4　手动上链机芯

不到也感受不到如自动表一样的自动陀在机芯内晃动的声音与感觉。

手动上链严禁大力上链，上链时注意发条反馈给大小钢轮后，表冠的阻力反馈，越接近满弦时越感觉手感偏重，直到拧不动为止，所以手动表我们是不能无限上链的。这些手动表我们需要注意的是发条由于使用不当而造成的发条断裂等故障。

2. 自动机械机芯

比手动机芯多了自动上链组件与功能。上链可以无限上链，而无须考虑诸如手动机芯发条上满而带来发条断裂的风险。表盘上会有 AUTOMATIC 字样。左右摇晃一下手表，能听到或感受到自动陀在机芯内晃动的声音与感觉。

3. 石英机芯

动力为电池驱动，能维持 1 年半至 2 年多的时间。走时为跳秒方式，与机械表的扫秒式完全不同，这是一般意义上的划分，但机械表中也会有跳秒的方式，同理石英表中也会有扫秒的方式。上链档为空挡。现在的表款中也没有自动陀在机芯中晃动的声音与感觉，除了其中的一种过渡产品——自动石英机芯，电池为充电电池，其方式是自动陀的转动将机械能转化为磁能再转化为电能为充电电池充电，现已比较少见。

（二）各品牌常用机芯简介

1. 顶级品牌

多使用自产机芯，或是以积家、FP 机芯为基础，自己进行改良升级。百达翡丽目前表款均为自产机芯，常见的有自产 215、240、324 等。江诗丹顿顶级与入门级机芯为自产（2450），中等级别为积家机芯（1126）或 FP 机芯（1136QP）。

1 自动上链机芯

2 石英机芯

3 百达翡丽自产 324 机芯

2. 奢华品牌

多用自产机芯，部分品牌入门款则用的通用机芯（FP、ETA 或 SW）。劳力士现在全为自产机芯（以 3135 为代表，最新的为 3235），早期的 4030 为真力时机芯改良。万国、卡地亚高端表用自产机芯，早先入门款用通用 ETA机芯，现在卡地亚已经开始用自产基础机芯（1847MC、1904MC），而万国则换为 SW 机芯（35110 为 SW300 改良）。沛纳海基本款用 ETA6497 及 ETA6497-2，计时有用ETA7750（OPXVⅢ），其他的则用自产机芯（P2000 系列、P3000 系列、P4000 系列、P5000 系列、P9000 系列等）。欧米茄基本款用 ETA 机芯（2500D），计时款有用 FP 计时机芯（3301），目前主推自产机芯（8500 系列）。萧邦基础款有用计时 ETA7750 机芯，现在也有用 SW300，高端款则用自产机芯。

3. 豪华品牌

基本上都是用的通用机芯（ETA 或 SW），像帝舵（MT5601）、万宝龙（MBR200）等品牌近年来也推出了自产机芯。

4. 亲民品牌

清一色的通用机芯（ETA 或 SW）。

5. 时尚品牌

基本上也都是通用机芯。香奈儿基本款用 ETA2892A2机芯，带金的 J12 则用爱彼的 AP3125 机芯，现在也推出了自产机芯（CALIBRE 1）。LV 基本款用的是 ETA2892A2 机芯，现在推出了高端自产机芯并获得日内瓦印记。

6. 常见通用机芯

ETA 机芯　ETA 是目前最成功的机芯品牌，也是全球最大的成品、半成品机芯制造商。所属 SWATCH 集团，建立时间：1856 年。使用品牌：芝柏、万国、欧米茄、浪琴、艾美、沛纳海、名士、百年灵、宝格丽、卡地亚、香奈儿、萧邦、帝陀、玉宝、法穆兰、尊达、恒宝、蕾蒙威、豪雅、雅典、天梭、美度、梅花、山度士、宝路华……

SW 机芯　成立于 1950 年，以前是 ETA 机芯的代工厂，从 2003 年开始自己研发机械机芯。正是由于 Sellita和 ETA 的渊源，Sellita 生产的 SW 机芯，基本就是 ETA机芯的"翻版"。比如说，SW200 就是仿造 ETA2824-2，SW220 仿制 ETA2836-2，SW240 仿制 2834-2，SW300 仿造 ETA2892A2，SW500 仿造 ETA7750，SW1000 用于女表（替换 ETA2000 与 ETA2671）。使用品牌：名士、艾美、

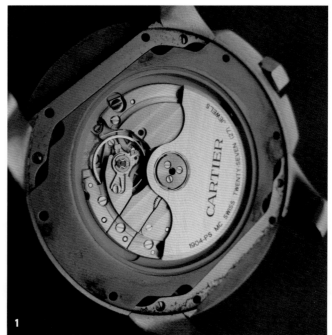

1　卡地亚自产 1904-ps MC 机芯
2　劳力士自产 3155 机芯
3　浪琴 ETA2000 机芯

万国、宇舶、萧邦、万宝龙、豪利时、泰格豪雅、英纳格
（ENICAR）、梅花（TITONI）等。

FREDERIC PIGUET　一家瑞士高级机芯品牌，也是
宝珀的姊妹厂。FP以高素质、超薄、长动力机芯著称，一
直是各大顶级品牌喜欢用的"统机"，现已更名为宝珀机芯
工厂，现属于SWATCH集团。使用品牌：宝珀、欧米茄、
宝格丽、雅克德罗、法穆兰、卡地亚、江诗丹顿、爱彼……
著名产品有FP 1185。

SOPROD　也曾和ETA进行过合作。目前，它自产
的主力机芯是A10，这是一款基础机芯，在微调装置和摆
轮夹板等方面，与ETA和Sellita都有所不同，所以，从设
计上看，很容易将它和这些机芯区分开来。Soprod A10是
ETA 2892的替代品，从定位来说，Soprod生产的A10机芯
定位比Sellita略高，擅长打磨修饰、添加模块、更换零件。
但是由于Soprod机芯的年产量较低，10来万枚，所以目
前使用A10机芯的品牌并不多。使用品牌：法穆兰、梅花、
Dior、豪雅、柏莱士、Stowa等。

Vauche　成立于2003年的Vaucher机芯厂（缩写：
VMF），总部位于瑞士Fleurier，它既能生产机芯，又能研
发模块，尽管年纪不大，却在高级机芯制造领域，稳稳地
占据了一席之地。在Vaucher机芯上的各种精美装饰和倒
角打磨，彰显着这枚机芯"高人一等"的定位。VMF公司
本身其实在瑞士是一家老牌的机械钟表厂，生产机械部件
和机芯，沉寂之后2003年才被山度士基金会注资复兴过来，
VMF公司能够自主生产95%的机芯部件，它能够自主生
产游丝和擒纵系统，仅有红宝石、发条盒、避震器等少数
部件依靠外部供应。它的客户主要是：帕玛强尼、爱马仕、
RM理查德米勒、名士、宝格丽等。这些机芯中绝大多数提
供给帕玛强尼和爱马仕，因为帕玛强尼和爱马仕是VMF的
两大股东，帕玛强尼的山度士基金拥有VMF 75%的股份，
2006年爱马仕花了2 500万瑞郎买了VMF 25%的股份。

1　BAUME & MERCIER（名士）克莱斯麦系列"恒久之玄"陈坤特
　　别款，搭载SW 200自动机芯
2　欧米茄采用的FP的3301机芯
3　BLANCPAIN（宝珀）Cal.1185计时自动机芯
4　Vaucher机芯制造厂

十二、螺丝

若要问起瑞士在人们心中的形象，"钟表王国"这四个字想必一定是个名列前茅的标签。制表起始于 16 世纪，现存品牌数以百计，手表年产量保守估计超几千万只，悠久的历史加之几乎垄断的市场地位使得瑞士俨然已经成为钟表的代名词。

但事实上，钟表作为产品而言只是个宏观的概念，进行深究后我们不难发现，瑞士作为钟表王国傲然于世的背后是其对于精密制造业的绝对领先地位。这其中，螺丝作为钟表制造业中最为基础的零部件，既是最佳的佐证，同样也是整个精密制造业的缩影。于是透过这个更为微观的视角，民间戏称瑞士为螺丝大国，那也是合情合理的。

在制表界，机芯中全部的夹板联系都是需要螺丝来实现的，但很多人不知道的是，并非一开始就使用螺丝，最初的制表业是使用柱子与销钉式样来实现固定，这在 300 多年前的怀表中可以查证。另外一个有趣的点是，钟表中使用的螺丝大多是一字形的，当然日本的制表业中是有十字螺丝的存在，但毕竟不是主流，这里就不做过多讨论了。

为此，我们特地采购了一些钟表行业中所使用的各类形形色色的螺丝，虽然所包含的种类和数量对瑞士这个"螺丝大国"而言只是沧海一粟，但也足以证明看似普通的钟表螺丝着实内含乾坤。

（一）钟表中花样繁多的螺丝类型

首先是关于螺丝的定义，其是利用物体的斜面圆形旋转和摩擦力的物理学和数学原理，循序渐进地紧固器物机件的工具。螺丝通常以几个部分组成：①螺丝柄（Shank），表面有完全或部分螺纹；②螺丝头（Head），通常带有槽口配合螺丝刀进行旋转加固。而在钟表业中，螺丝的运用可以说是无处不在。以机芯为例，固机螺丝是用来将机芯固定在表壳上的螺丝，一般在机芯的边缘位置，比较深一点。

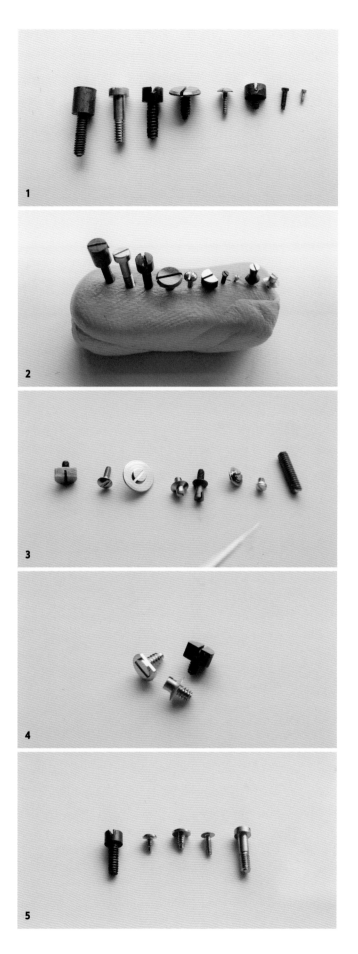

1 ~ 5　不同种类螺丝的特写

夹板螺丝主要用于固定夹板，从而稳定齿轮位置，这里将那些固定各种杠杆和单独固定齿轮的螺丝也计算在内，因为它们的功能是一样的，当然规格必然因为位置不同而不同。还有就是一些功能性螺丝，比如摆轮上的配重和平衡螺丝，或是一些微调器上的螺丝。

所以，一枚手表或机芯中所使用到的螺丝所包含的种类是极多的，绝不可一概而论，大小、长度、螺纹或螺距的选择都很有讲究，每一处都不能弄错，不然将导致夹板内螺纹或其他零部件损坏的情况出现。

螺丝头的造型可谓是花样繁多，从剖面的角度来说，一般有半圆体、扁平体、长圆柱体、扁平＋梯形体、缺失体等。

千奇百怪的螺丝头与其实际的应用有着密不可分的关系，比如形似带了个帽子的螺丝（图1右）大多运用在特定的齿轮上方，用于固定或保护。而在头部伸出一截的螺丝则时常是为了在装配过程中确定位置或是拆装时功能的需要。

想必最令人感兴趣的绝对是这种看似"残缺"的螺丝，事实上这并不是残次品或是损坏的螺丝，缺口乃特意为之。

此种螺丝一般用于机芯或夹板的边缘，缺口部分可以使得螺丝在装配后不至于朝外凸出，所以缺口的大小及深度在不同机芯中也不相同。

而在螺丝柄的部分，首先可以分为完全螺纹和部分螺纹，部分螺纹中又可以细分为头部螺纹、尾部螺纹及中间螺纹，通俗地讲，就是有的螺丝是一贯到底的，有些则是顶部或底部没有螺纹，通过照片可以非常直观地看到。

此外，依照螺距不同也可以进行分类，螺距是指每一个螺纹之间的间距，一般以英寸作为单位，与螺丝柄的直径密切相关。

另外一个值得注意的点是，螺纹又可以分为右旋螺纹及左旋螺纹。我们常见的螺丝大多为右旋螺纹（图1左），即顺时针拧紧，逆时针拧松，在手表制造中同样如此。但左旋螺纹的螺丝（图1中）在制表业中同样是极为重要的存在，左旋多用于小钢轮，也就是带动发条盒上的大钢轮转动又与上条柄轴相联系的那个轮子。之所以必须为左旋螺纹是因为在手动上弦时其可以做到与齿轮的运动方向一致，这样只会越旋越紧，使得螺丝不会松落，反之则可能会出现随着上弦次数增多而螺丝松垮脱落的情况。

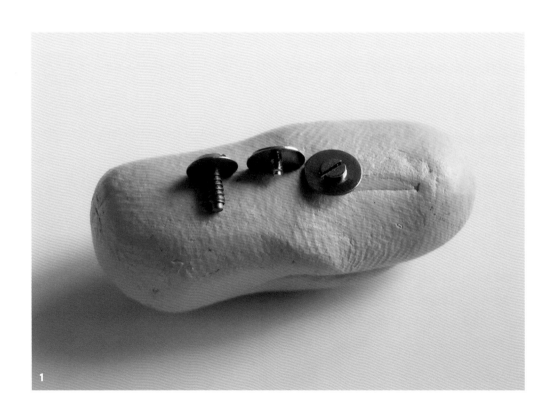

1 　3个种类螺丝的特写

通过上图，我们可以非常清晰地看到瑞士精密制造业的功底，超小螺丝长度仅不到 2 毫米，一般用于摆轮外装或是发条盒组装中，单凭肉眼几乎已经无法目测，只能通过照片放大数倍看清其螺纹及细节表现。

（二）小小螺丝的极致工艺

之所以将螺丝定义为现代精密制造业的缩影，除了依据功能性不同而生产出五花八门的螺丝外，在制表业中螺丝的工艺代表了制造业的水准，有些甚至可以称之为达到了极致的水平。

首先是制造，绝大多数螺丝采用精钢制成，钢材经过淬火和回火，确保延展性和硬度的平衡，使得螺丝在紧固时不会扭曲变形，同时就算应力过大，螺丝也不会像玻璃那样直接碎裂。陈旧的螺丝头有时会突然折断，热处理不充分就是可能的原因之一。

螺丝的世界虽然无限微小，但也必须遵守严格的规则。一枚螺丝想要在高级优质手表中占有一席之地，就必须符合严苛的美学标准。机芯中螺丝所用到的工艺最常见的便是抛光和烤蓝。镜面抛光我们都很熟悉，将螺丝头打磨得如镜子一样光滑，使其看上去更显精致和高级感。更有甚者还会在螺丝头中采用倒角工艺，并且在螺丝尾部也会做打磨处理，所以高级制表中的一颗小小的螺丝实际所耗费的工时远比我们想象的要多得多。

烤蓝就是我们常称的蓝钢螺丝工艺，蓝钢螺丝并不是说在钢的表面抹一层蓝色物质，而是通过高温加热，让钢在空气中氧化，在表面形成一层氧化层，大概需要加热到270 度至 290 度之间，太高太低都无法展现出最漂亮的蓝色。而从应用角度来说，高温也可以使得螺丝再次硬化，使其更坚固。

烧蓝着色效果持久，具体色调从蓝、到紫、再到黑不等，一定程度上还能防止因湿度过大而导致金属腐蚀。和过去一样，一些领先制表商仍然使用烧蓝螺丝。烧制的蓝钢螺丝，头部槽口也是着色的，采用化学电解上色的螺丝就不尽然，后一种工艺更加节省时间和金钱。

这里再说个题外话，古董表中的蓝钢螺丝对于修复者而言需要经过再次打磨回火烧制，方能恢复其原有的风貌，因为古董表中的螺丝大多无法从现代款式中找到合适的去替换。

1、2 不同品牌外观件上的螺丝

（三）形形色色的花样螺丝

除了前面提到的这些"传统"螺丝式样，在高级制表界中还有着很多更为有趣、意想不到的特制款式存在，而这些螺丝大多也与品牌有着密切的联系。

爱彼皇家橡树系列表壳上的螺丝早已经成为该系列的一个标志，而且倘若仔细观察，皇家橡树系列一圈螺丝的槽口排序非常整齐，绝对是强迫症患者的福音。之所以能做到每一颗螺丝都如此井然有序，事实上其中大有玄机。这种外露螺丝由两个部分组成，上面是肉眼可及的六角形长螺丝，尾部带有螺纹，而另一部分则是在底部的螺丝底座，把表底盖拿下来就可以清楚看到。所以在操作过程中，将六角形螺丝直接放入外部的开口中，通过拧动圆形底座固定螺丝，因此对于上方的螺丝开口方向不会造成任何影响，方能营造出如此整齐划一的外观效果。

另一个极具品牌辨识度的外露螺丝就是 RICHARD MILLE 的花键螺丝，其以 5 级钛合金制作，使用这种螺丝可在组装时更佳地控制螺丝旋紧扭力，并且此类螺丝也不会受组装和拆卸工序的影响，钛合金材质亦能保证其不会老化。花键螺丝的组装及拆卸需要使用品牌特制的工具方可完成。

作为独立制表人的 F.P.JOURNE 对于特殊螺丝同样钟爱有加，当然这也与他本人在制表行业中所展现出的独特个性非常契合。

时至今日，越来越多的品牌开始尝试推出专属的独特螺丝设计，比如宇舶的"H"型螺丝或是豪利时的"Y"型螺丝，都令人印象非常深刻。

通过一枚小小的螺丝，不仅彰显了品牌的自我个性，更是向世人宣告着他们不拘泥于传统，渴望打破世俗的决心。

自创螺丝的层出不穷从某种程度上来说也是现代高级制表业的一种进步，无论是为了美观还是实用，或是以何种方式呈现，其目的终究是为了让钟表行业向着更好的方向发展。可以说，正是这每一枚看似平凡的螺丝，共同构建起了如今宏伟的钟表王国。

1 ~ 3　不同品牌外观上的特别式样螺丝

第六节 | 钟表运行工作原理与机芯结构

一、机械钟表的工作原理与机芯结构

机械钟表一般由原动系、传动系、擒纵系、上条拨针系等组成。原动系为机械钟表提供动力，并经过传动机构来推动擒纵机构工作，再由擒纵机构反过来控制传动机构的转速，然后由传动机构带动指针机构指示时间，此外，增加钟表的其他附加功能机构，如自动上链、日历（单双历）、计时、闹铃、月相指示等，形成了丰富多彩的功能性的钟表。

（一）原动系

原动系，也就是机械钟表的能量来源，其能量储存器为安装在发条盒轮内的发条。发条的一端勾住发条轴，另一端勾住发条盒。当手表上链时，发条围绕发条轴上紧，这就导致能量的聚集，随着发条在发条盒中逐渐松开并回到初始状态时，此运动会引起发条盒的转动，并将此能量传递给传动系的齿轮。而发条的上紧，则是通过我们旋转表冠，通过上条系统进行上链，当然这是对手动上链的手表而言，对于自动手表的上链，还有另一条路径，就是自动系的作用下给予机械表上链。

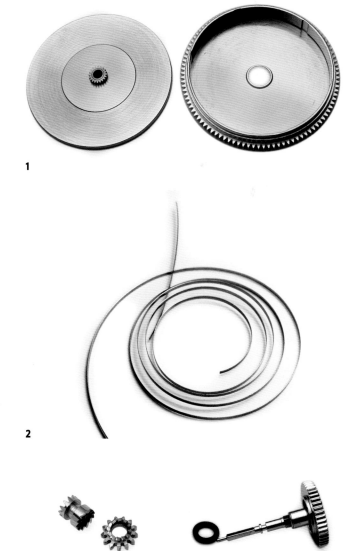

1

2

3

1　发条盒
2　带有尾巴副发条的自动上链发条
3　套在柄轴上的立轮、离合轮、表冠连着柄轴原动系的主要部件——发条，发条在发条盒内的自然状态是一个螺旋状的弹簧，而将其拿出发条盒，请仔细观察，有没有觉得它和咱们印象中的发条有所不同？手表发条都是 S 形的，而之所以这么做，其主要作用是为了获得相对均匀的动力输出。如果是一圈一圈的传统发条，则会在满条状态下输出力量很强，随着发条力量的慢慢释放，动力又会慢慢衰减，为了避免上述情况发生，所以现今手表中都使用 S 形发条。

（二）传动系

传动系，也就是传动装置，其职责是计量与传输，这个部件的任务就是将发条盒轮产生的动力传输到擒纵轮，齿轮的齿数适合摆轮的频率，每个齿轮的齿的数量与之相对应，一般由二轮（中心轮）、三轮（过轮）、四轮（秒轮）和擒纵轮齿轴组成。

这里又涉及几个常用概念：增速传动和减速传动。在机械手表中，主传动线为增速传动。何为增速传动呢？通俗地讲，就是大轮为主动轮带动小轮转动就是增速传动，反之则为减速传动。专业说法：齿轮传动时，单位时间里转过的角度为角速度，常记作 W。一对相互咬合的齿轮，主动轮角速度为 W1，从动角速度为 W2，若 W1=W2，此对齿轮传动，称为等速传动；若 W1 > W2 此对齿轮传动，称为减速传动；若 W1 < W2 此对齿轮传动，称为增速传动。

解释完了增速传动，回归手表主传动系。本身传动系是由多个轮系组成的（一个轴上有两个或是多个轮片或齿轴被称为轮系，可以理解为在一根轴上装有多个齿轮，但是这些齿轮的旋转中心是一致的）。当所有轮系咬合在一起的时候就形成了传动系。这也就解释了这句话"手表的主传动系是由多个轮系组成的"准确的说法应该是：机械手表内的主传动系是由轮系相互咬合所组成的。手表中的轮系就是这个样子，由轮片作为主动轮，齿轴作为从动轮，做增速传动，传动的顺序为：条盒轮 → 二轮齿轴、二轮轮片 → 三轮齿轴、三轮轮片 → 四轮齿轴、四轮轮片 → 擒纵轮齿轴、擒纵轮轮片 → 擒纵调速器。

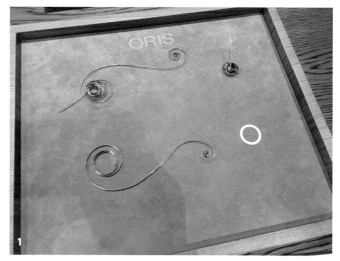

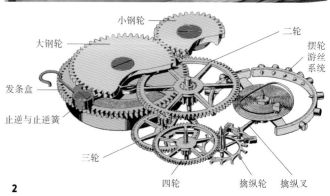

小钢轮
二轮
大钢轮
摆轮游丝系统
发条盒
止逆与止逆簧
三轮
四轮
擒纵轮
擒纵叉

再由擒纵调速器反过来控制个轮系的转速：擒纵调速器 → 擒纵轮轮片、擒纵轮齿轴 → 四轮轮片、四轮齿轴 → 三轮轮片、三轮齿轴 → 二轮轮片、二轮齿轴 → 条盒轮。

（三）擒纵调速器

擒纵调速器是整个手表的心脏，擒纵调速器由擒纵机构和振动系统两部分组成。它依靠振动系统（摆轮游丝或钟摆）的周期性振动，使擒纵机构保持精确和规律性的间歇运动，从而取得调速作用。擒纵调速器的种类很多，叉瓦式擒纵机构是应用最广的一种擒纵机构，主要作用为控制整个轮系的转速，因此指针才能按照一定的规律在表盘上指示时刻。

那么擒纵调速器是怎么和轮系相连的呢？擒纵调速器由擒纵轮、擒纵叉、双圆盘和限位钉等组成，它的作用是把原动系的能量传递给摆轮游丝系统，以便维持振动系统作等幅振动，并把振动系统的振动次数传递给指示机构，达到计量时间的目的。

1 S 形的手动（下）与长动力自动（上）机芯发条对比

2 机芯简单结构图

叉瓦式擒纵机构的能量传递作用是由以下两部分动作相互配合来完成的：①擒纵轮由传动系取得的能量，通过轮齿和叉瓦的作用转变为冲量传送给擒纵叉，在传递过程中主要有5个动作，即锁接、释放、冲击、垂落和牵引。②通过擒纵叉的叉口和双圆盘的圆盘钉相互传递冲量，工作过程有释放和冲击两个动作。

1

擒纵机构工作过程可大致分为以下步骤：摆轮在一次单方向摆动中擒纵机构的工作过程，当摆轮在游丝位能的作用下，从反方向回来以后，就会重复地再进行释放、冲击（传冲）……上述一系列工作。在摆轮进行反方向摆动时，擒纵叉的动作方向也是反的，而擒纵轮的运动方向则仍一样，手表在走动时，擒纵机构就是这样连续不断和重复循环地进行着上述工作，我们平常所听到的手表在走动时发出的"滴答"声，也就是擒纵机构在工作中所产生的。

（四）振动系统（摆轮游丝系统或钟摆）

振动系统，也被称之为摆轮游丝系统或钟摆，对于手表，振动系统由摆轮、摆轴、游丝、活动外桩环、快慢针等组成，游丝的内外端分别固定在摆轴和摆夹板上。摆轮受外力偏离其平衡位置开始摆动时，游丝便被扭转而产生位能，通常称为恢复力矩。擒纵机构完成前述两部分动作的过程，也就是振动系统完成半个振动周期的过程。后者在游丝位能的作用下，还会进行反方向摆动而完成另半个振动周期，这就是机械钟表在运转时擒纵调速器不断重复循环工作的原理。

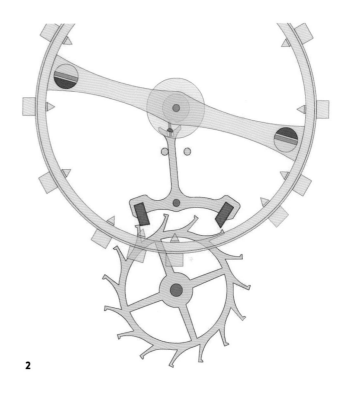

2

（五）上条拨针系

上条拨针系的作用是上条和拨针，它由柄头、柄轴、立轮、离合轮、离合杆、离合杆簧、拉档、压簧、拨针轮、跨轮、时轮、分轮、大钢轮、小钢轮、棘爪、棘爪簧等组成。上条和拨针都是通过柄轴部件来实现的。上条时，立轮和离合轮处于啮合状态，当转动柄轴时，离合轮带动立轮，立轮又经小钢轮和大钢轮，使条轴卷紧发条。棘爪则

1 擒纵叉与擒纵夹板
2 杠杆式擒纵调速机构
3 摆轮游丝系统

3

阻止大钢轮逆转。拨针时，拉出柄轴，拉挡在拉挡轴上旋转并推动离合杆，使离合轮与立轮脱开，与拨针轮啮合，此时转动柄轴，拨针轮通过跨轮带动时轮和分轮，达到校正时针和分针的目的。

（六）自动上链机构

带有自动上链机构的手表称为自动手表，一般地，它是由重锤（摆陀）、重锤支承、偏心轴、滚珠、自动摇板、棘轮、棘爪以及自动上夹板等构成。当手表戴在手腕时，随着人臂的随机活动，自动锤在惯性力和静力矩的作用下自动地上紧发条。自动上链机构大致可分为摆动式单向或双向上链和旋转式单向或双向上链两大类。前者称为半自动，后者称为全自动。

1

2

3

4

5

1 摆轮游丝系统的反面，带有圆盘与红宝石圆盘钉，该圆盘钉与擒纵叉口接触配合

2 拨针系统

3 上链与拨针等挡位的离合

4 自动机芯

5 一种自动上链机构的细节图

（七）日历机构

日历（单双历）机构，带有日历（单双历）机构的手表称为日历（单双历）手表，由日历定位杆、日历定位杆簧、拨日轮、日跨轮部件、拨头和日历盖片等构成，并设有拨动机构或快拨机构，供日期调校之用。它的基本工作原理是由走针轮系带动一个拨日轮，拨日轮与时轮之间的传动比必须是1：2，然后通过拨日轮驱动拨头，使印有日期标记的日历环每24小时动作一次。双历机构也是通过拨头，在定位部件的协同作用下转动周历轮，使星期得到更换。按变换日期所需时间的长短来区分，日历机构又可分为慢爬式、快爬式和瞬跳式三种。慢爬式的换日时间需1～3小时，快爬式一般不超过30分钟，瞬跳式则在每日零时瞬间变换日期。

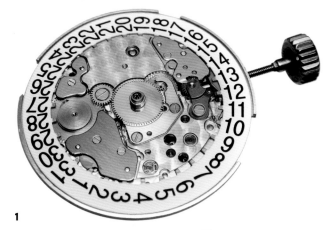

1

二、石英机芯的工作原理与机芯结构

一般人的印象里，机械手表的运行寿命要长于石英手表。但事实并不尽然，因为石英手表里面的所有运行部件和机械手表都是一样的，很可能两者具有同样的寿命。

（一）石英表工作原理及注意事项

石英表工作原理：石英表是利用石英震动来控制手表指针运转的，在这个过程中需要使用电池作为动力，所以当电池没有电时，石英表就会停止运作，一颗普通电池使用寿命一般在2年左右，所以相比机械表，这就成了它的缺点，需要更换电池。但是石英表的走时是非常准确的，一天走时的误差在-0.5至+0.5秒之间，所以一般以每月误差多少秒来描述。

注意事项：定期检查电量，换电池时要使用塑料或竹镊子夹取，使用金属镊子易造成短路。当客户拿来的石英表停止走动，在征得客户同意之后，将电池取出来，防止电池漏液而影响整个板路。石英两针表在调校时间时要拨快一分钟或是倒拨指针到对时点，以补偿齿轮间的间隙。

2

3

1　表盘面下的日历机构

2　日历的快拨机构

3　石英机芯

（二）区分石英表与机械表

石英手表和机械手表最主要的区别在于采用哪种能量源来带动表芯的运转，即机械表是以发条为能量源，而石英表则是用一块电池作为能量源。区分石英表与机械表的方式如下：①是看标识。观察表盘或者手表底部的文字，如果是刻有 AUTOMATIC 的，则为自动机械表，如果是刻有 QUARTZ 的，则为石英表。②是看指针。观看秒针的走动情况，市面上绝大多数的石英表的秒针都是跳着走动（俗称跳秒），一秒跳一次，有的甚至压根就没有秒针；而机械表的秒针却是滑动的（俗称扫秒）。但这种判断方法并非绝对正解，比如日本 Seiko 就开发了扫秒的石英表 Spring Drive，而雅克德罗、积家、朗格都有推出具体跳秒功能的机械表，一般机械跳秒属于高档观赏表。③是看表壳厚度。一般机械表的表壳都比较厚，而石英表的表壳都比较薄。④是看表背。背透设计的腕表可以直接看到机芯及运转，一般背透的腕表都是机械表。⑤是转表把。在"0 档"位置，轻轻转动表把，机械表可感觉到上链的阻力，石英表为空档，无任何转动阻力。⑥是听声音。在安静的环境下，将表背紧贴耳朵。机械表可听到很快的"嗒嗒嗒嗒"声，这是由于腕表的擒纵机构工作产生的声音，贴近耳朵轻轻晃动腕表，如果听到表内晃动声，说明此表为自动上链机械表。石英表则能听到以秒为间隔的"嗒嗒"声。

（三）钟表的摆频

对于机械表，其计时基准的是它的摆频，也可以称之为振动频率，指摆轮在单位时间内振动的次数。物理学上物体振动频率都是以赫兹（Hz）为单位，既物体在单位时间内完成全震荡次数，单位时间是以秒。而手表（钟表）很少有这个习惯，通常是以半振荡来算的，也就是把左右的摆动各算一次，而且手表摆频习惯用次/时做单位，即一小时内摆轮左右摆动（振动）的次数，一般用 A/H 或 V/H 做单位。摆轮在手表里是做高速的摆动，要是把它折算成用赫兹单位，这个数值会比较小，一般是在 2.5～4 Hz 之间。机械振荡绝不同于电子，通常有个极限，不能被无限制提高。机械振荡频率通常和振荡物体的几何尺寸有关，凡小而薄的东西振荡的频率能高些，所以高频的手表摆轮直径也相对要小。

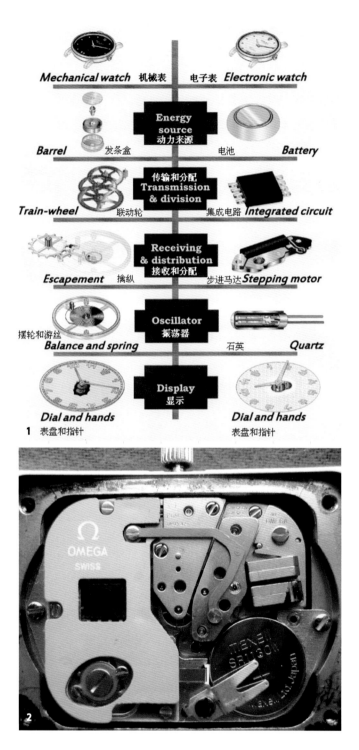

1 表盘和指针

1 机械机芯与石英机芯的区别

2 OMEGA（欧米茄）Cal.1510 机芯

钟表和手表在发展历史上形成了许多形式的摆频，比如：小闹钟是 12 000A/H 或 14 400A/H 的，早期的手表（怀表）都是 18 000A/H 的（俗称"慢摆"），大约在 40 年前，手表摆频开始被提高，因为人们认识到摆轮的振动频率高了，对抵抗外界各种形式的干扰、变化、冲击的能力会更强，走时会更稳定，精度也会提高。于是出现了 19 800A/H、21 600A/H（俗称"快摆"）、25 200A/H、28 800A/H（俗称"高频"）、36 000A/H、43 200A/H、72 000A/H 等频率类型的高频或超高频的手表，应该说超过 36 000A/H 就算是超高频了，典型的如真利时等都比较善于做这类超高频手表。

从趋势来看，手表的振荡频率是越来越高。几十年以来，国外各品牌都在努力尝试做高频手表。但是，频率不可能被无限制提高，机械振荡也有个极限，特别像摆轮游丝这种结构和尺寸的东西。高频手表制作加工复杂，工艺难度大，它的擒纵和摆轮部件的几何尺寸比较小，因此工差要求要小，光洁度要求更高。还要解决零件的材质、润滑等相应的问题。要知道，但凡是高频率运转的东西，都是"短命"的，因为磨损很大，而且，保养周期也会缩短。最要命的是由于高频手表的发条力矩非常之大，齿轮的齿做得更加细密，通常擒纵轮齿都在 20 个以上（而低频的只有 15 个齿），摩擦碰撞得更频繁，轴孔及齿轮轴的压力和磨损问题也会很快的凸现出来。

一般专业用的高精度机械计时码表，其摆频都是超高的，它甚至不能自己自动起振，摆轮工作时也看不到大幅度的摆动，只有难以看出的轻微颤动。现在，普通手表里也有 36 000A/H 频率的，比如真力时。真力时的机芯种类繁多，大致可以分为 El Primero 系列和 Elite 系列等，El Primero 体现了真力时招牌的高频技术，其振频达到每小时 36 000 次，即摆轮每秒钟振动 10 次，更细的时间划分，能为走时精准带来帮助，这个可是它的一大卖点，过去只有在码表里才会出现这个频率。机芯的摆轮做得特别小，而且没有止秒装置，没装止秒装置是因为它的游丝刚性过大，自动起振性能不好，一旦停下来，很难再启动。劳力士以前用在迪通拿上的 4030 机芯是以真力时 El Primero 机芯为基础，不过摆频降到了 28 800，并更换了一些零件，而现在使用的 4130 机芯完全为品牌自行研发生产。还有个比较特别的频率，25 200A/H，这个就是 OMEGA 同轴机芯（从 2500C 开始）使用的频率。

相对固定制式的频率是 21 600A/H、28 800A/H。手表摆

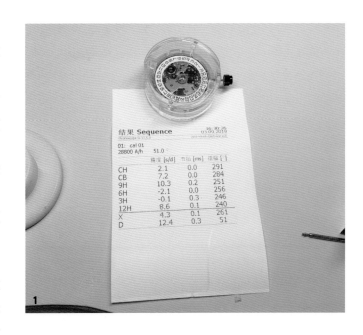

频的单位换算为：摆频数值除以 7 200 即可折算出赫兹单位，比如：摆频为 28 800A/H 的，它的振动频率为 4Hz。凡高频的手表，擒纵和摆轮部件尺寸都要小，齿轮齿数更加细密，轮子旋转和释放的快，对于材料、机加工、公差、润滑的要求异常的高，要知道凡高频震荡或运动的东西，肯定都是短命的。28 800A/H 摆频的手表应该是一个比较综合的选择，别看 4Hz 的数字小，可在一秒钟内，摆轮已经完成左右各 4 次摆动了，也不得了，一切都在刹那间。过去的机械小闹钟，你还能听到它走时的节拍，滴答、滴答……而现在手表走时节拍是急促的几乎听不出间歇的声音，秒针运行也像是扫过表盘刻度那般。

石英表要比机械表更准，普通石英电子表每日误差小于 0.5 秒，是机械表的几十分之一，这主要归功于石英表中石英振荡器高而稳定的振荡频率。频率越高走时越准，这是人们在长期研究如何提高钟表走时准确的过程中发现的一个原理。振荡器的频率越高，振荡越稳定，抗干扰能力越强，手表就越准确。石英电子表的振荡频率为 32 768Hz，要比普通快摆机械表每秒 3Hz 的频率高 1 万倍，因此石英电子表要比机械手表准确得多。另外机械手表由于本身结构问题，受地球引力作用，水平位置和竖直位置的偏移会产生位差，发条从上紧到放松，力矩不平衡，加之受外界温度、磁场、震动等影响，机械手表即使再提高一些频率，也不可能达到石英电子表的精度。

1 机械机芯的六方位走时测试数据

永远分秒不差的手表实际是不存在的，无论机械表还是石英表都有一个误差范围，而这范围会因国家和地区的不同而有所不同，一般来讲，机械表（包括自动和手动）只要在上满弦的情况下，走时每天慢不超过 15 秒，快不超过 15 秒就基本符合标准，石英表则是在电池的电量充足的情况下，快慢均不超过 0.5 秒，则符合标准。因此，无论是机械表，还是石英表，只要他们误差在上述两个标准范围内，我们就可以说，手表走时是合格的。反之，则说明手表走时有问题，须拿到维修部门保养或调校，当然对于天文台级别以上的手表需要调校至标准走时范围内。

　　一般电子表使用两到三年，就会出现电池电力不足或电池损坏的情况，这个时候要及时地更换电池。通常把石英指针式电子表称作秒跳式手表，因为它是以一秒钟间隔秒针跳动一次的。而当出现秒针以两秒或四秒钟的间隔跳动一次的情况时，就是提示要更换电池了，亦即电池已接近无电失效。一般来说，秒针以两秒钟的间隔跳动行进时，机芯仍能保持原来的准确性，但这种情况只能维持短暂的时间。而对于液晶显示数字式电子表，当发现所有的显示数字都在闪烁时，即表示电池的电量很少了，需要及时更换电池。

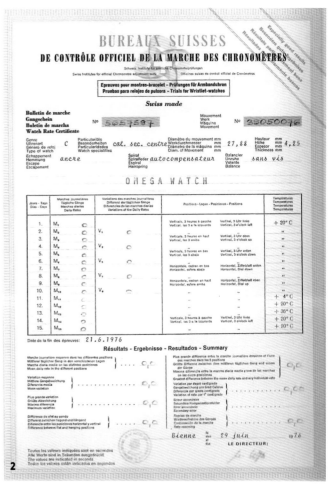

1　全球首款石英表 Astron

2　PerfectScore 零误差的 OMEGA（欧米茄）Cal.1021 自动机芯的测试记录证书（1976 年 6 月）

3　液晶显示石英手表

三、红宝石机芯材料

Jewel 翻译成中文，第一层意思是宝石，放到手表上，就成了"钻"。很多人都以为这个钻是钻石，其实就是红宝石而已，并且还是不值钱的人工合成，但意义却不一般。

在钟表发明之初及以后的一段时间里面，机芯里面并没有红宝石，也没有其他的宝石。当时钟表里面的擒纵轮轴、齿轮轴、发条轴都是直接安放在机芯夹板的孔洞之中。

由于擒纵轮轴、齿轮轴、发条轴都是直接安放在机芯夹板的孔洞之中，所以两者的摩擦非常大，在长期的使用过程中，会增加动力消耗和磨损轮轴，这样会对钟表的走时精度产生巨大的影响。1704 年，NicolasFatio di Duillier，Peter Debaufre 和 Jacob Debaufre 首创宝石轴承，他们将宝石钻孔，然后将齿轮轴安放在孔洞之中，在一定程度上减小了机芯中齿轮与夹板之间的摩擦力。当时使用的宝石并不局限于红宝石，而是有钻石、蓝宝石、石榴石……之所以选用宝石，就是为了机械性能。那个时代，使用的宝石轴承都是天然的，因为价格昂贵，并不是所有的怀表都会使用。并且由于天然宝石的大小无法确定，为了便于装配和更换天然宝石轴承，所以当时的钟表匠发明了黄金套筒。因为黄金质地较软便于加工，用黄金包裹天然宝石轴承就可以便捷地调节大小，轻松地放入不同的孔洞中。运动越频繁的部位越优先使用黄金套筒，第一位使用的肯定是摆轮轴，最后使用的是发条轴。这一点在古董怀表和现代表都能发现。

由于天然的宝石价格昂贵，大小不易调整，所以当时的人们迫切地需要替代品。1877 年法国化学家弗雷米将纯氧化铝粉末、碳酸钾、氟化钡和少量重铬酸钾作原料，在坩埚中经高温熔融 8 天，获得小颗粒红宝石晶体，这是人造红宝石的开端。

1885 年在瑞士日内瓦出现一些品质优良的人造红宝石，据说是有天然红宝石碎片，加上增强红色的重铬酸钾等经高温熔融制成，和天然品性质相同。然而真正实现人工制造宝石并能投入规模化生产的要归功于法国化学家维尔纳叶。维尔纳叶在 1891 年发明火焰熔融法，并用该法试制人造宝石，成功后又用纯净的氧化铝试验，在高温马弗炉中用倒置的氢氧吹管进行试验，含有少量氧化铬的纯净氧化铝细末慢慢落入火焰中熔化，滴在基座上冷凝结晶。经过十年的努力，1904 年维尔纳叶正式制造出了人造红宝石，以后火焰熔融法逐渐完善，生产出的红宝石和天然品几乎无差别。该法一直沿用到现代，至今仍是世界生产人造宝石的主要方法，人称"维尔纳叶法"。

合成的红蓝宝石是从熔体中结晶而来的，其主要成分均为 Al_2O_3，在合成时加入微量的 Cr，则呈现红色，即合成红宝石；如果加入微量的 Ti，则就成为合成蓝宝石。后来的日子里，人造红宝石就开始使用在钟表机芯上面。但大部分选择红色的红宝石，而不是蓝色的蓝宝石，当然也有少部分是选择蓝色的蓝宝石的，其原因第一是红宝石在机芯里面比蓝宝石好看，第二是当时的人们不容易找到钛，容易找到铬。1930 年代后，人造红宝石轴承大规模应用。到现在市面上出售的钟表里面搭载的红宝石轴承大多是人造的。之所以现在还是称为红宝石，不过是历史的延续和商家的宣传噱头。有的商家在宣传中会使用"机芯里面有 27 钻 19 钻"等术语，这些钻也都不是钻石，也不是天然红宝石，而是人造红宝石。之所以一直使用人造红宝石，那是因为人造红宝石坚硬、耐磨、化学性质稳定、摩擦系数小、热膨胀系数小，价格低廉，制作容易，性价比高，是减少机芯内部摩擦最合适的解决方案。

随着科学技术的发展，也出现过其他减少摩擦的设计，如钻石，滚珠轴承等，但是都没有大规模使用。

1 格拉苏蒂原创 58-01 手动上链机芯上的黄金套筒与红宝石轴承、叉瓦

1 PATEK PHILIPPE（百达翡丽）大象戏水，1991 年制，黄金、银、
钻石、红宝石、碧玉、绿玛瑙、黑石、图马林、石英和岩石水晶
的时钟。2013 年 10 月 8 日，苏富比香港拍卖，连佣 316 万港币

第

3

章

名表鉴定专业知识

第一节 | # 鉴定基本流程

当我们拿到一枚名表需要做检测鉴定，我们该如何进行相关的作业流程呢？是东看看西看看，还是有一定的步骤呢？这里为大家总结了名表鉴定的一个基本流程，希望大家在今后的工作与学习中养成习惯，将这一鉴定流程成为你的惯性思维模式并能熟能生巧。

一、整体观察

手表的整体观察是鉴定一枚名表真伪的第一步。

第一步我们所要观察的是确定名表的品牌，因为不同品牌之间鉴定名表的标准都将不尽相同，如百达翡丽与浪琴之间，制表工艺的要求与标准均不相同，那么鉴定这些不同品牌的名表时，需要不一样的标准变得理所当然。

之后我们观察这枚手表的正面、背面以及侧面，通过整体观察，对于市场上很多低仿的表款已经可以做到一个初步真伪的判断了。整体观察时，既要用眼去看，看的同时也要用手去感觉，手眼的合用，通过重量、触感，如非高仿表，低仿表与真表是有很大差异的，毕竟造假者还是得考虑成本的。一般重量相对较轻，触感很不舒服且粗糙刺手。

1　整体观察正面
2　整体观察背面
3、4　整体观察侧面

二、细节的放大观察

细节观察包括指针、表盘、表壳与底盖，还有链带（表带）、表扣等外观件，以及通过开盖或是透过透底表底盖的方式仔细观察机芯的打磨工艺、板路、摆轮、避震器等的机芯鉴定点。

需要注意的是，手表真伪的鉴定，并不是只以一个点来做出判断，需要综合了全部的鉴定点后整体做出判断。当然手表鉴定时可以将整只手表分为两部分，一个为主体，一个为次要体，主体为表头部分，包括表壳、表盘、表针、外圈、表冠以及机芯，后盖，次要体指的是表头之外的部件，包括但不限于链带（表带）、表扣等，也可以包括保卡、表盒等附件，两者可以分开做出真伪判断，比如很多时候名表所搭载的皮质等非金属表带为非原装的皮带，而表头部分鉴定下来是正品，那可以判断这枚手表是正品，只是需要说明的是表带为非原装。这样的拼装表比比皆是，表头与表带的拼装只是拼装表中的小儿科，深度的拼装指的是真假外观件与机芯之间的混搭，有真有假，让我们傻傻分不清楚。

细节的放大观察需要做到面面俱到、缺一不可，在整个鉴定过程中不要抱以侥幸心理，一旦你漏看了一个鉴定点，可能就会损失惨重。同时，细节的放大观察不仅是真伪鉴定的一环，也是原装度、品相确认的一环。熟练了相关名表鉴定的流程与方法之后，鉴定真伪、鉴定原装度、鉴定品相成色可同步进行。

（一）表镜

表镜如是原装玻璃，应该在鉴定中标明，不标明者视为后装。

（二）表冠

表冠分为原配（本表原配）、原装（完全一样的型号的新表冠）、原厂（同样厂但不同型号或不同时期的表冠）和后配（可能是仿制表冠或其他品牌的表冠）。

1 Ref.2524-1 的表盘，具有 PATEK PHILIPPE 与 TIFFANY & CO. 双标
2 劳力士表盘与指针

（三）表盘

对于表盘之上的油墨刻度，品牌 Logo 等印刷字体的立体感、笔锋与移印工艺等的各品牌的原厂标准要求进行观察与判断。对于有立体时标或是钻标的，根据各品牌原厂工艺要求进行观察与鉴别。表盘分为原装表盘；翻写表盘（可能整个的漆面还是原装的，但上面的字是后写的），注意局部补漆，有时表盘部分底漆脱落会局部补漆；翻新表盘，整个面重新打磨后上漆、写字；非原装表盘（后配同款表盘或其他品牌的表盘，值得注意），注意时标有死活之分，后者更有迷惑性。值得注意的几个鉴定点：SWISS，由于多是弧面边缘，翻写困难；刻度是否被打圆，死刻度翻新后多会被打圆；标志被翘过后，多在脚处有变形；观察背面，一般的翻新，水平再高也会在背面留下重新喷漆或打磨的痕迹，如果是活时标摘下后重新安装，也有焊接或粘连的痕迹。原厂漆的颜色、质地、工艺大多很好，注意光泽度、深浅过度、放射线等处理，现在市面上翻新难度大多是黑面，容易辨认。用放大镜可以看出字的差别，尤其注意字的角，这点劳力士做得很好。

1

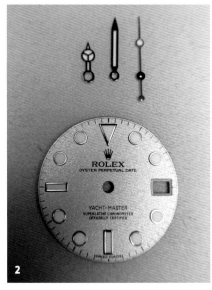

2

（四）指针

观察指针的针头部位，对针轴部位的打磨加工工艺及油漆或是烧蓝等工艺是否符合原厂的标准工艺做出真伪判断。指针是否重新电镀，通常可拆下来后判定，后补的夜光也可以辨认。夜光会自然老化，要注意刻度部分的夜光和指针的色泽是否一致。另外，一般后补的夜光只能亮一小时甚至更短，而原装的可以亮至少5小时以上。

（五）表带与表扣

表带一般分为皮带和金属带。皮带是否原装问题不大，因为本身价值不高且不耐用，但要注意是否有原装带扣，尤其注意 ROLEX、OMEGA 等带扣的描述。"金带扣"有镀金、包金和实金的区别，一定要鉴别清楚，价格会相差几倍甚至十几倍，甚至实心不锈钢和电镀材料的价格现在都差好几倍。金属带有原装和原品牌之分，还有 ROLEX 或 TUDOR 有原装带，港带等之分，照片看起来可能区别不大，但实物差距很大，价格也有天壤之别。甚至还有人换一些金属带的局部，造成表带中部分有假，比如表带头和表带尾，这样光看这些部分便容易中招，有后紧过的表带，戴很短时间会松掉，这些都需要注意。

（六）表壳

对于表壳，我们可以细节观察表耳内外处的打磨加工工艺，观察贵金属材质表壳相关的贵金属印记，包括后盖处也需要观察，某些是需要开盖才能看到相关的贵金属印记的。

现在的商家为了有更好的卖相，大多把表壳进行抛光，这样的抛光一般分为软抛光和硬抛光。

软抛光大多用 K 金布、抛光剂进行，为的是使金属的光泽度更好，对表壳整体没有影响。硬抛光使用抛光机器操作，用砂轮或油轮布轮将表壳上的伤痕打掉一层，让表看起来更新。但水平不高的师傅往往会破坏表壳的曲线，硬朗的线条会消失，看起来没有了神采。还有用车床车的，中国香港做的劳力士抛光多用车床车出来的壳，线条完美、镜面光泽度好，几乎可以和新表媲美，唯一的差别是整个表小了那么一圈，而且可以从某些细节的角度看出来。

1 细节观察表冠

2 细节观察表盘刻度

3 细节观察表盘漆字与指针

4 细节观察后盖

5 细节观察外圈

6 ~ 8 劳力士链带

9 细节观察表扣

10 细节观察表扣内侧与 Spring Bar 及表带耳配合度

11 细节观察机芯的摆轮游丝与避震器及打磨工艺等

12 细节观察链带

一般来说，钢表在佩戴到古董级别时，后框内都会有一点点锈蚀，这很正常，但如果螺丝口锈得合不住了，那就是大问题了。还要注意表壳的变形，很多压盖的老表后盖变形严重，刚拿到手里还能挂住，一撬之后，便不能压住了。有人会重新电镀半钢的表壳，但几乎可以从后盖里面的棱角处很轻易就看出来。

（七）机芯

对机芯进行细节观察，可通过夹板、齿轮等打磨工艺做出真伪判断，结合是否搭载匹配的避震器、有卡度摆轮或是无卡度摆轮等机芯鉴定点做出判断。

1. 机芯状态的鉴别

机芯是手表的心脏，机芯的状态好坏直接影响着手表的价值。

如果机芯进水汽，打开后盖后会发现，机芯内有某些零部件出现生锈或是变色等情况，当然对于古董表如有这种情况出现，范围不是很大的话，相比现代表而言可以接受，但对于现代表来说，此时必须需要考虑后续的维修保养以及更换相关零部件的问题。特别是对于外观件——表冠、后盖、表镜等防水零部件。对于进水相当严重，或是生锈很严重的，那么此枚手表的价值就降低得很厉害了。当然有水汽，也有火攻下的手表，在火中烧过，那无论从表壳，表盘等处能见火烧过的痕迹，机芯就更显而易见。

对于机芯缺油而导致磨损，我们打开后盖后，可以从红宝石轴承中，或是机芯的各处看到黑色或是褐色的粉末物质出现，这些是由于机芯油干涸而导致缺油引起的磨损。机芯后续的维修保养已经刻不容缓，但还得考虑到是否出现机芯内部零部件磨损严重，而导致的维修价格的上涨，这些在估值中需要考虑在内。

当然也有与缺油相反的情况出现，那就是机芯内油过多导致，这是源自维修师在给这枚手表做维修保养时点油点得过多了。油从夹板下方，红宝石轴孔中溢出，而黏住齿轮齿，游丝等处，导致机芯走时状态不佳或是直接停表。这就需要重新做保养维修，当然这还不是主要的关注点，主要的关注点在于机芯夹板与螺丝等处是否有维修遗留下来的划痕，特别是螺丝处，螺丝孔边缘是否磨损，或是严重的磨损出夹板的黄铜色出来，螺丝的槽口也出现爆口与塌陷，这些将直接影响到机芯的品相，品相的要求可以按

1　完美曲线下的表耳弧度
2　自动陀擦碰夹板磨损后露出黄铜色
3　自动陀进水氧化变色，并且磨损严重
4　后盖及小部分生锈，属于古董表，可接受范畴
5　机芯缺油磨损出来的黑色粉末
6　机芯维修过后，某些后盖背面会留有手写标记
7　机芯氧化严重，但属于古董表范畴

照外观件的品相标准进行定义，严重的，机芯可以说是直接报废了。所以提醒我们表友，或是商家从业者们，标准化规范化的钟表维修相当重要，找品牌或是绝对靠谱的维修店才是上策，切不可贪便宜而得不偿失。

还有一个情况也比较常见，就是机芯零部件松落，导致磨损机芯夹板等。简单的拿出松落的螺丝拧回去就可以了，然后使用机械表测试仪的帮助下调整一下走时，但对于松落的零部件在机芯内卡坏或是磨损夹板出痕迹的，这就需要后续维修保养中加入更换该零部件的追加费用了。

机芯停走或是时好时坏，走时状态不好等情况，那就直接去维修保养吧，估值时相关的维修保养价格附加上就可以了。除此之外，对于自动表，我们需要观察一下此机芯的自动轮系的性能，其最简单的方法就是注意自动陀的自然下垂的位置，然后垂直转动机芯，若自动陀始终保持此方位不变则说明自动陀轮系性能灵活，这就是自动部分最需要注意的地方。对于自动陀轴向间隙不好的情况——自动陀与后盖、夹板擦碰出痕迹，这个也需要对其整个机芯做维修保养。

最后对于运用机械表测试仪测出的摆幅低、走时不好，偏振大等情况，大部分也是需要给予机芯做维修保养。但对于有时走时过快，可能是由于受磁，经过消磁就可以恢复正常，买个消磁仪器与指南针就可以了，价格不贵。

2. 机械表测试仪的使用

仪器检测是手表鉴定评估的重要环节，通过仪器检测可观察手表运行状态是否正常，有无维修痕迹、故障等风险，针对部分品牌的特殊属性，也可以通过仪器检测判断机芯的真伪。

日差：24 小时内走时误差显示，天文台标准为 –4 ~ +6s/d（秒 / 天）。

摆幅：摆轮摆动幅度大小，一般为面上面下 270 ~ 320 度之间属于正常范围，立面相对低个 10 ~ 30 度，在 220 ~ 290 度之间，但不能低于 220 度。同时摆幅的测量时，升角要选择合适的，每个品牌、每个机芯的升角均有所不同，有 38 度升角（欧米茄的同轴机芯），也有 50 度、52 度升角（大部分的公用机芯），54 度升角等。

偏振：偏振在 0.8ms 以内算是可以接受范围，最好是在 0 ~ 0.4 之间，每一个方位上的偏振均会有差异，所以需要综合判断，以上的数字是指每一个方位的数值要求。

方位：面上，面下，3 点位，6 点位，9 点位，12 点位

1 古董表的品相，虽有生锈及有过维修的痕迹，以及夹板氧化变色，但均在可接受范围内，只是后续找好的师傅除锈保养一下
2 自动陀擦碰后盖遗留下来的痕迹
3 手表进水后，表冠柄轴处生锈严重
4 贵金属表冠使用或是翻新过度而导致极度圆润了
5 链带连接处磨损严重，而导致链带松懈
6 指针划痕严重，直接影响品相

等六方位，当然其中的 12 点位可以忽略，因为这个方位在我们佩戴手表的过程中出现的概率时长很短，也就是我们抬手看时间的这个动作，所以我们一般测的是另外的五方位。这也是很多手表机芯夹板上会印刻有五方位、六方位调校等英文字样的缘故，当然最高些的可以有九方位、十二方位调校，在前面的方位上加入些 45 度角度即可。

节拍：也称之为振动频率，指的是摆轮在一小时内摆动的次数，单位：次 / 小时。也可以转化为赫兹 Hz 单位，只需将 xx 次 / 小时除以 7 200 即可。常规的频率为 18 000、19 800、21 600、25 200、28 800、36 000 次 / 小时等。

其中，欧米茄的同轴机芯的频率为 25 200 次 / 小时，这个是欧米茄同轴独有的，所以通过这个也可以对机芯的真伪做出鉴别。爱彼皇家橡树自产 3120、3126 机芯频率为 21 600 次 / 小时，老款使用的却是 28 800 次 / 小时，因为使用的是积家生产的机芯，而对于 36 000 次 / 小时频率以上的，包含 36 000 次 / 小时的就属于高振频，目前仿表中没有达到这个技术水准。

机械表测试仪器，有国产也有进口两种，国产中，首推图 2 中的这款，因为是中文版的，所以对于大部分从业者来说比较简单，之所以推荐这一款，主要在于几乎可以检测市场上大部分的表款，当然国产的还有其他仪器，但功能太单一，且不够精准，不太推荐使用。

进口的是推荐 Witschi 的这款，有第一、第二、第三以及第四代之分，现在在产的是第四代，但相比较而言，前面的三代比第四代要好，可检测的频率范围很广，从 3 600 的频率到 36 000 的频率。但不管是国产的还是进口的，使用方法均类似。当然如果有一台可全程自动检测的仪器就更贵了，非专业维修工坊就没有必要了。

校表仪测量日差的方法是利用声电及磁传感器将钟表发出的振荡信号变换为相应的电信号，用计数方法测量电信号的周期相对于标称值的偏差，计算出日差值。钟表速率的快慢主要取决于钟表内所用主振器（电子表是晶振、机械表是游丝）频率的实际值相对于标称值的偏离程度，称为频率准确度。

机械表测试仪器主要包括两个部分：夹住手表的支架，其中包含微拾音麦克风；带有按钮和屏幕的读出设备；这两个组件链接在一起。

机械表测试仪器使用方法如下：

第一步，打开机械表校表仪。插上电源线，找到电源

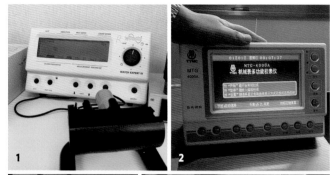

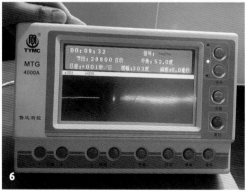

1 进口机械表测试仪——收音器与显示器

2 推荐的国产机械表测试仪

3 更高级的全自动 S1

4 来自 Witschi 的 M1，按照上面的数据显示：摆频 43 200，日差 +004 秒，摆幅 254 度，beat error 0.7 毫秒，测试时长 30 秒

5 英文显示界面

6 中文显示界面

开关，打开设备电源。

第二步，将手表放在支架上。左侧有一个金属支架，右侧有一个塑料支架，可以前后滑动，这样就可以在架子上放置不同尺寸的手表。将手表放在支架上，然后根据需要调整塑料组件以将其轻轻地固定到位，同时表盘面应朝上。这里需要注意的有两点，一是表冠的位置应该在最外侧的金属支架处，因那个地方是麦克风，只有手表最突出的表冠与之直接接触，才能将手表中的"滴答"声传递给测表仪；二是因为这个地方是金属材质，所以放取手表时应当小心勿划伤手表。

第三步，调整设置。一般校表仪将自动获取其读数，但对于 Lift Angle 升角需要自我设置，按照不同品牌不同机芯的技术参数设置。之后就是等待着一个方位一个方位的测试下去了，当然每一个方位的测试时间需要等待 20 秒以上，这样才能获得稳定的读数，最后综合判断手表的走时状态是否正常还是需要做调校与维修保养。

对于进口的机械表测试仪器显示屏上看到的数字与设备顶部的标签对齐做一下介绍，分别为 Rate，Amplitude，Beat Error。理想情况下，Rate 也就是日差，每天将落在 +/-7 秒内。这意味着您的手表每天向前或向后误差不超过 7 秒。如果在 +/-20 秒以内，还能接受。显然，最好将其设置为 0 或尽可能接近 0。Amplitude，就是摆幅的意思，面上面下的摆幅的良好读数将介于 270 和 310 之间。如果介于 250～270 度之间，则可以，但并不理想。立面的摆幅则可以下降 20～30 度。如果获得的读数超出这些范围，那意味着什么？可能意味着手表需要上弦，或者是机芯保养的时候到了，所以我们的名表鉴定检测是检测满链状态下的几个方位差下的摆幅及走时等情况数据，但对于维修师来说，可以通过测试 T24 小时后也就是半条状态下的摆幅与走时情况，以判断及调校等时性的问题。Beat Error 也被称为偏振，这个数字越接近 0 就表明越好的读数。如果您看到 0.5 毫秒（ms）或更短的时间，则表示状况良好。如果不超过 0.8 毫秒，那还不算太差。但是，如果获得的读数高于 0.8 毫秒，那手表就有问题了，需要调整偏振了。

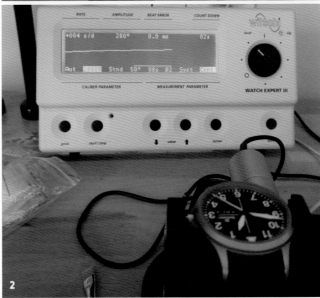

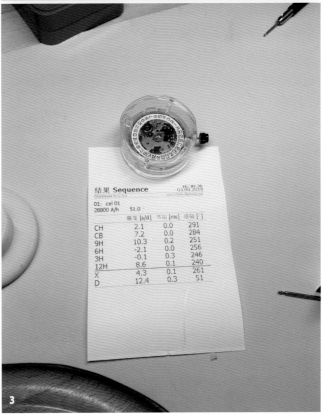

1 立面，9 点朝上
2 面上
3 一枚维修好的机芯的六方位检测数据

三、原装度的判断

原装度的判断其实在第二步的细节观察中就可以做出判断了，当然对于初学者来说，我们可以将其作为第三步来操作。所谓的原装度，指的是表壳、表盘、指针、后盖、表冠、机芯、表镜，以及表带（链带）、表扣等均符合原厂标准工艺。这就需要对以上每一个部件做相关鉴定点的细节观察才能做出判断。

原装度与真伪之间，其实是一个包含的关系，整表全部为原装的，这表直接定义为真；而定义为真的不一定全部为原装。所以有时原装度可以不用真正达到100%，但对于关键的几个部件——表壳、表盘、指针、机芯、后盖、表扣、链带必须是原装，才能判定为真。而对于表镜、表冠、非金属表带等对于整表价值影响没有那么大的部件如果是非原装，只要在鉴定中明确指出就可以了。

二手表可能非常普遍的使用非原厂部件，尤其外观件，如镜面、指针等，实用功能正常，对价值很有影响，对于这些零部件的鉴别需要足够的经验，对原厂部件细节有广泛的接触和了解，善于寻找共性，还需要借助高倍放大镜等基本设备。部分商家出于利益考量，人为的改动也大量存在，如后加钻，自制贵金属带等，借以提升"价值"。这样的钟表，品牌售后是拒绝提供服务的。

对于劳力士，市场上的仿品极多，除了真伪的问题之外，原装度问题也特别突出，其中对于是否对期也是判定原装度的一个鉴定点。回溯1987年以前，当时的劳力士其出现在6点位（对应的表耳内侧）的编码是由数字组成的，之后逐渐的沿用字母+数字的组合方式，每年，劳力士的开头字母都会发生变化。时至2003年，在之前生产的手表，只有通过拆开表带后才能看到表耳内侧之间的一段编码，当时12点位的编码代表手表型号；6点位的编码则代表流水号。之后生产的手表，逐渐的取消了表耳内侧之间6点位的流水号，并将其逐渐转移至表镜之下的内侧圈圈，至此，无须在取下手表表带的情况下就能够清晰地看见手表的流水号及生产年份（手表型号还是必须通过拆开12点位对应的表带才能看到）。时至2010年，年初时生产的劳力士手表就逐渐沿用"混码"，直至当年6月份"G字头"问世，才被停用。2010年之后，"混码"被继续使用，自此以后，大家就难以通过编号查询到劳力士的出厂年份了。

1 后盖螺丝中的非原装

2 黄金 Ref.6611，1954年制作 Cal.1055 机芯

3 白金 Ref.1802，约1969年制作，Cal.1556 机芯

4 劳力士独立编码

5 劳力士型号

1

2

四、品相成色

手表鉴定的第四步，品相成色是关乎一枚二手名表的价值，也就是价格的评估。所以品相成色的鉴别也相当重要，并不只是得出了前面的真伪与原装度后，就可以马马虎虎给出定价。通过细节处的观察来判断表盘、表针是否有划痕，瑕疵或是翻新过？表壳的划痕、凹损、磕伤等是否轻微或是严重否？机芯是否有瑕疵，夹板划痕，不正规维修后遗留下来的痕迹；还有表外圈损伤、划痕、瑕疵等，表链的松懈等。这些均要观察仔细并做出正确的判断。

（一）原始品相及成色

原始品相顾名思义，是指保持产品原貌，有原装的一切特征，虽然使用过但仍然是原始产品，没有开过后盖及维修。成色，又名品相，手表除了品牌和市场价格外，成色是相当重要的参考依据。完全同样的一枚表，可以有巨大的差价，其根本原因在于成色的差异。

成色对于买家来说，成色描述至关重要。通常卖方都会极力描述或推荐所售的表成色较好，或者 9 成，或者 95 成等。名表鉴定应尽量保持客观公正，描述物品的瑕疵，缺点。因此，不赞成所谓的几几成色的表述，而是尽量将细节部分细致周全的检验并向买方陈述，尽量获得该表的

全部成色细节。通常需要向买方提供具体表况：是否有过打磨；打磨的程度是否有硬伤（指无法经过处理、打磨消除的凹坑及痕迹）；是否有磕痕（指有较浅的凹坑，其程度不及硬伤，可经过处理、打磨后基本消除）；是否有划伤（指线形划痕，其程度不及磕痕但高于普遍使用痕迹，可以经过处理打磨后消除）；使用痕迹（指没有明显的划痕，但有细密的佩带和使用痕迹，可经过轻微处理即可消除）。

因此，对成色而言可定义为 7 个层次：全新（无任何以上描述的痕迹，按不同品牌该有原厂贴膜的必须存在）；近新（已无贴膜，仅有轻微使用痕迹）；较新（无贴膜，有使用痕迹）；尚可（有使用痕迹及较少的划痕）；一般（有划痕和磕碰痕迹）；旧（有硬伤和磕碰痕迹，划痕明显）；较旧（有打磨痕迹和修复痕迹）。

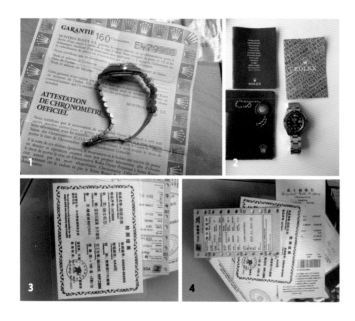

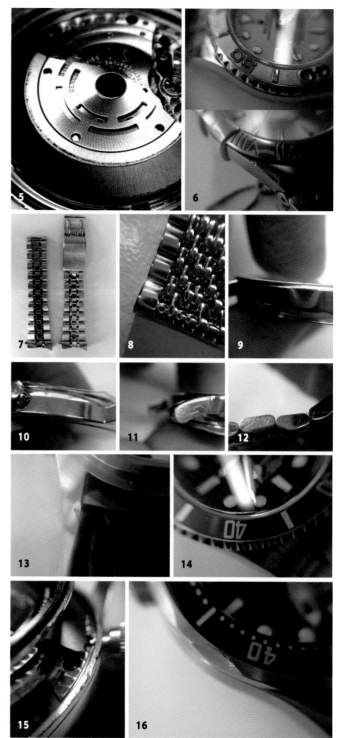

1　劳力士纸质保卡

2　说明书、吊牌等

3、4　这种很齐全的 POS 单、检测报告都有的要小心了

5　机芯自动陀擦碰后盖形成磨损痕迹

6　一般，旧

7　全新或近新的链带

8、9　近新

10 ~ 12　较新，尚可

13　表耳凹损严重

14　表镜凹损，外圈划痕

15　撬底盖的撬口处伤痕严重

16　外圈凹损

（二）打磨翻新表

很多朋友对打磨犹如洪水猛兽，殊不知任何一个原厂的表都是经过打磨抛光工序的，而对于二手表来说是司空见惯的。随着时间的流逝，大家经历越来越丰富。我们发现，二手表，外观被打磨的情况基本上都存在。那么打磨到底影响不影响价值？是如何影响价值的？

可以肯定地说打磨对价值是有一定的影响的。但是，打磨也是分不同的级别的。比如翻新，这是比较复杂的工艺。如将一枚使用了若干年的表进行打磨翻新，那么无论如何都是有破绽的，会影响价值。

（三）钟表附件的鉴定

通常喜欢腕表的朋友都知道全新表和二手表的区别，除了被使用和未被使用之外，最明显的就是手表带有的附件不一样。同时很多"大全套"的二手表比二手单表的价格高出不少。首先我们先来看看一般全新腕表出厂时候会带有什么附件，表盒的做工也体现了名表的价值，高级腕表的表盒十分考究，证书上也会印有腕表的型号和独一无二的出产序列号，我们称它为"出生纸"。有的证书上会有针孔打眼技术将腕表的号码打在证书上，以防假冒。

根据不同品牌的级别，一般可以分为四个等级：低档次、杂一些的手表品牌，手表附件一般包含说明书、小枕头、盒子、纸套等；中端档次知名手表品牌，手表附件一般包含盒子或者表桶、说明书、保修卡（卡上有手表型号）、店售日期等；中高端档次知名手表品牌，手表附件除了以上的东西以外，还会有独立的流水序列号，比如在斯沃琪腕表品牌里，浪琴以下的品牌（天梭没有）无独立流水序列号，而浪琴以上的品牌（浪琴、欧米茄、宝玑、宝珀等）都有独立的流水序列号；顶级的手表品牌，手表附件一般包含表的盒子、保修卡（形式大致三种：卡片形式，纸张形式，也有些无卡无纸，而序列号会登记一个小册子上）、手表的说明书、厂家附赠资料等，其中保修卡记录一般包含厂家名、手表型号、流水序列号也称独立编码、店面销售记录凭证等。

总之，钟表的主要附件包括保卡、表盒、吊牌或销售凭证。

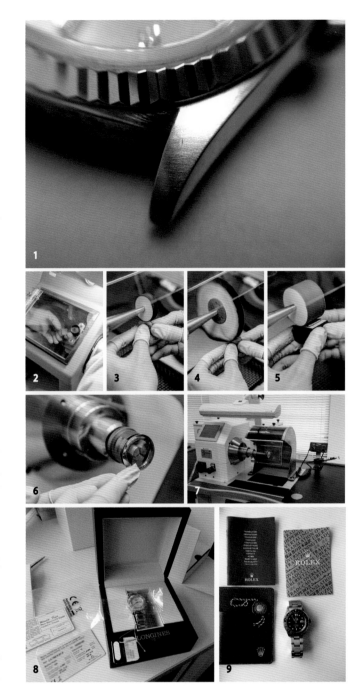

1　表耳处的翻新打磨最能体现技艺的好坏
2～7　打磨翻新
8、9　手表及附件

1. 保卡或证书

对于二手手表，尤其是二手名表来说，有没有保卡是权衡回收价格的重要指标之一。

什么是保卡？形象点说就相当于手表的身份证或者是户口簿，上面记载着手表的授权代理商与出厂独立编码，可以享受服务专柜的保修。此外，有的手表附件中不是以卡的形式存在，而是一张出生纸。有保卡就意味着可以享受保修，作为二手手表来说，质量的好坏是大家最先考量的问题。有保卡就意味着手表的来路明确，不用担心是不是黑货，以免将来造成不必要的损失。

对于高端手表，手表的"出生纸"就是防伪纸，根据手表唯一的序列号，对应会有一个单子，上面记录各种手表的信息，如编号、腕表型号、购买日期、经销商名称、腕表生产年份、腕表序列号信息等。如果这个腕表属于纯手工的，很有可能还会备注制作人的号码信息。目前，这个"出生纸"大多改成和银行卡差不多大小的卡片，与珠宝鉴定证书的作用有那么一点相似。

如果古董手表保存完好，附有证书、维修证书等，应好好鉴别这些文件。虽然这些证书本身没有多大价值，但这些附件却直接影响到整只古董手表的定价，同样关系到手表的价值完整程度。如果说手表的编号是手表的身份证，那这些东西就相当于手表的出生证。拿到手表的出生证相关材料后，要仔细检查确保没有漏洞。

此外，保修的时候也要用到出生纸，在所有附件里，保修卡（出生纸）第一重要，也是最值钱。它代表这个手表是不是在保修范围，如果在保修范围，可以免费送去官方维修，而超出保修年限的二手表，价值会低一点。对于保卡保修时长的问题，国际主流的保修期时间为 2 年。近些年来，为了提高竞争力，各个钟表品牌纷纷延长产品保修期。例如，劳力士从 2015 年 7 月 1 日开始，延长其手表的保修期至 5 年；雅典自 2017 年 1 月开始将延长机械腕表保修期到 5 年；欧米茄品牌旗下全系列腕表则从 2018 年 11 月 2 日起，其保修服务延长至 5 年；帝舵腕表自 2020 年 1 月 1 日起，官方保修期从 2 年延长到 5 年，同时，对于之前销售出的帝舵，品牌也提供免费的保修回溯期，2018 年 7 月 1 日至 2019 年 12 月 31 日期间购买的帝舵，可以享受 3 年半的保修期；沛纳海自 2019 年 11 月 26 日起将提供延保服务，官方保修时间从原来的 2 年提高到 8 年。同时享有 2 年的回溯期，也就是说 2017 年 11 月 26 号以后购买

的沛纳海都可以在官网注册延保；卡地亚自 2019 年 11 月 12 日起，购买卡地亚并在官网注册并加入卡地亚 Care 计划，即可将钟表保修期免费延至 8 年；万国、沛纳海、积家等也同样增加到 8 年，其中爱彼也推出过类似的 8 年质保，爱彼标准官方保修时间是 2 年，但只要你第一年在爱彼官网注册，就可以获得额外 3 年的保修，变成 5 年；在北京 SKP、北京王府井、上海南京西路专柜买的国行爱彼，还可以获得单独的"精品店贵宾专享服务"，将保修服务延长到 8 年，当然，如果你是在海外购买的爱彼，就只能延长到 5 年。

2. 补办保卡或证书

一般来说，购买名表的同时都会附带有相关的证书或保卡，用以证明表款身份及作为售后维修保养等的凭证，同时也是二手表交易中一个不可或缺的物件。有保卡或证书则相应地辅助证明这一枚手表的身份及年代等信息，特别对于在保修范围内的名表更为重要，所以有保卡或是证书的二手名表相应地估值也会更高些，这也算是一枚二手名表的"成色品相"。保留保卡很重要，没有了保卡原则上

1 ~ 4　卡地亚保卡
5、6　卡地亚老款保卡

将无法享受品牌的全球联保服务。如若不幸丢失，有部分的品牌是可以补办的，同时部分品牌还会给予古董表的相关证书的证明等。大部分的保卡或证书仅此一份不可补办，但有些却是可以补办的，有收费也有免费。

朗格（LANGE & SÖHNE）提供手表的正反面，以及表壳及机芯编号照片，品牌将会提供一个"特别证书"，该证书会写明信息基于所提供的照片。若需要完整证书，需将表款寄回德国格拉苏蒂进行检测。"特别证书"费用：现代表与古董表均为 100 欧元 + 税费 + 运费。

爱彼（AUDEMARS PIGUET）品牌可提供信息查询服务，并提供一个类似查询信息的证书，与原版证书不同。费用：现代表与古董表均为 1 900 元左右（具体价格以实际查询后为准）

宝珀（BLANCPAIN）无需补办保卡，可凭借购买凭证及表身编号进行养护和维修。若需正品证明，瑞士总部可免费出具。

宝玑（BREGUET）保卡及证书所需费用根据具体情况决定。

百年灵（BREITLING）补办完整一套证书 + 保卡 + 说明书，需提供购买凭证，发往瑞士总部，费用 1 200 元。

香奈儿（CHANEL）无需补办保卡，国内购买可凭借消费记录及表壳编号进行售后服务。非国内购买，无法提供。

格拉苏蒂原创（GLASHÜTTE ORIGINAL）凭借消费记录可补办保卡或证书，不收取任何费用。

万国（IWC）无需补办保卡，国内购买可凭借消费记录查询，进行售后服务。古董表没有鉴定业务。

积家（JAEGER–LECOULTRE）无需补办保卡，国内购买可凭借消费记录及表壳编号进行售后服务。补办限量版证书，不收取任何费用。20 年以上古董表补办证书，费用 2 020 元。

雅克德罗（JAQUET DROZ）保卡遗失无法补办。

欧米茄（OMEGA）保卡补办：针对现代表，国内购买的表款，前往所购买的店铺申请补办保卡，费用 370 元；国外购买的表款，国内店铺无法补办。古董表官方认证：针对古董表开通官方认证，国内仅有和平饭店可办理，出具鉴定证书，不做保修使用（非保卡），费用 6 500 元。

百达翡丽（PATEK PHILIPPE）表款第一次出售时的那张叫做证书，若遗失可开具"档案资料"，用以证明

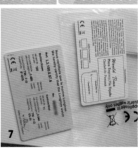

1 IWC 保卡
2 宝玑保卡
3 帝舵保卡
4 积家保卡
5 江诗丹顿保卡
6 浪琴保卡
7 浪琴保卡及钻石保卡

这是百达翡丽的产品。费用：现代表与古董表均为人民币1 250元。

伯爵（PIAGET） 理论上不可补办。

RICHARD MILLE 亚洲地区购买，补办不收取任何费用；非亚洲地区购买，费用3 000元。

罗杰杜彼（ROGER DUBUIS） 补办保卡需提供购买地，没有明确收费标准。

江诗丹顿（VACHERON CONSTANTIN） 无论现代表还是古董表，证书分两种。一是档案摘录，把手表送到江诗丹顿之家，拍照发往瑞士总部，品牌会出具一张证书，证明江诗丹顿是否出过这款表，但不能认证是否就是这一只，费用1 230元。二是将手表送往总部做真伪鉴定后出具证书（仅限国内购买的表款），费用6 900元。另外，经江诗丹顿修复过的古董表，从2019年开始出具有区块链电子证书。

3. 鉴定保卡或证书

保卡、证书也存在真假卡的问题，手表都能仿制，更不用说保卡证书了，当然也包括之后讲到的表盒、吊牌等。因此，如何鉴定这些附件，也是名表鉴定中的一环，缺一不可。例如，劳力士的保卡、证书，从"出生纸"到"磁条保卡"，再到现在的"芯片保卡"，劳力士的防伪技术越来越高。

对于老款的磁条保卡，有两种方法鉴定：一是使用验钞的紫外线灯照射劳力士保卡的左上角，会出现带有劳力士商标的"电脑面"图案，紫外线灯关闭，图案即可消失。二是劳力士保卡型号、唯一编码附近有3根绿线，这些绿线并不是"实心线"，用放大镜观察发现是用微缩英文字母"Rolex Guarantee"构成。

劳力士的新款保卡取消了原始出售国家、地区编码和经销商具体名称。比如中国大陆地区出售的劳力士保卡上会标注有"838"。这一改变对于中国大陆的劳力士市场会有非常显著的影响。劳力士是全球联保，长期以来，国行售出的劳力士在二级市场上的价格和流通性都比非国行的好一些。以后除非有发票，不然很难辨认是否为真国行。老款的保卡是磁条卡，而新保卡更换为芯片卡。芯片卡必须要通过与读写设备间特有的双向密钥认证，其安全性比老款的劳力士磁条卡高。劳力士新款保卡的防伪点：一是和老款的保卡一样，当我们用紫外线灯照射的时候，其会出现劳力士电脑盘面的纹路。二也是本次更新的重点，保

1、2 珍稀皮质表带证明书

3 欧米茄保卡

4 欧米茄的保卡，有保修卡，天文台认证卡等，也等同于劳力士的绿吊牌一样

5 百达翡丽证书

6 百达翡丽后补证书

卡上面的型号和表款唯一编码在紫外线灯的照射下会出现荧光，而老款的保卡是电子喷墨，不会发出荧光。之前有不法分子用特殊方法涂改型号和唯一编码，新款保卡防伪点革新以后，造假难度提升。

百达翡丽保卡，它是一张 A4 大小的纸，并不雷同于劳力士、欧米茄等卡片式，江诗丹顿、卡地亚等的护照款式。上面会记录该款腕表的型号、机芯编号、表壳编号、售出经销商、售出日期、购买人等信息。百达翡丽的保修卡在出厂时随表制作，因此也被称为"出生纸"。百达翡丽官方资料库里面记录自 1839 年品牌成立至今的表款信息。任何表龄超过 5 年的手表，提供手表资料，然后付款申请，就能获得"后补证书"。这张证书包括手表型号、款式、生产时间、出售时间，以及特殊备注等。虽然百达翡丽提供"后补证书"的服务，但对于某些特定表款，"出生纸"更为重要，价值更大。同样一块百达翡丽，有没有"出生纸"，其在二级市场上的差价甚至有 10 万人民币，所以国内也出现过很多伪造的百达翡丽"出生纸"，需要引起大家的注意。提供相关的正品证书照片，可作为对比参照物。

4. 表盒与吊牌

不同品牌的表盒有好看难看之分，做工也会有所不同，但从市场上看到的那么多品牌搭配的表盒，最好的应该是百达翡丽，劳力士，欧米茄等品牌，当然也有不少品牌的某些表款搭配的表盒很特别。这些表盒在二级市场上可以交易，便宜的三四百，贵的几千或是上万。相比单表，大全套（保卡、表盒、吊牌等附件与手表齐全）在估价上会高出很多，因此也就有了仿品的存在。其实，表盒的鉴定比手表、保卡更简单一些，主要的观察点在于表盒的角角落落细节之处，如纸质表盒的平整度，胶水黏合处以及木制或是皮质表盒的味道，使用到的五金件等，还是能看出些端倪。

对于古董表盒，除了真伪的鉴别外，还具有很高的收藏价值，特别是百达翡丽等品牌的表盒，可谓妙趣横生，收藏的趣味一点都不亚于手表本身——古董表常有而古董表盒不常有。

手表不一定会有吊牌，但之所以提及吊牌这一附件，关键在于劳力士有一个特别的吊牌存在。劳力士此举充分体现了其对自身出品、品质的信心，也彰显了一个百年大牌的责任感及风度。目前劳力士的吊牌为绿色吊牌，在2015 年 7 月 1 日之前为红色吊牌，代表的不仅仅是经过天

1、2 江诗丹顿基于区块链技术的数字认证证书

3、4 劳力士保卡

5、6 劳力士保卡与售后维修凭证

文台认证，而是逾越了日内瓦天文台认证的标准，再一次证明了劳力士腕表的高精度、高权威性。

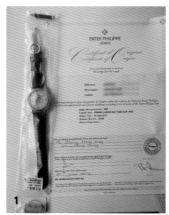

五、走时状态

走时状态的判断需要借助到机械表测试仪器，通过测试相关的摆幅、走时快慢，偏振等数据做出判断，如走时状态有问题，则需在估值中相应地去除维修保养的费用，不然会直接影响到之后的佩戴与销售的售后问题，这一点相当重要。因此，名表鉴定不光只是鉴定真伪那么简单。

如何去理性判断一枚手表的走时好坏呢？实际上是有标准的。如某些天文台认证的表款，所谓天文台认证我们简化一下就是几个方位的日差要求在 +6/−4 秒之间，那么具备天文台标准的表就应该在这个走时范围之内。当然，也有更高的，如劳力士超级天文台的 +2/−2 秒，欧米茄至臻天文台0/+5 秒的标准。这些都是品牌对自身的要求，大家是可以参考的。

当然，对于没有天文台标准的表，我们倒不必过于苛刻。实际上不少高端表、顶级表的走时标准远要超过天文台。印象中朗格、PP、VC 等表都是非常准确的，每日的误差也相当小，不过我们玩家还是很宽容地给了它们更低的要求，一般而言，我们只是要求每日误差在 10 秒内就很满足了，同样我们也不要过高的要求中低端表的走时，偶尔会遇到表友吹毛求疵一回。对一枚普通的机械表来说，误差 15 秒实际上都是可以接受的，甚至于天文台表，误差比标准超过个两三秒是完全可以接受的。当然这并不代表应该对走时放低要求，而在于调整表友对走时的心态。只要走时稳定，方位差不大，摆幅偏振达标，那么每日的误差不需要那么刻意。要知道一枚机械表每日都会产生误差，只要不因为其差几秒而耽误办事是完全可以接受的。

1 百达翡丽保卡证书，未剪袋款

2 百达翡丽保卡证书

3 百达翡丽补证证书

4 百达翡丽表盒

5 劳力士表盒

6 ~ 8 劳力士吊牌

六、功能故障鉴别

手表的各项功能，包括拨针状态，是否正常顺畅，有无针差，针差严重否？日历跳动是否正确？上链是否正常？如涉及计时、万年历、三问等功能均要按照要求进行调校测试，以防止这些功能有问题，这将涉及是否需要进行后期的维修保养，会直接影响到一枚名表的最后估值。

（一）简单功能

上链：用耳朵和手感感觉上链是否顺畅，上链时用手感觉是否很紧，是否有卡住的感觉。

检查日历部分：日历快拨是否正常，日历回拨是否正常，月相是否正常，星期是否正常。

调整时间：看时针和分针在 6 点钟是否为一直线，零点时日历是否跳转，调整时间时是否顺畅。

（二）其他功能

调试手表功能是否正常，除部分万年历为避免调过可以不调试外（需在报告里注明），其余手表功能必须调试，如功能有异常，需写进鉴定报告中。

指针调试是否正常，是否有针差现象。"时针、分针"对不齐，当时针位于整点刻度，分针前后偏差 5 分钟属于合格、4 分钟属于良好、3 分钟属于优秀。当然在实际的判别中，当时针位于整点刻度，分针的偏差越小越好。

具有快拨功能的日历，快拨日历功能是否正常，调试指针过 12 点时日历跳动是否正常。大视窗日历必须调试完整，观察十位数换历是否正常。

星期：检测方法同日历。

计时：检测计时功能开始、暂停、归零是否正常。

能量显示：检测手表满链时能量显示位置是否正常。

年历及万年历：对于年历及部分可调式的万年历，需调试其功能是否正常，这其中包括指针快拨及日历快拨调试，年历表日历及星期必须要区分大小月，万年历除大小月外必须区分闰年及非闰年。

潜水外圈：必须检测潜水外圈转动是否正常，目前现代款大部分的潜水外圈只能逆时针单向旋转。

1、2　石英表测试仪：Q-Test 6000（上）Q1（下）

如有条件，最好对手表的防水性也做出判断，可使用气压防水测试仪器，而对于防水性能的判断也可以通过细节观察表镜的尼龙防水圈有无裂痕，后盖圈是否老化，手表有无进水的迹象等来做出一定的判断，对于手表防水不好的手表，后续的维修保养也是相当昂贵的，还会对之后的售后问题产生严重的影响。

七、价值评估

根据不同品牌在市场上的流通性，受欢迎程度，并参考国际拍卖市场上的某些拍卖价格以及其他估价的几种方式，结合在判真后的这几步——原装度、品相成色，走时状态与功能好坏等的操作确认后，给出一个合理的价值评估。

表盘部位出现瑕疵划痕等情况，对品相影响很大，也就是对整个手表的影响很大，需要考虑后期修复及更换表盘的费用，对于古董表而言，则直接价值大打折扣了。指针部位出现瑕疵与划痕损伤等，也一样需要维修或是更换，这两个部位是手表评估价值时最为直观的地方。

而对于机芯，机芯的评估分为故障与损伤两类，故障等可只需考虑后期的维修费用，所以对于故障的判断也需要有一定的基础知识，虽然我们不是一名手表维修师。而面对机芯损伤与划痕以及锈蚀严重等问题就会对整个手表的价值评估影响非常大，考虑后续更换整个机芯，或是这枚手表就直接报废。

外观件的划痕等损伤，不严重的可以通过后续的打磨进行处理，或是直接忽视，毕竟二手表出现一些使用痕迹是很正常的事儿，不必太过在意，只需经品相成色分级处理价值的评估，对于通过不标准的打磨翻新造成的损伤，可能会导致不可逆的外观件问题，那么这也将严重影响到整个手表的价值。

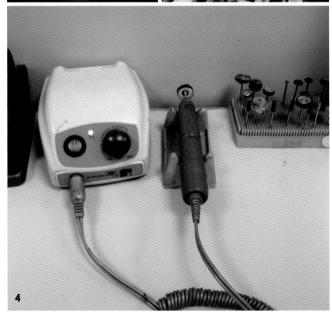

1 表盘、指针斑点严重，虽然是古董表范畴也需要评估品相
2 表盘边缘生锈
3 机芯边缘夹板被磨损
4 小抛轮的打磨工具

名表鉴定工具、开盖与拍摄技巧

一、鉴定工具——放大镜

手表鉴定时，我们需要对手表的细节进行观察，所以需要用到具有放大效果的工具——鉴定专用放大镜。这个放大镜一般是用于珠宝首饰方面，是非常专业的观察鉴定工具，放大倍数为 10 倍，运用于手表鉴定中非常适合，是每一位鉴定师必不可少的必备工具。

如何正确使用这个鉴定专用放大镜是每一名手表鉴定师的一个基本素质。使用方法如下：一只手手持鉴定专用放大镜，置于并贴近我们的一只眼睛处，左右眼均可，就看你是不是左撇子了，方便就行。而另一只手托住需要鉴定的手表于掌心，并用大拇指压住手表，以防在鉴定中手表从手中意外滑落，慢慢地靠近鉴定专用放大镜，直到清晰地观察到目标物。这种鉴定专用放大镜，也被称之为寸镜，因为是 10 倍的放大效果，所以放大镜与被观察目标物间的焦距其实很短，也大概是一到二指之间，需要凑的很近。放大镜也应该是尽量贴近我们的眼睛，以获得最大的观察视域。

刚开始时，需要使用放大镜做鉴定观察时，一只眼睁着一只眼闭着，初学者使用不习惯，可以慢慢地适应，闭着的眼睛逐步睁开，直到保证使用放大镜做细节观察时，两只眼睛都是睁开的，这么做的原因在于，一只眼睁着一只眼闭着去使用放大镜，不出 15 秒，就会出现流泪等不适出现。慢慢练习与适应后，两只眼睛都睁开的情况下，视觉的注意力会自然而然地聚焦在使用放大镜的眼睛之下了。

介绍完手表鉴定专用放大镜后，我们接下来介绍一下手表维修师使用的目镜 Loup，之所以介绍一下目镜，除了作者本人是钟表师出身之外，目镜是我们学习手表鉴定的过程中的必备之物，通过拆解一枚机械表机芯，直观地了解机械表的运作原理与相关的机芯鉴定点知识等。当然还有一点在于，目镜还是收藏的品类之一，作者本人就收藏有很多各个品牌制作的目镜，相当不错，有兴趣的读者可以收藏。

目镜的第一个用法可以随意地搁在眼窝，双眼自然张开，神态自若，双手负责摆弄手表即可。这是制表师的基本功，确实需要锻炼，让肌肉放松但意识集中，久而久之，眼窝会听话，眼睛只管享受。当然，若是长期使用，制表师也有专业的卡头式目镜，一根钢丝绕着目镜构成一个圈，套在头上，无需眼窝发力，眼睛不会累。

这里我们将 20 多枚不同品牌的目镜，按照材质、设计、标识三个维度分门别类，无意做任何对比，仅提供一种观察的脉络，领略它们的细微个性。

（一）材质结构

先科普下目镜的结构，长裙一样的镜筒一体成型，镜圈采用旋入式或按压式以加固镜面。若用手表来解构，目镜的镜筒、镜圈和镜面分别对应表壳、表圈和表盘，只是没有机芯。

镜面材质统一，不像表盘那么有面儿。镜筒和镜圈在材质与结构上的巧思变化，绝对是一枚品牌目镜的精华。品牌目镜不仅是镜筒上刻 Logo，木质、金属、橡胶等材质相比单调的塑料，更加有血有肉有灵魂。

　　木质的文雅、金属的硬朗、橡胶的前卫，这或许一望即知的性格差异。再往下细究，每一个材质品类，更有多样而细微的个性。镜圈或木质或金属，亦或圆润或笔直，傲娇爽利，各有韵味。

　　木质目镜的镜筒，选用不同纹理和色调，气质便有清淡浓郁之分，木质目镜镜筒木材结实、镜圈采用不锈钢甚至镀金款，看得出贵气，掂得出品质。金属目镜的材质多以铝合金制作，颜色丰富，质感冷冽，专业感很强，镜圈也有纹路镂刻、反差色调、特异造型，时尚、前卫、趣味各有不同。橡胶目镜的镜筒相对单调，黑色橡胶，整体运动感十足。但铝合金的镜圈很有看头，身形扁薄而带槽尺纹路，直接复刻了经典表圈的设计。

（二）特别设计

　　目镜的特别设计，跟手表也大致相似：①尺寸与造型不拘一格；②附带特别包装；③颠覆传统的异形。

　　先看第一类，NOMOS 的目镜口径更大，并且偏矮偏胖，加上浅色竖纹木，略萌略文艺。帕玛强尼的镜筒有明显的腰线，虽然个头大，但看的出身材更凹凸有致。欧米茄的目镜，特点在镜圈，照搬海马的潜水表圈，品牌感十足，市面上还有欧记其他系列的同款镜圈。

　　第二类是朗格的目镜，专配了一个木质小盒，都是黑色的木材，纹理松而浅略写意，很有仪式感。

　　第三类是罗杰杜彼的目镜，已经没有传统的目镜结构，是一颗金属水滴，折叠开合，打开是一个 12 倍放大倍数的镜面（常用的倍数为 3 ~ 5 倍），另暗藏一个小灯，开关控制，相当科幻也相当专业，是珠宝名表鉴定用的必备之物。

（三）实用标识

　　目镜的实用标识，主要分两块。

1. 开孔设计

　　目镜佩戴时罩着眼睛，容易有雾气，开孔就像开窗散水汽。开孔主要在金属、塑料和橡胶目镜上，金属和塑料目镜多采用小孔，橡胶目镜则更酷一些，撕开两条鲨鱼鳃一般的弧线。木质目镜一般不做开孔，毕竟没有人会戴木质目镜长期工作。

1 ~ 10　各式各样的目镜

2. 放大倍数标记

目镜是一种短焦距的放大镜，只适合放大观察距离镜面约 3.3 厘米（1 寸）远的物体，而放大倍数从 2.5 到 12 倍不等，最常见的是 3～5 倍根据制表师的操作需求而切换。有一些品牌目镜，会在镜筒上镌刻该目镜的放大倍数，也是一种专业的小小仪式感。

目镜终究是工具，其放大辨析的作用，其发现的美和新世界，终究需要投之以关注，投之以单纯的、好奇的关注。当你用心看，一切才会越清晰，名表鉴定也不例外，当你用心看，用心学，成为这一领域的佼佼者指日可待，这个行业其实没有真正的大师与专家，大师只有在逝去后才会有此殊荣，这一点你看清楚了吗？

最后，还需要讲的一点是，名表鉴定时选用的放大镜的倍数最好不要超过 10 倍，在名表鉴定过程中也不需要使用到显微镜。第一倍数过高，使用时间一长，你的眼睛将会适应这样的一个高倍数环境，过一段时间后，再回到低倍数的放大镜环境下，你将什么都看不清楚了，也就是说你的眼睛已经坏掉了。所以我在培训制表师与维修师时要求他们也只使用 3 倍或是 5 倍的，偶尔使用一下 10 倍的，因为眼睛是修表师傅与制表师傅除了能工巧手之外的第二法宝，保护好眼睛很重要。这一点要切记切记。

第二个原因是如果使用了显微镜这样的高倍数的放大镜去鉴定名表，那么可以很明确地告诉大家，很有可能大部分的正品也将被判定为假，所有名表鉴定的鉴定要点都失去了意义。当然制表师维修师或是名表鉴定教学所使用到显微镜，也是偶尔为之。

二、开盖方式及工具

表底盖的嵌入方式有 3 种，撬盖、旋入式和螺丝后盖，所以我们对每一种表底盖的开盖方式以及所用到的工具及使用方法做分开介绍。

开盖对于手表鉴定来说是必不可少的，有人说到手表开盖了会不会影响到价值与价格，其实只要方式方法得当，任何开盖都不会影响到手表的价值与价格。当然也有人说鉴定开盖说明你鉴定的水平不行，这一点就是一种传说了，而之所以会有这种传说的流传，其实就是有些大师的造神

1～3 开盖前拆解表带、链带节的工具

论，或许对于很假的假表而言不开盖是没有问题的，但对于现在的市场环境而言，不开盖鉴定真伪是完全不可能了，当然对于透底的可以做到不开盖，或者是在外观件为真以及保卡表盒等附件齐全并刚刚销售出来的表，可以不开盖做鉴定，除此之外都需要开盖。很多大师级的人物，不开盖做鉴定，吃的药、翻的船你是不会知道的……

对于有些客户强烈要求不能开盖，那么就另当别论，毕竟顾客上帝……还有早些年带有宫砂痣的表款，如欧米茄等，先前未作开盖处理，那么就无需开盖了。而这个宫砂痣虽然现在品牌们已经不再使用，但不乏是个好方法，故而作者曾经也将这一技术推荐给国内某知名二手表商平台去使用，效果不错，从业者也可以借鉴一番。

无论对于撬盖、旋入式和螺丝后盖在开盖前都需要使用到一个物件，那就是刷子，刷去藏于后盖角角落落的尘埃，就如同医生给你动刀，打针之前的局部消毒一样，不能让这尘埃污垢在后盖打开的瞬间带入到机芯中，这一点非常重要，这是无论维修师还是鉴定师都需要注意的操作规范，可惜放眼整个维修市场与名表鉴定市场并没有形成这一规范。如果你去修一枚名表或是去鉴定名表，在开盖前人家没做这一步，你还是赶紧收回手表吧，不专业的操作不可信。

（一）撬盖及工具

撬盖，也可称之为压盖，因为撬开来了总归得关回去——压入，这也是与旋入式、螺丝后盖不一样的地方——开关后盖的两个动作相对。对于影响到无论撬盖、旋入式、螺丝后盖的开关后盖操作的链带（表带），可以通过相应的工具，将链带（表带）与表头分离后进行操作，或是通过卸表节的方式，使链带变成开放式，对于销子式的链带节通过冲子将其展开，对于螺丝式的链带节通过螺丝刀拆解将其链带展开。

不同的品牌与表款撬盖均会有不一样的位置，有在 9 点位置，也有在 6 点位置、12 点位置，也有一些会在其他方位上，根据不同方位的撬盖选择相应的工具。撬盖的工具有很多，可以对应选择。

在开盖之前，先确定一下月牙缺口的位置，并不是后盖的任何位置都可以去撬的，选择好所使用的设备工具后，然后在刀具与后盖撬入点之间垫一张薄膜如自封袋

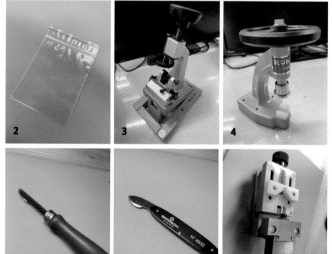
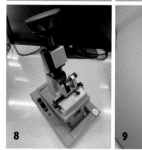

1 宫砂痣

2 撬盖时的保护膜

3 ~ 8 撬盖用工具

9 刷子

等，以防止在撬的过程中划伤或磕碰表壳与后盖，直接影响到品相。

鉴定机芯真伪，机芯状态完成后，就可以关上后盖了。在打开后盖与关上后盖的这一个过程中，我们的手均不能接触机芯的任何地方，将手表放在表垫上，表垫平放于桌子上，直接用眼及鉴定用放大镜去观察机芯的鉴定点。

关后盖，所要选择的工具必须适合，既要考虑到压合后盖时，后盖处的压合工具的尺寸，也需考虑到表镜处规避表镜凸出位置的空间，选择合适的工具相当重要。同时，在关压后盖时，注意之前防水圈放置的位置，以免关压时破坏了防水圈。当然如果能手动压回去的，就尽量只靠我们的双手压回去，相比较安全性更高。

后盖的图标以及型号，独立编号等刻字信息需要与未开盖前的一致，一般均与正面表盘的方位相一致。

（二）旋入式的鉴定

旋入式，相比较其他两种开盖方式，旋盖式应该是最安全的一种了，对于某些已经在外面开过的后盖，使用一种橡胶气球就可以轻而易举地旋开，观察鉴定完机芯后再用这橡胶气球将其旋转关合即可。当然对于某些自出厂后未被开启的后盖就需要配合专业的旋转工具以及品牌对应的旋盖钥匙一起，旋转开启这个后盖了，关合也是一样，只是旋转方向相反罢了。绝大部分的旋盖顺时针旋转是旋入，逆时针旋转是旋开。

旋入式的后盖再旋入后，后盖的图案与型号，独立编号等刻字信息是不会还原成之前一样的，随机性很强，所以这种后盖方式被点了宫砂痣之后是无法还原的。

（三）螺丝后盖的鉴定

对于螺丝后盖，如果你的螺丝刀技法使用得当，相比较另外两种开盖方式，最为简单了，只需要使用一种工具——螺丝刀。在拧后盖螺丝时，手表应放置在表垫上，切不可直接将表镜与桌面接触，避免硬质表面对表镜的伤害。

这里需要学习的就是螺丝刀与镊子钳的正确使用方式了，手握螺丝刀的方式有点类似于握毛笔，只是螺丝刀没有毛笔那么长，所以，我们的食指的第一节指腹放置于螺

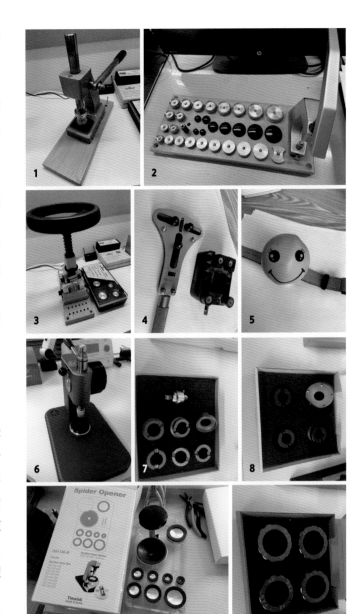

1、2 关合撬盖的工具
3 旋盖工具
4 简易旋盖工具
5 最安全最简易的旋盖软球
6 劳力士压盖与旋盖一体机
7 配合旋盖工具一起使用的钥匙 ——针对部分劳力士品牌手表
8 配合旋盖工具一起使用的钥匙 ——针对部分欧米茄品牌手表
9 配合旋盖工具一起使用的钥匙——软质工具，也相对安全，也可以开启可旋入式的前圈
10 配合旋盖工具一起使用的钥匙——针对部分沛纳海品牌手表

丝刀顶端，中指与大拇指握住下端的三分之一处，转动这两指就可以转动螺丝刀了，无名指微放置于中指下端，以帮助螺丝刀稳固作用。

需要注意的是，在拧螺丝时螺丝刀必须绝对的垂直于螺丝，不可倾斜，一旦倾斜很容易滑出直接伤及后盖或是自己。放在螺丝刀顶端的食指的指腹正确位置是第一节指腹靠后处，接近于第一节指腹与第二节指腹的关节处，切不可置于指尖附近，也会容易造成滑出而划伤表后盖。同时选择正确的螺丝刀也相当重要，螺丝刀有大小之分，所选用的螺丝刀的直径略小于螺丝螺帽槽口的直径，同时螺丝刀的厚度按照螺丝槽口的厚度进行磨制，以配合默契，不然会导致螺丝拧紧后出现槽口边缘塌陷与爆口的问题。

绝大部分的螺丝顺时针旋转是旋入，逆时针旋转是旋开，当旋入螺丝后在最后旋紧之际，食指上的力度稍稍往下用力并旋紧最后半圈，不然螺丝是松的，时间一长很容易松动并掉落。

螺丝底盖盖回去时，后盖的图案与型号，独立编号等刻字信息要与之前方向一致，一般品牌 Logo 或是型号与正面表盘的 Logo 方位相一致。

最后附上镊子的使用方式，中指与拇指捏住镊子三分之一处，镊子尾部穿过虎口，小指与无名指自然弯曲置于镊子下方。夹取零件时用力不需太猛，过猛会直接弹飞螺丝等零件，不断练习掌握其夹取螺丝等零部件的力度，可以考虑初期用筷子夹取玻璃弹珠来做一些练习。

1 螺丝刀刀头厚薄对比
2 表垫
3 不同规格的螺丝刀
4 防水测试仪器
5 螺丝刀的正确使用手法
6 磨螺丝刀的油石
7 镊子的正确使用方法

三、名表鉴定的拍摄技巧

对于名表鉴定中，我们有时需要使用到远程鉴定，以寻求相应机构的帮助；还有的是在做鉴定名表时，留存相关的鉴定照片，那么这些照片该怎么拍摄，拍摄时注意事项等，这些我们将在本节中讲解介绍。

图片鉴定中理想的设备：白色布景的灯箱，拍照型手机或是专业相机，无畸变放大镜与微距镜头，对于没有灯箱的话，使用的夹在手机上的无畸变放大镜可以选用那种自带光源的。

8 夹在手机镜头上的微距放大镜
9 拍摄用灯箱与相机

拍摄技巧

拍照具体要求如下步骤。

1. 正反面整体照片一张

要求清晰正确显示腕表品牌，样式，之后尽量以表盘为主再来一张，要求无明显反光。三针错开，且尽量在停秒的状况下，不要挡住表盘上的 Logo。

2. 表盘 Logo 特写一张

要求清晰正确表盘 Logo，建议配合放大镜。同时希望大家先用放大镜观察后再拍摄，目的是要拍摄如油墨出现气泡，化开等的现象，这样可以更为正确如实地体现出这些情况。表盘如有钻石等镶嵌的拍摄特写。其他处的字体特写。

3. 日历字体特写

要求清晰正确的日历情况，建议配合放大镜。同时希望大家先用放大镜观察后再拍摄，目的是要可以体现日历字体是否正确，日历的油墨是否符合工艺要求，并且同时观察日历框的工艺是否符合要求。

4. 指针特写

要求清晰得显示指针情况：①针轴是否明亮圆润，台面是否平整；②指针两端是否有剪刀针的情况出现；③指针侧面是否有倒角；④如有夜光填充，夜光是否有外溢的情况；⑤如遇有台阶的指针，台阶是否明显。

5. 底盖、表壳、表冠及表扣等处相关刻字及贵金属印记特写

要求清晰正确显示底盖情况，通常二手表经过多次抛光，刻字或者贵金属印迹会变得模糊不清，但是底盖内侧一般不会去特意处理。表壳与外圈如有宝石、钻石镶嵌的，拍摄相关特写。

6. 机芯特写

要求清晰得显示机芯的情况：①多角度露出机芯照片；②观察是否存在贴片的情况；③观察避震器的形态；④观察夹板、自动陀等零件的打磨情况；⑤如遇到"无卡度"注意特别观察并拍摄；⑥机芯型号及编号的特写。

7. 附件如保卡、表盒、吊牌等的拍摄

名表鉴定拍摄中的注意点：①控制好光源，避免反光，选择适当角度；②拍摄过程中避免抖动，正确对焦；③发送图片选择原图发送，避免压缩；④边拍摄边观察，多多练习。

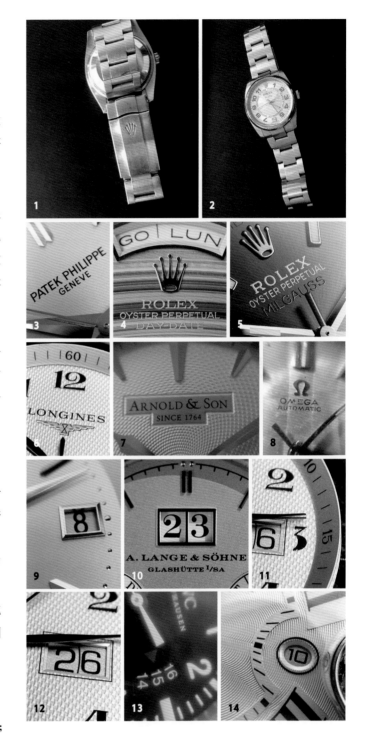

1、2　手表整体外观，正面反面各一张

3 ~ 8　表盘上的品牌 Logo 特写

9 ~ 14　日历特写

1 ～ 8　指针中轴特写

9 ～ 14　指针针尖与夜光特写

15 ～ 19　表扣特写

20 ～ 25　后盖特写

1 表耳间独立编码特写

2 表冠，排氦气阀，按钮等特写

3、4 表冠特写

5 表壳上贵金属印记特写

6 表扣特写

7 链带链接件——螺丝特写

8 外圈，表耳特写

9、10 镶钻部位特写

11 ~ 18 机芯鉴定点特写

年代的鉴别

一、年代的初步判定

根据手表的壳、盘面款式、表冠（调节柄）、链带、镜面材料、调教指针及日历的方式等因素，初步判断手表的年代，种类。每个设计都有其时代特征，如：20世纪30—40年代简单的卡拉卓华样式，以两件套为主；20世纪40—50年代卡拉卓华三件套、装饰艺术开始流行；20世纪60年代清瘦型和蚝式壳型的流行；20世纪70年代鲍鱼型和电视机型的流行等，20世纪70—90年代初的设计多呈现大工业化时代特征，线条粗犷。

手表的外观件变化也很有时代特征。20世纪50—90年代，编织表带一直很流行，成为非金属表带的主力之一种。

20世纪80年代以前，多数品牌使用塑料胶镜，也就是亚克力蒙子，表盘呈拱形。日历的调整方式，也可以帮助我们对手表年代做个大致判断，如只能靠调整指针带动日历的劳力士古董机芯，如依靠"前三后三"拨动指针调整的多数品牌古董机芯，如可以独立调整的现代机芯等。部分品牌，如劳力士，可通过查验壳身序列号，轻松获取大致年代信息，所以部分品牌的序列号资料，是从业人员必须常备的。当然，随着近年复刻款式的流行，一些复刻款也具备古表的外形设计，需要从尺寸、配置等方面把握。

1

1920年产的14K黄金 Art Deco系列长方形女装腕表，极具20年代的艺术风格

2
ELGIN（爱尔琴），制造于1930年代，外罩保护盖，有典型的怀表向手表转型的特征，在当年为军表专程设计

3
LONGINES（浪琴）制于1940年代的计时表

4
WALTHAM（华生）瑞士公司制造于1950年代，题为 Love Your Fellow Man, Lend Him a Helping Hand

5
20世纪60年代制造的第3代Cal.561机芯的星座

6
20世纪70年代制造的金鲍鱼

7
20世纪90年代出品的女款限量版珐琅星座

1 ~ 7   不同年代的手表

二、机芯及表壳编号的查询

多数厂家，尤其品牌影响力较大，产量较大的，厂家会在表身，或机芯上打流水序列号，有阿拉伯数字串号，也有带字母的，甚至个别品牌表壳机芯上都有序列号，这样，准确判定年代就有了依据。需要注意，那些无从查考序列号的品牌，可以参考机芯发布时间，做出较为准确的判断。

机芯 MOVEMENT，简单地说就是钟表的心脏，亦是驱动指针不停前进的动力来源。在机芯的技术资料上，我们常可看到 C、Cal 或 K 的字样，这些是 CALIBRE 的简写，CALIBRE 原为"口径"之意，运用在钟表上代表的是机芯的编号，目前市场上常见的机芯号码以四位数居多，如 LEMANIA 1354、ETA 的 2892……另外亦有两位数如 GLASHUTTE 42 型机芯、三位数字有 PP 的 215 或五位数字如 IWC 的 76240 等，另外，从部分品牌机芯上的流水编号，亦可得知其年份。机芯的大小尺寸通常是以令为单位来计算，但综合参考国内外相关信息，译为"法分"应较为适切，而 1LIGN（法分）即等于 2.26 毫米。随着 20 世纪 70 年代石英表问世，曾有一段时期对传统的制表生态造成莫大的冲击与改变，而到了 20 世纪 90 年代钟表界又兴起一阵并购风潮，因此目前已没有几个品牌的钟表是真正使用自行研发的机芯，但是机芯扮演着如同手表灵魂的重要角色，加上日趋普及的专业杂志深入浅出的报道，对于真正懂表、爱表、惜表的消费者来说，机芯的选用已成为购买手表时的重要考虑因素。

机芯是查询年份的最重要依据，现以劳力士（ROLEX）为例：从机芯鉴别 ROLEX 劳力士手表的年代（部分）。

自动上链

Cal.A260 /A296——20 世纪 40 年代（单向上链自动机构）

Cal.1030——20 世纪 50 年代（完全的双向上链自动机构）

Cal.1520——20 世纪 60 年代—80 年代（19 800 振荡频率）

Cal.1530——20 世纪 60 年代前后

Cal.1560——20 世纪 60 年代

Cal.1570——20 世纪 70 年代—80 年代

1 劳力士独立编码
2 ROLEX（劳力士）Cal.1560
3 ROLEX（劳力士）Cal.1570
4 ROLEX（劳力士）Cal.2235

Cal.3000——20 世纪 90 年代（28 800 振荡频率，现品大部分采用 28 800 振荡频率）

Cal.3035——Cal.3000 机芯是 3035 取消了日历功能的型号

Cal.3130——现行（桥式摆轮夹板）

Cal.3135、Cal.3155——现行（比 Cal.1030，Cal.1520 都数段进步）

Cal.3085——20 世纪 80 年代

Cal.3185——1983 年—现行

Cal.2130，2135——现行（28 800 振荡频率）

Cal.3235、Cal3255——现行最新的机芯

手动上链

Cal.1130——19 800 振荡

Cal.1166——19 800 振荡

Cal.1210——18 000 振荡

Cal.1225——大秒 3 针，18 钻，18 000 振荡

Cal.1600，1601——2 针，19 800 振荡

计时手动上链

Cal.72B——20 世纪 60 年代（18 000 振荡，17 钻）

Cal.722-1——20 世纪 60 年代（18 000 振荡，17 钻）

Cal.727——1960—1987 年（21 600 振荡）

计时自动上链

Cal.4030——1988—2000 年（28 800 振荡，31 钻）

Cal.4130——2000 年—现在（完全劳力士公司开发机芯）

Cal.4160、Cal.4161 倒计时机芯

复杂机芯

Cal.9001——现代在售款最复杂的机芯，具有年历、两地时功能等

机芯的判定有助于鉴别年代的基本把握，但由于劳力士制假属于"高利润"工作，假壳真心的情况广泛存在，情况也极其复杂，对该品牌外观工艺的了解也非常重要，后文有述。

1 ROLEX（劳力士）Daytona 采用 ZENITH（真力时）机芯并做了极大幅度的修改

2 ROLEX（劳力士）Cal.3135 机芯

3 ROLEX（劳力士）Cal.4130 计时机芯

三、历史上的十大主流机芯

（一）百达翡丽 PATEK PHILIPPE

机芯号：Cal.12-600

PP 表于 1953 年所推出的第一只自动上链腕表机芯，采用双向推进式自动上链方式，红宝石轴承，18K 金自动摆陀。Cal.12-600 每小时振频 19 800 次，30 钻，配有具 8 颗滑码可微调快慢的抗温差合金摆轮，双层蓝钢游丝，同时还装有超精密的鹅颈式快慢微调器。

本款机芯有横状条纹和鱼鳞状花纹处理，并烙有两枚日内瓦印记，因为设计精良，至目前为止被誉为最精良的自动上链机芯。

（二）百达翡丽 PATEK PHILIPPE

机芯号：Cal.10-200

PP 表厂逾 1946 年发展的基本手动上链机芯，是当时数量最多，风评最佳的机种，以小三针为主，也有两针版本。

Cal.10-200 每小时振频 19 800 次，18 颗红宝钻，具超精密鹅颈式快慢微调器，双层蓝钢游丝，补偿螺丝抗温差合金摆轮，烙有两枚日内瓦印记，是一只非常优良的手动上链机芯。

（三）VALJOUX

机芯号：Cal.72

VALJOUX 机芯厂所推出的手动上链 72 型机芯是最为知名与性能优越的计时码表机芯，由于 50 年代 ROLEX 的采用而声名大噪。

1 百达翡丽 Cal.12-600

2 Cal.10-200：机芯直径 22.7 毫米、厚 3.65 毫米，1946–1965 年间生产，总产量 20 197 只；18 石，19 800 摆频。搭载该机芯的主要款式有：Ref. 448、2429、2451、2472、2482、2496、2513、25451、2549、2573……

3 经典计时机芯 Valjoux Cal.72 则采用了 9 柱导柱轮

Cal.72 型机芯有多家品牌曾经使用,其中 ROLEX 有些微的改良及打磨抛光的处理,市场评价最高,尤其配用特殊位于摆轮内侧的螺丝微调,使其机芯的素质提升。Cal.727 振频为 21 600 次,配用双层蓝钢游丝,补偿螺丝合金摆轮,ROLEX 早期的 DAYTONA Ref 6263、6265 等均使用此机芯,是古董钟表市场中重量级的表款。

(四)劳力士 ROLEX

机芯号:Cal.620

这与劳力士于 1931 年推出的全世界第一只全回转式单向上链自动表机芯之机种同款,也奠定了尔后自动表的上链模式。Cal.620 每小时振频 18 000 次,18 颗钻,配用双层蓝钢游丝,有补偿的合金摆轮,是具六位为校准之精密机芯。配置此型机芯之 ROLEX 表款大都是所谓的泡泡背表款 BUBBLE BACK,俗称小馒头,是劳力士最值得珍藏的表款之一,收藏家必备!

(五)劳力士 ROLEX

机芯号:Cal.1570

劳力士于 20 世纪 60 年代初期所推出的最稳定与坚固耐用的双向自动上链机芯。自动上链机制中首度使用红仔轮。1570 每小时振频 19 800 次,26 颗红宝钻,双层蓝钢游丝,五方位校准,抗温差摆轮,内侧有四颗可微调快慢之螺丝,因为设计精良,被所有制表师傅评鉴为最精良与耐用的自动上链机芯之一。

轮,双层蓝钢游丝,因为设计精良,目前配用此机种的 Speedmaster 计时码表成为钟表玩家竞相收购的表款。近期一些高级品牌的双环计时表亦以此机芯加以改良与打磨、抛光,而成为一只脱胎换骨的优质机芯。

(七)欧米茄 OMEGA

机芯号:Cal.561

OMEGA 表厂于 60 年代所推出相当坚固实用的双向上链自动机芯。Cal.561 机芯每小时振频 19 800 次,24 颗红宝钻,配用蓝钢游丝,合金摆轮,鹅颈式微调器,经五方位校准,属天文台级机芯。OMEGA 部分最炙手可热的曲耳八卦面星座天文台表即装此机芯,精准耐用极受古董钟表收藏家的喜爱。

(六)欧米茄 OMEGA

机芯号:Cal.321

此为 OMEGA 于 20 世纪 40 年代与著名的 LEMANIA 表厂合作研发的优质计时码表手动上链机芯,OMEGA 的编号为 Cal.27 CHRO C12。Cal.321 为 OMEGA 第一代的超霸表所采用,每小时振频 18 000 次,补偿螺丝合金摆

1 OMEGA(欧米茄)Cal.321
2 OMEGA(欧米茄)Cal.561

（八）江诗丹顿 VACHERON CONSTANTIN

机芯号：Cal.1003

这是 VC 表厂在 20 世纪 50 年代所使用的一款极为薄型的手动上链机芯，厚度仅 1.65 毫米。1003 每小时振频 18 000 次，17 颗钻，配用有补偿螺丝合金摆轮，蓝钢游丝，烙有两枚日内瓦印记。此薄型机芯是积家表厂所生产，仅供应 VC 及 AP（机号 2003）使用。

（九）万国 IWC

机芯号：Cal.852

85 系列是 IWC 表厂在 20 世纪 50 年代所推出风评极家的双向自动上链机芯，同系列尚有多种机号，每一款均使用类似啄木鸟形的扣拉式上链，非常受表迷的青睐。85 系列较常见的衍生型机种有 852、853 及 854 与在机号后方加 1 的日历显示型，其中 852 振频 19 800 次，21 颗钻，配用双层蓝钢游丝补偿螺丝合金摆轮，运用偏心的桃形凸轮，驱动两组固定滑轮组件，以带动有如啄木鸟嘴形的钩子，使其一上一下产生扣拉上炼动作，上炼效能良好，也相当有趣。

（十）爱彼 AUDEMARS PIGUET

机芯号：Cal.2120

这是 AP 配用于高级表款的优质超薄自动机芯，采用滑动式双向上链，21K 金侧边自动盘。它来自著名的积家 920，被 PP、VC、AP 三家大品牌使用。Cal.2120 每小时振频 19 800 次，36 颗红宝钻，配置具 6 颗砝码微调的抗温差合金摆轮。此机芯 1967 年起由积家表厂生产，仅提供给 AP（机号 2120，日历型 2121），VC（机号 1120）及 PP（机号 28–255）3 个高级品牌使用。

1 江诗丹顿 VACHERON CONSTANTIN 的 Cal.1003

2 IWC（万国）853 搭载最知名的是 "啄木鸟" 上弦机制，双层蓝钢游丝，螺丝平衡摆轮

3 Cal.28–255：源自 JAEGER-LECOULTRE（积家）Cal.920，唯一被三大巨头都用过的自动机芯，AUDEMARS PIGUET（爱彼）名 Cal.2120、VACHERON CONSTANTIN（江诗丹顿）名 Cal.1120，36 石，Gyromax 摆轮，轨道自动结构

机芯拆解实践操作指导及注意事项

1 整备好相应的工具、铜镊子，不同型号的螺丝刀、胶棒、指套、机芯夹，当然还有一枚 ETA2824 机芯

2 还有一个眼罩，具体的镊子与螺丝刀的使用方法可参照前文中介绍的内容

3 机芯背面朝上，放置于桌面

4 使用铜镊子夹取时轮，夹取时只能夹取时轮的轮管，勿夹取齿面

5 机芯正面朝上，放置于机芯夹中，并夹紧机芯

6 使用 160# 的螺丝刀，逆时针拧松自动陀螺丝

7 使用镊子钳夹取自动陀螺丝

8 使用镊子从侧面缝隙处夹取自动陀

9 拆解了自动陀后的机芯

10 使用 120# 螺丝刀，逆时针拆解自动装置整组的两颗黑色螺丝

11 机芯背面朝上，放置于桌面

12 使用铜镊子夹取时轮，夹取时只能夹取时轮的轮管，勿夹取齿面

13 使用镊子夹取拧松的另一颗螺丝

14 使用镊子从侧面缝隙处夹取自动装置整组

15 移除了自动装置整组的机芯

16 接下来机芯放一边，我们来拆解自动装置整组，这是拆解下来的自动装置整组的正面

17 将自动装置整组反过来放置于桌面

18 使用 120# 螺丝刀，逆时针拧松这一颗螺丝

19 使用镊子夹取拧松的这一颗螺丝

20 拆解了螺丝后的自动装置整组

21 使用镊子从侧边缝隙处夹取夹板

22 移除该夹板

23 移除该夹板后的自动装置整组，可见其自动轮系，其中双层的是自动换向轮

24 按顺序移除齿轮

25 按顺序移除齿轮，注意镊子夹取的位置为钢质的轮轴，我们使用的是铜镊子，对于零件的接触会比钢镊子要好很多，不会损伤到机芯零件

26 按顺序移除齿轮，注意镊子夹取的位置为钢质的轮轴

27 按顺序移除最后一个齿轮，注意镊子夹取的位置为钢质的轮轴

28 移除所有齿轮后的自动装置整组的夹板

29 继续拆解机芯

30 拆解后续的零件前，我们需要对机芯进行放链，转动表冠，小钢轮旁的顶制会移动开

31 对比一下上一图，是否是如图片中所示移动开？

32 通过镊子如图所示，顶住该移动开来的顶制，不让其归位

33 顶住的同时，另一只手慢慢地放链，注意，一定要慢慢地放松，一点一点地放松，不然放得太快可能会伤及齿轮，直到无链可放为止，也等同于摆轮慢慢停下来为止

34 使用 120# 螺丝刀拆解摆轮夹板的螺丝，逆时针拧松

35 使用镊子夹取拧松的摆轮夹板螺丝

36 使用镊子从侧边缝隙处夹取摆轮夹板

37 要小心并缓慢地操作该步骤

38 整个摆轮游丝连着摆轮夹板稍微从侧边移除，切勿直上直下的操作

39 将移除下来的摆轮夹板，反过来放置于桌面，让其摆轮游丝的摆轴归于为摆轮夹板的宝石轴承孔中

40 拆解了摆轮夹板与摆轮游丝后的机芯

41 使用 120# 螺丝刀拆解擒纵叉夹板的两颗螺丝

42 使用 120# 螺丝刀拆解擒纵叉夹板的另一颗螺丝

43 使用镊子夹取拧松的螺丝

44 使用镊子夹取拧松的另一颗螺丝

45 从侧边缝隙处夹取擒纵叉夹板

46 移除擒纵叉夹板

47 移除擒纵叉夹板后的机芯

48 夹取擒纵叉并移除

49 移除擒纵叉后的机芯

50 使用 160# 螺丝刀，逆时针拧松大钢轮螺丝

51 镊子夹取拧松后的螺丝

52 镊子夹取大钢轮

53 使用 120# 螺丝刀逆时针拧松轮系夹板的两颗螺丝

54 使用 120# 螺丝刀逆时针拧松轮系夹板的另一颗螺丝

55 移除拧松的这两颗螺丝

56 移除拧松的另一颗螺丝

57 镊子从侧边缝隙处夹取轮系夹板

58 移除轮系夹板

59 移除轮系夹板后的机芯

60 从上而下依次移除齿轮，镊子夹取妙轮的轮辐并移除

61 镊子夹取三轮的轮辐，并移除骤

62 镊子夹取擒纵轮的轮轴，并移除

63 移除了能移除的三个齿轮后的机芯

64 使用 160# 螺丝刀，顺时针拧松小钢轮螺丝，注意此处是顺时针为拧松，逆时针为拧紧，与其他螺丝均相反

65 夹取拧松的小钢轮螺丝

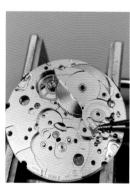

66 移除小钢轮

67 移除顶制

68 移除顶制簧

69 使用 120# 螺丝刀拧松条盒轮夹板的三颗螺丝

70 使用 120# 螺丝刀拧松条盒轮夹板的第二颗螺丝

71 使用 120# 螺丝刀拧松条盒轮夹板的第三颗螺丝

72 移除拧松后的螺丝

73 移除拧松后的螺丝

74 移除拧松后的螺丝

75 使用镊子从侧边缝隙处夹取条盒轮夹板并移除

76 移除了条盒轮夹板后的机芯

77 移除止秒簧

78 移除发条盒轮

79 移除二轮

80 机芯正面已全部完成

81 将机芯背面朝上，放置于机芯夹中，并夹紧

82 使用 140# 螺丝刀拧松日历轮上夹板的螺丝

83 移除该螺丝

84 移除该夹板

85 移除日历顶簧

86 使用 140# 螺丝刀拧松日历快拨轮夹板的另一颗螺丝

87 移除该螺丝

88 移除该夹板

89 移除了两个夹板后的机芯

90 使用镊子从侧面移除日历盘

91 按顺序移除过轮

92 按顺序移除分轮

93 按顺序移除日历轮

94 按顺序移除快拨日历轮

95 按顺序移除该齿轮

96 移除了所有齿轮后的机芯，只剩下了拉挡部分

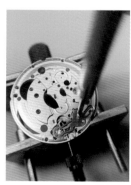

97 使用 140# 螺丝刀拧松该螺丝

98 移除该螺丝

99 移除该夹板

100 拉挡，离合杠等一目了然

101 按顺序移除该部件

102 按顺序移除该部件

103 按顺序移除该部件

104 按顺序移除该部件

105 拆解完的机芯

106 摆放于桌面上的全部零件

107 发条盒轮也可以做拆解

108 将发条盒轮平放于桌面，有齿轮的一端在下，左右手配合，左手食指与中指按住条盒轮两边，右手食指的指甲按压于齿端，发条盒轮即被打开

109 将镊子打开，从盖子下方深入其内，夹住发条盒轮

110 慢慢打开发条盒盖，之所以用镊子夹住发条盒轮，是为了打开发条盒盖时，不易连带着发条轴与发条一起出来，这样会使得发条会弹飞

111 打开后的发条盒轮

112 如此这样，夹取发条盒轴

113 取出了发条盒轴后

114 如图，使用镊子夹取一小段发条于第二层上

115 如图，右手的两个手指需稍稍挡住其他圈的发条，而不被一起带出

116 如图，两只手的食指与拇指捏住发条盒轮

117 如图，左右交替一圈圈释放发条

118 如图，左右交替一圈圈释放发条

119 如图，左右交替一圈圈释放发条

120 全部拆解好的机芯

第 4 章

名表外观鉴定

指针鉴定

一、秒针针轴

指针虽然是一个小零件，但其体现了瑞士制表工艺的最为直观的一项，加工生产指针的核心技术与加工设备在瑞士、德国等地之外还没有突破性的工艺标准体现，所以对于判断名表真伪的鉴定，指针的做工工艺特点可以成为我们名表鉴定的一个重要依据。

手表指针主要可以分为三针与二针两种构造。

手表指针的三针指的是时针、分针与秒针。对于这种构造的时分秒三根针一起存在的，我们的鉴定首先从秒针轴开始，因为我们第一直观所看到的就是秒针与秒针轴，其在最上方，这种构造的也可以包括小秒针的状态，也就是时分针与秒针是不在同一轴上的情况。

指针必须装配于时轮、分轮、秒轮轴之上，所以中间部位都会有轴孔与一个平台。对于秒针而言，秒针针轴处的平台大部分为正圆形状，除了一些例外的必须做成一些特别形状之外，并且这个正圆形状的平台是绝对的平整面，最多在边缘部位做一些圆弧或是45度角的倒角。这是因为每一根指针都在冲压出最初的形状后，最后均会做手工打磨处理，无论指针中轴平台两端的延伸段为何形状，指针中轴平台都将是平整的打磨工艺，并保持一个正圆的状态，这是工艺的最简单的要求，除了秒针之外也适用于时针与分针。

秒针针轴，也就是最中间的突出位置，其实是秒针的针管，它与秒针整个针面相紧配合在一起形成整根秒针，再装配于下方的秒轮轴尖上。这个秒针针轴为凸起状态，并且通过镜面倒角打磨处理，仿表对于此处的工艺就差了

1 ~ 5　正品秒针针轴
6　正品秒针针轴，虽然油漆处有一定的瑕疵——瑞士毛存在
7　正品小秒针针轴
8、9　正品异形秒针针轴

很多等级，只是一个初级原生状态而已，所以观察此处，真伪一看便知，当然这是需要使用到放大镜去细节观察的，除非你的眼神是绝对好。

特例分析：对于特别的案例有二种，一种是本身做成了一个形状如类似于三角形的，另一种情况是油漆针，此时的针轴的平台与轴孔会被油漆所影响，达不到圆平凸的状态。

秒针针轴鉴定应用，各品牌秒针针轴特写以及仿表秒针针轴的特写对比如图。

二、二针表的针轴

两针表针轴平台也是一个平面状态，并未正圆，中间轴孔处看到的针轴为机芯的一部分，也就是分轮的轮轴顶部，大部分情况下这个轮轴顶部正品是做镜面打磨处理的，仿表此处的轮轴顶部就变得粗糙了些，未做打磨处理。但正品中对于这个轮轴顶部不做镜面打磨处理的也大有存在，特别是石英表机芯的分轮轮轴就可能会出现跟仿品一样的粗糙状态——没有做任何的镜面打磨。所以并非外界传言的那样，这个轮轴顶部一定是镜面打磨过的状态。当然鉴定是全面的一个过程，需要结合其他的鉴定点一起做出判断。

但对于坊间传言的，这个二针针轴与针孔平面不在一个平面上，这也是一个错误的解读，这是装配时的一个状态，有时由于针轴孔比较紧无法装配到位，只要这个分针不与表镜相碰而导致停走就行，时分针的针轴孔下方其实还有一个类似于秒针针管一样的凸起物，与时轮分轮轴紧配合在一起的，所以不必担心指针没装到位而针松，这一点请大家引起注意。

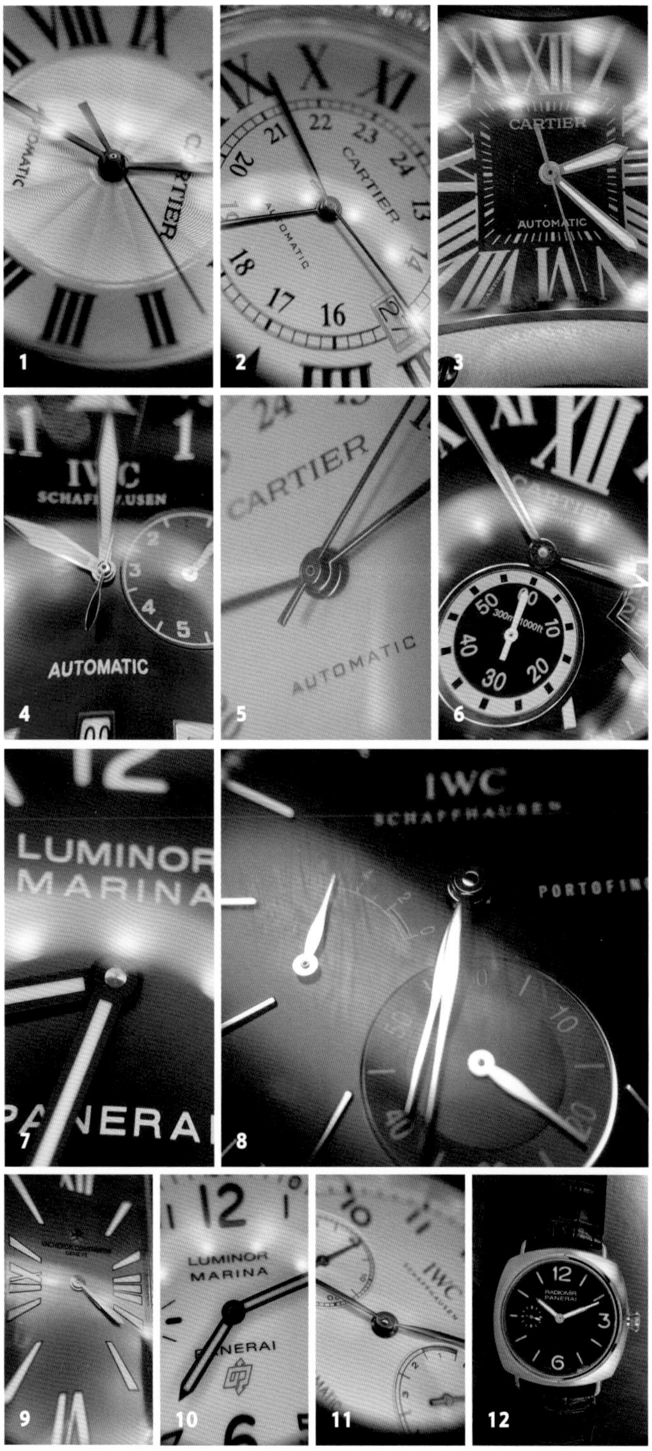

三、指针针尖与垂直端面

针尖部位是与针轴一样重要的表针鉴定点，从正面看针尖大部分有两种形状——圆弧形与平头形。对于圆形的针尖侧面观察就是圆弧形，而对于平头形的针尖侧面看是一个方形，同时针尖垂直端面均处于直角的状态。而且除

1 ～ 6　仿品秒针针轴和仿品小秒针针轴

7　仿品二针针轴

8　正品小秒针、功能针与二针针轴

9 ～ 12　正品二针针轴

了针尖的垂直端面是这个状态，整个表针的垂直端面都是处于一个直角的状态。

仿表中针尖部位的加工工艺的一种操作给到我们鉴定表针这个鉴定点时提供了帮助，这就是剪刀针，剪刀针指的是针尖的状态好似被剪刀剪过的一样，当然这种形态的针尖很容易与平头针相混淆，但不要忘了剪刀剪出来的东西会很直吗？端面会很垂直不？

四、指针品相成色分析

指针部位的瑕疵分为可修复的轻微瑕疵与不可修复瑕疵两种。

（一）可修复的轻微瑕疵

1. 油渍与水汽的氧化

由于机芯内润滑油的挥发凝结在指针表面，或者是手表进水汽造成的水渍凝结在指针表面，造成了指针的污染，影响了指针的美观度，相对较浅的一般是没有真正腐蚀到指针，维修师使用专业的皮擦等工具可以清洁掉。

2. 指针出厂装配时造成的轻微划痕

有时很多品牌均会出现这样的轻微划痕，如果不是很明显，也可以忽略不计，这是正常现象。

（二）不可修复瑕疵

1. 指针上出现严重的划痕

这些常见于表镜碎裂后，碎片进入到表盘表针处后，造成的损伤划痕，往往这种情况下，表盘及其刻度时标也会出现严重划痕与损伤，如果此时表盘与表针的状态不一致，那么表盘被翻新的可能性比较大了，此时可按照表盘翻新的鉴定知识点对其进行判定鉴别。

2. 手表维修的不专业

造成指针起针与装针时造成的边缘凹损及表面划痕损伤，此时除了对指针的判断外，还应该开盖仔细检查这一枚机芯的被维修的状态好坏了。对于不可修复的瑕疵，需要考虑更换指针的费用在最后价值评估中的被减项。

1　仿品指针端面毛糙

2、3　剪刀针的针尖

4 ~ 9　正品指针针尖

10　正品指针针尖及油漆针的夜光特征

11、12　指针的垂直端面

13 ~ 15　指针瑕疵

第二节 表壳鉴定

对于表壳部分的鉴别，我们需要鉴定的地方为外圈（如有）、表壳中框、表冠、后盖四个部位。

一、外圈

外圈的鉴别，第一个方式是从功能性上做判别，详情可见前文第2章第五节《手表基础结构》一文。对于其外观的鉴定，如有刻字或是打磨工艺角度去识别，如劳力士的外圈上的阴刻时标，其内部是铂金离子镀层，在其阴刻时标的底部与侧面均细腻状态呈现，而并非仿品中以油漆的方式达到这效果，油漆势必会没有正品状态那样细腻且边侧面未顾及，同时印刻的时标的边缘也会做标准化的圆弧倒角，而仿品则锐角锋利，不做这一工序的操作。同时整个外圈的边缘的打磨也呈现出正品工序所带来的视觉享受——两种打磨方式（抛光与拉丝）的完美配合，且月牙凹槽处的纹路与外圈外围的横向拉丝打磨不尽相同，这月牙凹槽处的纹理为竖直方向的，是在打磨好整个外圈后刀具加工出这月牙凹槽的加工痕迹，这也是辨别整表或是外圈是否经过翻新打磨的鉴定点，一旦外圈经过翻新打磨后，这个月牙凹槽处的竖直纹路就变成了与外围一样的横向拉丝纹路。

当然除了功能上的操作与制作打磨工艺的鉴别外，外圈装配的工艺也是鉴定真伪的一个方式，侧面观察整个外圈与表壳中框的贴合度——360度空隙应完全一致。

1 ~ 6 正品外圈特写

对于有镶嵌有钻石及宝石的外圈，我们还需要对其是否为原镶钻还是后镶钻做出鉴别。

关于外圈的瑕疵品相，由于外圈处于表壳的最上面及最外面，所以在佩戴过程中很容易造成磕碰，凹损等问题需要我们细节观察，一般外圈很难修复如出厂状态，如需要达到完整品相的只能通过更换全新的外圈。所以有时会在二手手表中碰到对外圈抛光过度的情况出现，这个需要特别注意，不要因为看着新，就忽略了原始品相的棱角分明与打磨工艺的泾渭分明。

二、表壳中框

表壳中框的鉴定点包括表壳材质印记，表壳刻字与独立编码刻字工艺如劳力士手表，劳力士的正品中刻字字体为书写体，且为印刻的方式，而仿品多为激光刻印，且比较粗糙，当然随着仿表技术的不断升级，现市场上出现了很多极像正品的印刻方式了，所以仅观察这一点具有一定的迷惑性。在表壳中框中，都会有独立编码，一表一码，是每一枚名表的身份证号码，如老款劳力士的独立编码在表耳之间，而新款则在表镜下方的圈内侧，在内镜圈的刻印方式又变为了激光，但此激光与市面上可见到的无论仿品还是正品激光刻印又有所不同。欧米茄等品牌会位于表耳背面，在这么多的品牌中欧米茄与百年灵等的独立编码除了在这表耳背面之外，同一号码也会被刻印于机芯的夹板上，是一一对应的，这是一个很好的鉴定点。

劳力士的独立编码有两套，表壳中框上一套，机芯内的夹板上又一套，但不相同，在劳力士品牌内部系统中可以查询到编码是否对应。

交易或是鉴定服务时留存手表的独立编码是必要流程，记录独立编码信息有助于在交易中出现纠纷时举证，当独立编码被恶意修改或覆盖时，手表的来源可能有问题，如有意而为之，我们对于这种手表应该避免收赃售赃。

目前，部分品牌可通过查询独立编码获取手表的基本信息，具体配置，是否在保修期内，保养信息等，可以帮助我们核对手表真伪，原镶钻等的判断。

对于其瑕疵的观察，有无划痕瑕疵，磕痕等，是对品相成色的判断依据，一般这种瑕疵磕痕可以通过修复打磨

1、2　仿品外圈特写

3 ~ 6　外圈瑕疵

7　表壳及外圈凹损瑕疵

8　仿品浪琴表壳后盖的刻印，独立编码与其他刻印字体方式不一致，此处均为激光刻印

解决。但对于非专业性打磨翻新造成的整体表壳边缘明显圆弧化，表壳及后盖等处的字体，印记被打磨模糊或缺失，这些都会对手表的价值影响较大，影响二手市场的流通性。

三、后盖

后盖的鉴定点也有很多，除了鉴定真伪之外，对于其翻新与否也可以做出判断。

后盖处也会有型号与独立编号的刻印字体，一种在正面，一种在反面，需要开盖后才能看得到。如浪琴的后盖刻印字体，表后盖上除了型号与独立编号之外还会有品牌名等信息，而刻字会有两种不同的刻印方式存在，型号与独立编号的刻印方式为激光刻印，而其他信息为镌刻方式。仿品会只出现一种刻印方式完成全部的字体刻印，这是鉴定浪琴手表真伪的一个鉴定点，但对于某些相对老一些的表款，也会只有一种刻印工艺的存在。

劳力士的字体刻印是在后盖反面，其中椭圆形内的劳力士标志下方有两个防伪点，可参考作为鉴定点使用，现在的仿表市场已发现有攻克的仿品了，不过影响不大，因为我们鉴定真伪不是只从一个点来判断的，需要综合全部的鉴定点才最为科学。

螺丝后盖的螺丝孔及螺丝，是否螺丝孔正圆，边缘做倒角，无毛刺等均是正品的工艺体现。当然螺丝孔与螺丝有严重的凹损等，要么是仿品，要么是因为非专业的拆解造成的品相问题。

对于后盖是否被不专业打磨翻新过，被不专业严重打磨翻新的后盖，会导致边缘锋利的原始字体，变得圆弧化，且字体变粗及模糊。

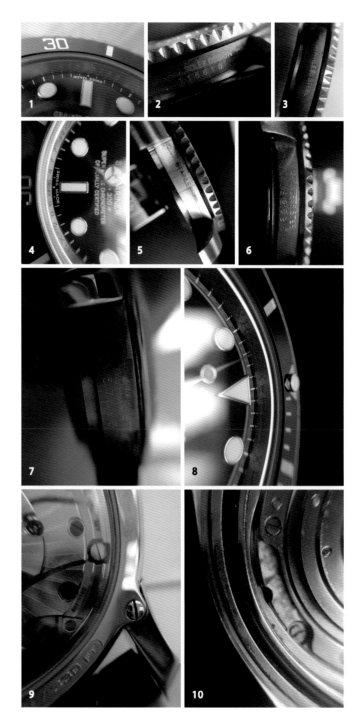

1 ~ 3 劳力士仿品表壳中框刻印
4 ~ 8 劳力士正品表壳中框刻印
9 欧米茄正品机芯独立编号与表壳中框刻印独立编号相一致
10 劳力士正品机芯独立编号与表壳中框刻印独立编号不一致

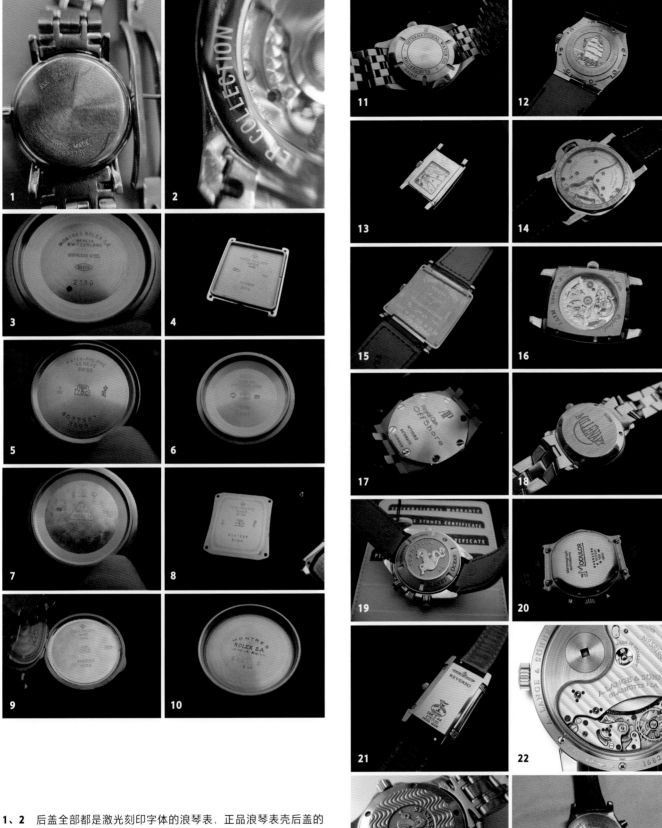

1、2 后盖全部都是激光刻印字体的浪琴表，正品浪琴表壳后盖的刻印，独立编码与其他刻印字体方式不一致的，除了独立编码的激光刻印外，其他字体在此处的均为镌刻刻印方式

3～10 后盖内侧特写

11～24 正品后盖特写

四、表冠

表冠作为一个比较特殊的部件，虽然小，但也有一定的价值，当然表冠假并非代表整个表为假，表冠真未必整表为真。但不管如何，表冠还是外观件中一个不可或缺的部件，真伪是必须要确认的。不同的品牌，均会在表冠上凸印有品牌Logo，只有极少的某些表款没有，所以我们在鉴定中一定要看到这个凸印出来的Logo，如果没有，那么就必须考虑到表冠是否有宝石或是钻石镶嵌在其上？这一点很重要。

对于真伪的问题，需要经过细节的观察判断，如卡地亚蓝气球的表冠，注意一个表冠竟也能做到这么考究——表冠的冠齿四边为圆角，且镜面抛光，包括底部，腕部，头部均为镜面抛光。当然除表冠之外也包含计时按钮、排氦气阀按钮以及月相按钮等，通过细节的观察可以对真伪手表提供一些判断的依据。

五、外观刻印含义

在表壳表耳背面，后盖内外侧，表耳之间，表壳侧面边，表带耳背面或侧面，表扣正面与背面，均可看到刻印的数字、字母及Logo（商标）等图案，有其含义，有其鉴定的点在其中，包括表镜上也会有。除了对于贵金属表款的贵金属印记之外，有时也还会再手表的外观件上观察到很多特殊的符号，如军表等，这些都将是鉴定名表所要学习与知晓的内容，这里不单单包括鉴定真伪的知识，也包含了对于名表年代判断的知识面。

纵观各国军表，绝大多数都是只有时分秒显示的简单三针表，很少有额外的复杂功能，这完全合情合理。在战场上，没有万年历的悠悠情怀和三问的闲适雅兴，陀飞轮这类精致更是不着边际，唯有计时功能才派得上实际用场。显而易见，计时军表的佩戴对象一般为操纵作战仪器的技

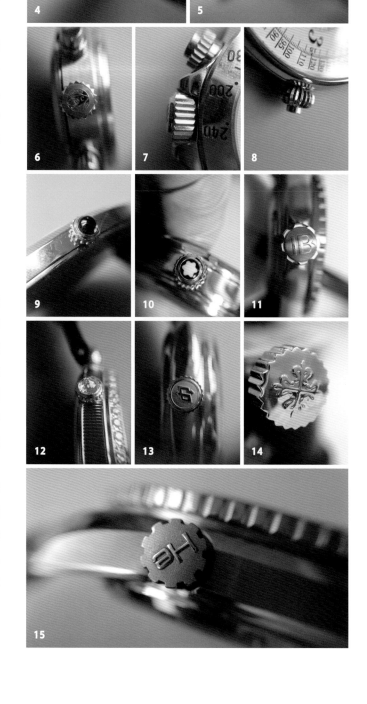

1 ～ 14 正品表冠特写
15 正品排氦气阀特写

术兵种，故此大多配备于空军，其次海军，也有少量发放陆军（主要为炮兵，且以单纯秒表为主）。以总产量计，军表之中计时表所占份额很小。以当今最广为人知的一些军表为例，近年来市面上十分红火的，首推曾服役于英国皇家海军特别舟艇中队（Royal Navy SBS）的 ROLEX（劳力士）Submariner 5513/5517 以及 PANERAI（沛纳海）采用ROLEX（劳力士）机芯为意大利海军制作的 Radiomir，两者皆为潜水表，其名声大噪，早已超出军表范畴。在军表迷中大名鼎鼎的潜水表，还有历史悠久、始于法国海军的BLANCPAIN（宝珀）Fifty Fathoms。空军飞行表最出名的有 JAEGER-LECOULTRE（积家）的 Mark 11、IWC（万国）Big Pilot，以及 BREGUET（宝玑）Type 20，分别为英国皇家空军、德国空军及法国空军所使用。陆军方面的典范则是英国陆军在 1945 年定制完工的 W.W.W.（Watch, Wrist, Waterproof），包括 IWC（万国）、JAEGER-LECOULTRE（积家）、OMEGA（欧米茄）、LONGINES（浪琴）、LEMANIA（拉曼尼亚）、BREITLING（百年灵）等十二家厂商生产的诸多型号。

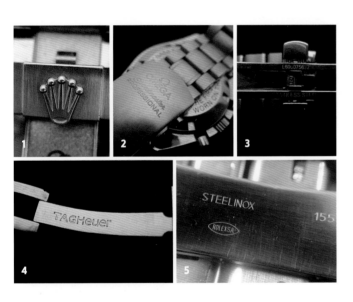

1 ~ 5　正品表扣处的刻字与 Logo 特写
6　表壳雕刻
7、8　欧米茄军表

表盘鉴定

表盘部位鉴定分为印刷字体与刻度、金属Logo与时标、表盘翻新与否及瑕疵品相鉴定、日历部位的鉴别。

一、表盘印刷字体与刻度

油墨具有立体感（当然也有少部分是很平的，故意不做成立体感），笔锋，Logo专用字体，边缘没有毛刺；对于夜光面盘，夜光填充工艺为饱满平整，指针夜光与盘面颜色相同，但有时两根指针的夜光发光时颜色会有两种色彩区分，为的就是在黑暗中能很好地区分时分指示。

Logo共性：立体感强，光滑无气泡，字体无毛糙。

漆印刻度：立体感强，饱满。

二、金属 Logo 与时标

表盘上的金属Logo与时标，特点是镜面抛光处理（也有少部分会做细腻的拉丝处理），边缘可以做圆弧倒角，也可以达成非常漂亮的直角出来，如劳力士表盘上的金属皇冠Logo，表面镜面抛光处理，五个爪为正圆，边缘做圆弧处理，Logo底部椭圆外框带有明显的折角，并非正圆，与劳力士表镜上镭射皇冠一样的工艺要求，同时劳力士金属时标边框经过镜面抛光处理，边款的宽度一致，边缘圆弧

1 ~ 8 油墨具有立体感，笔锋，Logo专用字体，边缘光洁无毛刺

倒角，这些是仿表无法达到的技术工艺，非常好的鉴定点。

而百达翡丽的金属时标或是爱彼的金属 Logo 则会有非常立体的几何形状，边缘无任何圆弧倒角，直角形态的线条感一样体现出高超的制表工艺。

而对于夜光刻度：夜光无溢出，均匀。钻石刻度：钻石切工一致，镶口一致无毛糙。

所以我们在仿品中经常会看到这些金属 Logo 与时标，打磨工艺不够到位，边缘有毛刺，在表盘中不够端正，这些均与正品的制表工艺差距甚远。

三、表盘翻新与否的鉴别

对于表盘翻新与否的鉴别，表盘区域的"SWISS MADE"是观察鉴别翻新表盘的重点，"SWISS MADE"是表盘上最小的字，位于表盘 6 点位，表盘翻新时，会对表盘所有的字体与刻度均会打磨掉后重新移印上去，大面积的 Logo 等信息好"书写上去"，唯独这"SWISS MADE"不太好"书写上去"。这"SWISS MADE"中的 S、W、M 具有很关键的特点：S 整体成扁形，上下两端是横写的一，上下分布均匀；W 整体为两个 V 组合而成，上面的两端与中间同高；M 的中间 V 形部分略短于下面的两端。这是大部分的写法规范，当然也会有少部分品牌自己的特殊写法。同时整个"SWISS MADE"的排版间距统一，字体高度粗细一致，在 6 点位处呈半圆形排列，没有上下错位。

特殊"SWISS MADE"的写法案例如下。

劳力士的 S 头部为圆形，M 的中间 V 形部分与下面两端齐平，其他的均与上述的规范一致。

积家的 S 头部也为圆形，M 的中间 V 形部分与下面两端齐平，其他的均与上述的规范一致。

爱彼的写法则非常接近于高仿品中常见的写法，S 头部为圆形，M 的中间 V 形部分于下面的两端齐平，当然字体的粗细间距等均与上述的规范一致。

而对于金属 Logo 及刻度时标的，鉴定是否为翻新表盘，可以通过观察这些金属表面是否有过度打磨，划痕瑕疵等来判断。因为翻新表盘，必须操作的步骤为拆解下这些 Logo，刻度时标等金属物后，打磨掉旧的油漆层，重新上漆，移印字体，然后再装配回这些 Logo，刻度时标等金

1　仿品百达翡丽立体金属时标
2　正品劳力士表盘上的金属皇冠 Logo，表面镜面抛光处理，五个爪为正圆，边缘做圆弧处理，Logo 底部椭圆外框带有明显的折角
3　劳力士金属时标边框经过镜面抛光处理，边缘的宽度一致，边缘圆弧倒角
4　镶嵌立体金属时标
5　夜光刻度与指针夜光：夜光无溢出，均匀
6　正品爱彼皇家橡树系列表盘细节
7　正品百达翡丽立体金属时标
8　正品百达翡丽罗马数字金属时标并嵌有夜光
9　正品劳力士的指针与刻度夜光，金属刻度时标的打磨工艺

属物。而这个操作就会对位置是否有偏差、不一致造成影响；出现划痕瑕疵就在所难免，当然可以通过镜面抛光进行复原，但这样就又将导致这些 Logo，刻度时标等金属物边缘会有过度的塌陷圆弧出现，这些一眼就可看出端倪。

对于钻托刻度的，那就更为明显了，后安装回去的钻托刻度的方位角度会出现不一致，同时与表盘的贴合度会很差，因拆解时四角都会遗留下撬痕，我们观察时只需从钻托刻度的底部边缘可见其端倪。当然如果能拆卸下表盘看其后面的字面刻度、钻托等的焊接或粘连的痕迹更是一目了然。

对于有夜光的表盘翻新，那更为容易了，因夜光会自然老化，刻度部分的夜光，要注意和指针的色泽是否一致。另外，一般后补的夜光只能亮一小时甚至更短，而原装的可以亮至少 5 小时以上。而且夜光边缘无溢出，均匀，几乎无气泡。

四、瑕疵品相的鉴定

表盘作为手表的面子工程，辨识度是第一位的，表盘的品相问题对于手表的整体价值将影响深远，一般来说，价值的影响程度远超于机芯，表壳的价值，所以对表盘的瑕疵品相的鉴定非常重要。当然表盘的瑕疵品相也与表针

1 古董表由于年代的久远而形成了色泽上的改变，这是时间留下的痕迹
2 古董表的瑕疵与现代表的瑕疵定义有所不一样
3 TUDOR（帝舵）表盘上的 6 点位的 "SWISS MADE"
4、5 积家的 S 头部也为圆形，M 的中间 V 形部分与下面两端齐平，其他的均与上述的规范一致
6 浪琴表盘上的 6 点位的 "SWISS MADE"
7 劳力士的 S 头部为圆形，M 的中间 V 形部分与下面两端齐平，其他的均与上述的规范一致
8 欧米茄表盘上的 6 点位的 "SWISS MADE"
9 钻托刻度的底部边缘未贴合表盘，仿品或是翻新表盘
10 表盘进水汽留下的腐蚀的痕迹瑕疵
11 表盘刻度与指针等氧化，出现斑点等瑕疵
12 由于维修等原因造成表盘上的印刷字体缺失的瑕疵

一起承担，毕竟两者是形影不离的。

表盘的划伤，掉漆，边缘的凹损，夜光的破损，表盘的变色等，所以这里需要看得仔细仔细再仔细，重要的事儿说三遍。

当然也会出现由于表盘材质的特殊性，漆印的字体会出现变形，气泡等一定的瑕疵，属于正常现象，不是太过严重的不属于瑕疵而是在翻新的范畴中。

五、日历部位的鉴别

对于表盘来说，还有一个虽然不是表盘的部分，但与表盘是在同一个视线之内的，那就是日历盘。日历盘显示方式是最为普遍的，所以日历部位的鉴别对于整表的真伪鉴定也有一定的辅助作用。日历盘上的数字一般均为漆印，所以字体印刷的要求也与表盘的漆印相一致，饱满、无气泡、边缘无毛刺，当然各个品牌的日历盘上的字体均会略有不同，有些品牌会形成自己品牌独有的特色，也对我们鉴定不同品牌有着很大的帮助，如日历盘的字体下方的底部一般为白色，但卡地亚的日历盘底部为喷砂状。

除此之外，日历显示窗的窗框等的细节也值得我们去仔细观察一下，这是直接在一个表盘上开了一扇窗，开的好不好，看看窗框四周，无毛刺，整齐划一。当然对于日历部位的鉴别时，快拨及拨针的方式看遍整个日期——1 ~ 31，这也是表盘瑕疵的一个鉴别点，同时也可以测试一下拨针，跳历等功能的状态。

1 百达翡丽日历
2 仿品百达翡丽日历
3 卡地亚日历
4 朗格日历
5 浪琴大日历
6 万国日历

链带鉴定

链带的鉴定特征，可以通过观察可拆卸表节的螺丝孔及表销子孔的形态与结合度。正品的表节圆孔为正圆且有一定的圆弧倒角，表销子或是螺丝居中并与孔之间无太多空隙，在孔洞中的深浅度均差不多。如将其拆解开表节，表节孔的也有倒角等工艺存在。

对于瑕疵等的判断，一个链带的松垮度，及凹损瑕疵等是判断品相的依据。手握表扣位置让表头处于自由垂直向下，保持表扣附近处的链带平行，去观察表头附近处的链带是否下垂。一般链带很好状态的表现为几乎不下垂，如果是下垂很厉害，那么代表着链带太松垮了，可以通过夹带的方式解决，但可以通过观察链带的背面可见其做夹带的痕迹，这种夹带处理只能做一次，所以除了观察其状态还需要看一下该链带是否被后期处理过。

对于链带中另一个非常重要的部件——表扣，或者说在非金属表带中的表扣，鉴定方式同样适用。表扣的品牌及贵金属的印记等信息与表壳中框上的鉴定方式相一致，同时对其表扣闭合时的贴合度观察对鉴定真伪也行之有效。包括正品的表扣打开后内部的细节部位，放大观察，可见其加工打磨工艺不放过任何角落，而对于仿品而言，可能就不尽人意了——表扣内侧会出现未经处理的冲压或是加工的痕迹。

当然也可以通过对表扣处的生耳的辨别来间接辨别表扣的真伪，当然表扣处可见到的生耳从表扣的两端一般均可看到生耳的两头，这两头均会做圆弧镜面处理，但仿品就显得很粗糙。

1　链带连接件特写
2　链带松垮
3 ~ 7　正品表扣特写
8　劳力士正品与仿品链带表节孔的对比
9　正品劳力士表带耳侧面特写

第五节 | # 其他部件鉴定

一、表镜

　　表镜，是鉴定每一枚手表最前沿的一个部件，对于大部分的表镜，我们不做拆解是很难去做鉴定的，但唯独对于劳力士及帝舵的表镜，我们可以通过以下的一些特征去做鉴定。

　　劳力士与帝舵在大部分的系列中均会有一个放大镜的部件在其表镜之上，通过对其凸镜或者称之为放大镜这一部件的观察与手摸的触感来鉴定表镜的真伪。

　　细节观察劳力士凸镜，边缘一圈有明显的倒角，同时侧面防止漏光，做了磨砂处理，触摸之手感顺滑，无刺手感。对于这倒角，市面上也会有做倒角处理的高仿表镜而采用的工艺，这时，我们需要仔细地将其环顾一周，可见还是有差异性的，正品的这45度倒角是绝对的两条平行线，而仿品虽也做了这个倒角，但会出现两条边缘线不平行的情况。同时使用牙签等木制物件将凸镜的边缘铲除污垢后，可见正品表镜的凸镜边缘四周没有任何胶水的痕迹。再使用放大镜工具去观察凸镜，其与表镜之间的黏合处无任何的气泡或灰尘，这是最高水准的贴膜工艺，要是在手机贴膜领域中有这超高水平，那生意将是好到极限。

　　这个凸镜的放大倍数为2.5倍，可见其下方的日历被放大之感，此前的这一鉴定可做参考，只是现在仿品均可以做到这一要求。同时凸镜镀有一层防炫光膜，观察时可见其蓝色观感，加强了在强光下的清晰度，便于观察日历，当然这个镀膜是可以被去除的，因这一层镀膜是处于表面，所以有时会出现划痕，使用小抛轮打磨一下就可以直接去

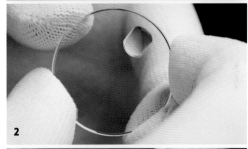

1　带有横写S的镭射皇冠标志
2　带有小凸镜的劳力士表镜
3　劳力士表镜上6点位的镭射皇冠标志

除这层花了的镀膜。

对于表镜的边缘一样会有圆弧倒角的存在，抚摸之，顺滑而无刺手感，其余的只能靠拆解开表镜才能做出鉴定判断。任何正品的表镜被拆解开来后，都会有台阶出现，这个台阶的角度是绝对的直角，不会出现仿品的圆弧状情况出现。

之所以造成这种原因的出现，是因为表镜的材质为蓝宝石，硬度仅次于钻石，那么切割这个台阶时，钻石的刀头需要绝对的尖才能切磨出这绝对直角的交界线，但这样的要求实在是太高了。无论从技术还是成本上来说，仿品都不会去做，也做不到这一点。

在品牌中，怎么鉴别表镜？除了上面一段所说的方法，品牌还会测出表镜相关的一堆数据与内部资料相匹配，差异不是很大的情况下来判定真伪。

众所周知，劳力士的表镜6点位在2000年之后出现了镭射皇冠标志，刚开始的十年中可以作为鉴定的点，如这个皇冠的底部有明显的折角而非圆弧形，但现在的仿品技术升级下，市场中出现了很难仅以此来判断表镜的真伪了。不过没有关系，这一点不足还是可以靠拆解下表镜后按上述方式作出判断。

劳力士表镜的镭射标志中含有一个横写的S的，又代表着是在劳力士服务中心更换出来的表镜，这是为了劳力士表镜的镭射标志的全线替换过程中的一个过渡产品，所以不一定劳力士售后服务中心出来的表镜也可以是没有这镭射标志，或者是不含横写S的皇冠镭射标志。现在在整个劳力士现代在售款中，只有绿玻璃没有皇冠镭射标志，其他都有了。

这是劳力士表镜的防伪方式，而其他品牌也会在表镜上做出一些标志，如欧米茄在亚克力及部分的蓝宝石中央印刻有"Ω"品牌标志，江诗丹顿、爱马仕的表镜12点位直接打印上品牌英文名称，这些我们可以当作鉴定的参考点。

最后我们需要提关于蓝宝石表镜的划痕凹损问题，表镜的真伪之外，表镜的完整性也很重要，这是评判一枚手表品相成色的判断点。如果表镜是直接碎裂了，那直接考虑在评估价格中减去机芯保养维修，表盘表针被造成的瑕疵损伤，表镜的更换等费用与成本。对于边缘有凹损、表镜面有划痕的都属于品相的问题，虽说不一定要更换表镜，但也需要扣除瑕疵表镜对其整表价值的影响值。此处我们

1 Full Strike 三问腕表音簧和镜面是由同一块蓝宝石一次性切割成型，成为萧邦的革新设计

2 PAM399 采用复古的拱起式亚克力表镜使表盘有明显的折射效果

3 HUBLOT 宇舶表 Big Bang Unico 蓝宝石腕表

4 表镜划痕

5 装配表镜

要谈的是一个表镜划痕问题，其实有时并不是真的划痕，一种是表镜面有镀膜，那么这种划痕可以通过打磨轮抛光几秒，就能完美去除。还有一种所谓的划痕，其实不是表镜被划伤了，而是其他金属物被刮了下来留在了表镜面上，这是因为表镜实在太硬了，钥匙、门把手都不是它的对手，这个也可以通过打磨轮抛光几秒立马去除，丝毫不留疤。

蓝宝石表镜现在已成为高档钟表的标配，但它毕竟不是天然的。"表王"百达翡丽力求极致，在 Ref.3928T 上史无前例地使用了一颗重达 9.44 克拉的钻石作为手表机芯背透的表镜。这颗 9.44 克拉的钻石非常罕见，通过美国宝石研究院（GIA）认证，祖母绿方形切割，完全通透无色的 D 色，含氮量极低的 TypeII 型（这种 TypeII 型只占全部钻石的 2%），净度 IF 级。尺寸长 17.09 毫米、宽 16.83 毫米、厚 3.06 毫米，抛光与对称性达到极好。这块低调的 Ref. 3928T 在 2003 年被制成，于 2004 年 11 月 24 日售出。并在 10 年后的 2014 年 6 月 10 日纽约苏富比拍卖上亮相，当时估价 30 万～50 万美元，最后含佣成交价 73.7 万美元，依照当时的汇率为人民币 457 万左右。

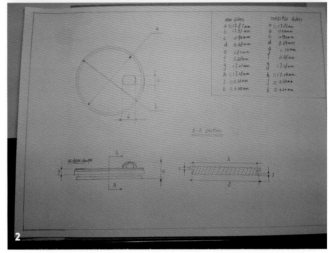

二、生耳

生耳是连接表头与表带或是链带的一个零部件。生耳虽是手表外观件中微不足道的一个零部件，但在鉴定中，每一个零部件均不可或缺。

生耳的构造与种类：生耳其实是一个带有弹性的销子，英文名为 Spring Bar，中间有一根弹簧，两头可以伸缩，材质可以是钢、镀金、也可以是贵金属等。种类上来说，在现代表中，主要存在两种——单节头生耳，双节头生耳。单节头生耳大部分品牌均会使用，而双节头的则一般只出现于劳力士、豪雅、真力时等品牌中，不过对于仿表，无论是单节头还是双节头的生耳，均会仿制，且数量巨大，购买价也就几分钱一个，相当便宜。

正品生耳的工艺：无论是单节头生耳还是双节头生耳，其两端的头部小圆环台阶均为绝对的直角，没有任何圆弧的状态出现，整体光洁度非常高，两边最前端均应考虑到装配如表耳孔洞中的便捷性，均会做球面或是倒角处理。观察生耳的工艺状态，可以间接帮助到我们去鉴别手表的

1　在 Ref.3928T 上史无前例地使用了一颗重达 9.44 克拉的钻石作为手表机芯背透的表镜

2　正品表镜的测量与凹槽

真伪，但这个零部件的真伪并不一定能完全佐证手表的真伪性，只是起到辅助我们鉴定的作用，这一点需要大家注意。

各品牌生耳的特征：不同品牌之间的生耳会有所不同，且不同年代间的生耳也会有所差异，如卡地亚特殊生耳取消小圆环台阶，用坡面替代；浪琴生耳头部有特别明显的倒角；劳力士的单节头生耳；老款劳力士的生耳，其第一节节头比较宽；帝舵的无节头生耳、快拆生耳等。所以我们在实际的工作中多多留意这小小的生耳，对于我们的名表鉴定起到很大的辅助作用。

当然，如前文《手表基础结构》中提到的生耳的材质，有很多不法商家会替换掉贵金属材质的生耳，这里我们需要在买入时特别留意一下，虽然对于整个手表的价值影响不大，但这体现的是商家的商业诚信度与一名名表鉴定师的操守问题。

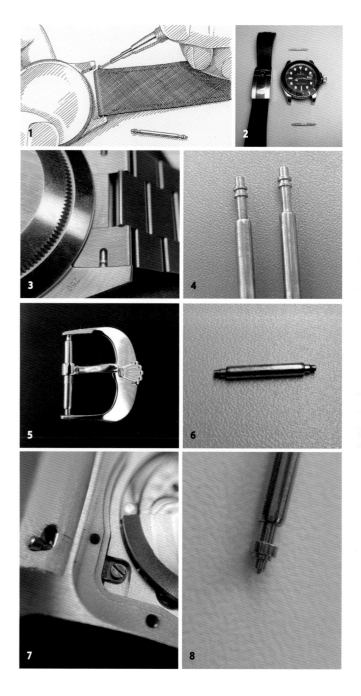

1 拆解生耳
2 劳力士的单节头生耳
3 劳力士双节头生耳
4 双节头生耳
5 表扣上的生耳
6 帝舵的无节头生耳
7 快拆生耳
8 浪琴生耳头部有特别明显的倒角

名表机芯鉴定

第一节 ┃ 公用机芯

一、ETA 机芯

（一）历史与种类

ETA S.A. 是如今瑞士最大的钟表基础机芯制造商，迄今为止有着 200 多年的历史。耳熟能详的 "ETA" 一词源自传统表厂 ETERNA（绮年华），其前身要追溯至 18 世纪末的 1793 年于瑞士纳沙泰尔州的 Fontainemelon 小镇建立的第一家机芯制造工厂，之后又在 Grenchen 小镇开设了机芯制造流水线。自 1856 年开始，该机芯制造厂就成了 ETERNA（绮年华）的组成部分，至此 ETA 的萌芽就此开始。

一直到 1926 年，汇集了瑞士各大机芯制造商的联合股份公司 Ébauches S.A. 成立，它是有在瑞士制表业排名前三的 A.Schild、FHF、Ad.Michel 共同发起的，其中 A.Schild 机芯厂是有 ETERNA（绮年华）创始人 Urs Schild 家族成员于 1896 年创立，后来成为当时那个年代瑞士第一大机芯生产商的 AS，那么 Eterna 机芯厂也必然加入这个大家庭中。到 1930 年时，Ébauches S.A. 已经拥有了 30 家的下属企业，其中不乏历史上或现在都能记忆犹新的机芯品牌：Vaijoux、Venus、Nouvelles Fabriques、Felsa、Ébauches de Fleurier 等。然而好景不长，随着 1929 年起的大萧条席卷而至，上升中的瑞士制表业遭受重创，故而在 1931 年时由瑞士联邦政府的介入下成立了 ASUAG（Allgemeine Schweizerische Uhrenindustrie）瑞士制表工业联合股份公司，建立新的机芯制造工厂并积极展开收购战略，其中就有来自 Ébauches

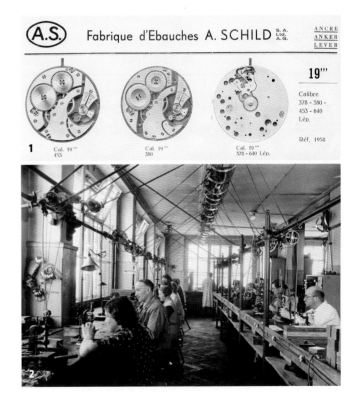

1　A.Schild 机芯广告
2　早期 Ébauches 内景

S.A. 的 Eterna。并入 ASUAG 后的 Eterna 被拆分为两部分，一个为钟表品牌的 Eterna（品牌标识为自动轴承中的五颗珠子的形状），另一个则为专门制造毛坯机芯的 ETA S.A.，此时已作为子公司而存在。

1930 年，OMEGA（欧米茄）与 TISSOT（天梭）等品牌一起创立了瑞士钟表联合会，并在之后的几年里不断地并购，其中亦有如 Lémania 等的机芯厂，一时间瑞士制表业蓬勃发展壮大，直到 1974 年后，随着石英革命、石油危机及瑞郎升值等的种种因素影响下制表行业进入了冰点。而此时由于 ETA S.A. 在自动机械机芯的大批量生产及积极转型至石英技术的战略得当而在危机中屹立不倒，并得此良机于 1978 年并购了 A.Schild 机芯厂，之后 1982 年又将 Ebauches S.A. 旗下的 FHF、EEM（从事电子部件研发）等并入了 ETA S.A.。之后的 1985 年，整合了 ASUAG 和 SIHH 的 SMH（Société Suisse de Microéléctronique et d'Horlogerie）瑞士微电子技术及钟表联合公司的成立（注：SMH 即为斯沃琪集团的前身），当然 ETA S.A. 也被包含在其中，此时的 ETA 已然成了基础机芯制造领域的老大及集大成者，ETA S.A. 名至而归，翻开了瑞士制表业划时代的篇章。

1. 手动上链机芯（ETA2801、ETA7001、ETA6497/6498）

ETA 的手动上链机芯最主要的就是这以上的三款，缘何一个机芯厂需要重复生产三款手动上链机芯呢？其实，这三款手动上链机芯原是属于不同的几个机芯厂的。

ETA2801 属于 ETA S.A. 本家的 ETERNA（绮年华）钟表制造厂，乍一看是不是与我们常见的 ETA2824 机芯一样啊！没错，只是少了一套自动上链装置，如此机芯的厚度就一下子纤薄了许多。ETA2801 是不是觉得现在已很少见了呢？满眼望去，都是一堆堆的 ETA2824 等自动机芯居多。过去其实有很多品牌都使用过的，也算是一款"街机"了，如英纳格、梅花等老一辈们都津津乐道的牌子。之前的人们比较偏向于手动机芯，后来又转向了自动机芯了，现在对于手动与自动机芯的选择又是一番大讨论，仁者见仁智者见智。而现在表款是否亦有这 ETA2801 的，讲真，其实也是蛮多的，而且还在其机芯上做了技术的升级。PANERAI（沛纳海），众所周知，在通用机芯方面除了大批量使用 ETA6497/6498 以及一批 Angelus 240、Rolex 618 等古董机芯之外，亦有这 ETA2801 的身影。当然除了 ETA2801 之外，还有 ETA2804（加了日期功能）、ETA2810/2816（加了日期

1　ETA S.A. 现属于 Swatch Group 旗下公司
2　ETA 2801 手动机芯
3　ETA 7001 手动机芯
4　Ludovic Ballouard 使用 ETA7001 魔改的 Upside Down 手表

星期功能，且星期功能一个在 12 点钟位置一个在 3 点钟位置的区别）。

ETA7001 本名为 Peseux7001，与 Valjoux7750、Unitas6497 一起都是源自 ETA S.A. 的成功收购的成果。ETA7001 可以说是传统瑞士小三针版路的一个总结，自 1971 年设计制造伊始，至 1985 年正是更名之前，产量就已经高达 200 多万枚，成为当时产量最大的手动上链机芯之一，然而历史原因所致，ETA7001 有过停产也有过复开生产线，但最终于 2004 年全线停产，之后 ETA S.A. 使用之前所提的 ETA2801 来替代，不过整体表现上是不能与 ETA7001 相提并论的。由于之前的 ETA7001 的流通量大及良好的口碑，使得这一代名机的影响力延续至今，且仍在继续。无论过去还是现在被众多的高端或中端的品牌所使用，其中不乏 VACHERON CONSTANTIN（江诗丹顿）、BLANCPAIN（宝珀）、OMEGA（欧米茄）、ULYSSE NARDIN（雅典）等，当然高端品牌与中端品牌的机芯使用哪怕是同一款的机芯，也是有很明显的差异，最直观的就是在于其夹板及相关零部件的打磨上，细腻的日内瓦条纹的夹板装饰，缎面拉丝的大小钢轮，齿轮齿形的镜面修饰，以及做到顶级的夹板边缘圆弧镜面倒角，那个一丝不苟，叹为观止！除了这些"表面文章"之外，把这 ETA7001 机芯做到炉火纯青的就不得不说 NOMOS 了，看来真的是"不是一家人不入一家门"，ETA7001 的前生 Peseux 本就是来自德国的一家机芯小厂。NOMOS 不断地对其进行改制与不断演进，变化出不同功能与模块，如日期窗口、动力储存显示等，同时对其机芯版路做了调整，3/4 的夹板更具德系特色，与 VACHERON CONSTANTIN（江诗丹顿）、BLANCPAIN（宝珀）一致使用了 Triovis 精密微调装置，使得手表在受到振动后能保持走时精度不变的性能，另外饰有格拉苏蒂日辉纹的大小钢轮及回火蓝钢螺丝也兼具功能与艺术之美。

市场上高素质的大尺寸基础机芯少之又少，著名的 ETA6497/6498 机芯可谓一例，这款机芯也是笔者钟表生涯中最先接触到的机芯了，因此款机芯硕大而又厚实的特性，归为全部瑞士及德国制表学校的首枚使用到的教学机芯，可称之为制表的"启蒙老师"也不为过。按前文所述，ETA6497/6498 源自外厂 Unitas，也来自德国，之后在 1932 年起并入 Ebauches S.A. 麾下，看来瑞士紧挨着德国还是大有好处的！所以也可称之为 Unitas 6497/6498，是于 1950 年代初期研制的两款怀表专用机芯。这里要做个解释——为何

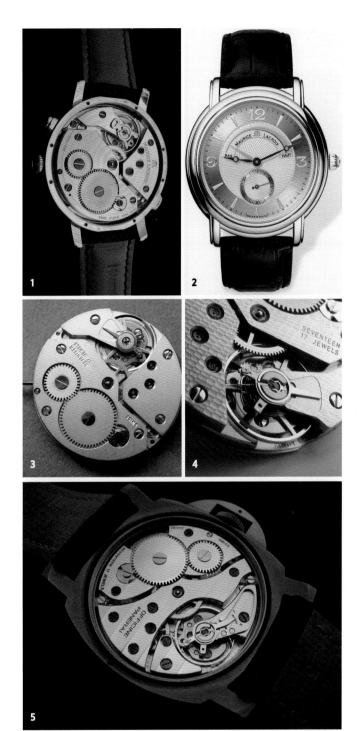

1 艾美搭载的 ETA7001 机芯
2 带有中央动力储存指针的 Master-piece Réserve de Marche，是艾美采用 Peseux 7001 机芯的作品
3 ETA6497 机芯
4 ETA6498
5 沛纳海搭载的 ETA6498

一个机芯会有两组机芯编号？无论是 6497 还是 6498 也好，其机芯的组件是几乎完全一致的，只是两者的传动轮系与夹板布局做了不一样的"排兵布阵"罢了。6497 机芯的特征是上弦柄轴与小秒针呈一直线排列，称之为"Lepine"式，而 6498 机芯的特征则是上弦柄轴与小秒针呈 90 度夹角的位置，称之为"Savonnette"式。由于从 1920 年代起，腕表的流行及怀表的日趋式微导致了硬朗而优秀的 ETA6497/6498 生不逢时无用武之地，只能作为某些品牌的怀表款式而被使用。不过随着时代的变迁，进入了 21 世纪特别是由沛纳海 Panerai 等品牌掀起的大口径腕表的潮流，让 ETA6497/6498 这样的大块头机芯而今变得大受欢迎，同时也提升了摆轮频率至 21，600A/h 的 ETA6497-2/6498-2（注：ETA 机芯中都有相应版本的升级，有"-1"变成"-2"以作区分），如此更符合现代提高机芯运行精度的技术标准，当然 18 000A/h 的 ETA6497/6498 机芯也同样可以轻松获得 COSC 的天文台认证。同时沛纳海对其机芯的快慢针微调改为鹅颈微调，擒纵轮夹板独立出来以及机芯夹板的装饰性打磨与更漂亮的日内瓦条纹或是镌刻着品牌的独有标识，再配以蓝钢螺丝，美不胜收。

2. 自动上链机芯（ETA2824、ETA2892A2、ETA2671、ETA2000）

数十年来，ETA2824 被视为瑞士基础机芯中的翘楚，使用它的品牌数之众非一般机芯所能匹敌的。同时这款机芯满足了对于一个稳定结实机芯的几乎所有要求，每小时 28 800A/h 的振频保证了机芯的精准，其衍生品也层出不穷，包括之前提到的 ETA2801 机芯，还有 ETA2834、ETA2836 以及 ETA2846，其中的这 34、36 机芯都为星期日历款，只是星期的显示窗口位置的不一样而已，一个在 12 点位，一个是与日历显示窗口在同一位置上如三点位或 4 点位。而 46 机芯则是频率的不一样了，为 21 600A/h 的振频。除此之外还有在其机芯上附加模块成复杂功能的机芯，当然最主要的还是在于其品牌定位方面的不同，虽同为使用的 ETA 机芯，但其工艺打磨、快慢针调教方式等做了全方位的升级与改进，就连 ETA 机芯厂的出品都按照发条、摆轮游丝与避震装置的材料以及相关技术规格的差异而做了 4 个等级的区分：标准级别（Standard）、改良级别（Elabore）、高等级别（Top）和天文台认证级别（Chronometre），成为一代经典。当然 Incabloc 或是 Kif 的避震簧的差异也会出现在不同的品牌之中，比如 TUDOR（帝舵）就比较偏向于这 Kif

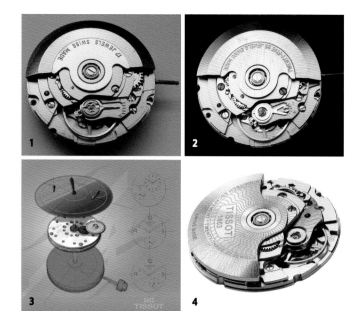

1 ETA2824-2 自动机芯

2 ETA2836-2

3 ETA2825-2 机芯分解视图

4 机械动力 80 自动上弦机芯

5 机械动力 80 自动上弦机芯表背示图

的避震簧，因 ROLEX（劳力士）也是全线使用这个的，最近才逐步改进为 Paraflex 避震簧紧跟步伐。除此之外，天梭在改变 ETA2824 机芯的游丝材质后更改为无卡度的摆轮游丝，推出了机械动力 80 自动上弦机芯。

ETA2892 是市面上最薄的自动上链机芯之一，厚度仅为 3.6 毫米，是为经典中的经典。源自 1961 年研发的"Eterna Matic 3000"，最初被命名为 1466，而后被称之为 1504，相较于同胞兄弟的 ETA2824 而言的 4.6 毫米的厚度，显然更具影响力。在面市了 15 年后，ETA 以其为原型调整直径从 29 毫米变为 25.6 毫米，摆频也由 21 600A/h 提升至 28 800A/h 等的略加修改，成就了 ETA2892，之后又经过 SMH 的重组后，再次进一步的改进成就了现在的 ETA2892A2 机芯。以这 ETA2892A2 为基础机芯的衍生款众多：ETA2890——万年历与月相功能；ETA2891——万年历中心秒针结构；ETA2893——双时区功能；ETA2894——计时功能；ETA2895——6 点位小秒针功能；ETA2896——大日历显示功能；ETA2897——动力显示功能。当然还有品牌自定义的改制的型号，比如 TUDOR（帝舵），就引生出不同结构的计时款机芯 Tudor2892-420、Tudor2892-205 以及 Tudor2892-901 的 Heritage Advisor 启承慧鸣的闹铃表机芯，这些都是以 ETA2892 为基础机芯而设计出品。除了结构功能的升华之外，对其上链效率的改进那也是必不可少的，因 ETA2892 讲究的是纤薄，就把自动轴承的珠子的直径减小了 0.05～0.60 毫米，相应的上链效率就弱了些，IWC（万国）自有办法——增加自动陀的惯量，在其边缘加设了 21K 实金；而 OMEGA（欧米茄）则对其自动与发条盒的几处能量聚集地做了精致的改良成就了独有的 1120 机芯，且在 1999 年后再次升级了同轴结构，成就了 2500，以及为后续的 8500，9300 等打下了磐石般的基础，2892 可谓功不可没。机芯有时还会出现黄色机芯，现在已经不多见了，黄色本就是机芯夹板的原色，而现在所见的银色则为镀铑、镍等的功劳，各有各的特色，所以不必大惊失色，以为是仿制品了。

这些是男款机芯，当然也少不了这女式款机芯了——ETA2671 与 ETA200 便是。ETA2671 可看成是 ETA2824 机芯的缩小版，但结构上也是略有改变的，而 ETA2000 则可看成是 ETA2892A2 的缩小版本，也为自动部件嵌入式的机芯结构，所以 ETA2000 肯定比 ETA2671 要更薄一些，也就是 LONGINES（浪琴）的嘉岚系列的机械表机芯

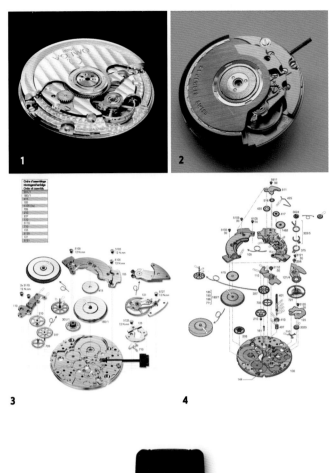

1　（OMEGA）欧米茄首款同轴擒纵系统搭载于 Cal.2500 机芯上

2　ETA2892-2 自动机芯

3、4　ETA2892 机芯爆炸图

5　IWC（万国）马克 18，30110 自动机芯，以 ETA2892-A2 为参照

不是这 ETA2892A2 就是这 ETA2000 机芯了，铁定不会是 ETA2671。

之前所说的 ETA2892 机芯的自动上链效果略逊些，一些品牌做了改进，ETA2000 也不例外地做了改良处理，衍生出 OMEGA（欧米茄）的 2520 机芯，在这之前的则是 OMEGA（欧米茄）的 725，现已经无处寻觅了，因一般品牌售后在好多年前就会直接整机更换成 2520 机芯了。

3. 计时自动上链机芯（ETA7750）

几个世纪以来，Vallee de Joux 一直是瑞士制表业的中心，1901 年，一家机芯厂便以此地名为自己命名，它就是 Valjoux S.A. 机芯厂，ROLEX（劳力士）迪通拿所搭载的 4130、4030 机芯之前，所选用的就是来自这家机芯厂的 Valjoux72、Valjoux72B 与 Valjoux727 机芯。虽后来公司名变更过多次，但这个 Valjoux 的名字却一直保留至今，有时 ETA7750 我们业内人士还很习惯地称之为 Valjoux 7750。该机芯自 1973 年研发以来，一直是行业的标准与先锋。ETA7750 沿用了由 Henri Jacot-Guyot 在 1941 年发明并获专利的计时结构，7750 早期版本为 17 钻 21 600bph 摆频，后期为 25 钻 28 800bph 摆频，使用推杆式计时结构，简单而且维护容易。虽然凸轮式样的结构从美学上无法媲美导柱轮结构的计时机芯方案，但加工简单且牢固，使用推杆式计时结构，离合杆下的齿轮联轴游刃有余于计时秒轮，当按下计时按钮开始计时，计时码表的中心轮与小齿轮啮合，当再次按下计时按钮，小齿轮脱离中心轮且计时秒针停止。

ETA7750 跟 ETA2892 机芯一样也是个"百变金刚"，因不同特殊功能的加持下，衍生出其他的几个型号，如配备了月相、星期、日期、月份显示及 24 小时指示后就变成了 7751 机芯，LONGINES（浪琴）的"八针"名匠就是典型的一款 ETA7751。小计时盘布局的不同型号也有差异，369 布局的则为 ETA7753，GMT 功能的则成了 ETA7754，更有甚者直接搞个最高规格的——双追针功能的 ETA7757。

除了型号的变更以外，因其超强的扩展性，广泛的适用性以及稳定耐用的性能，又搞出些其他花样来——计时加上万年历功能的 IWC 的 Da Vinci，以 4 位数字呈现年份；这还不算啥，又是 IWC（万国），看来是跟 ETA7750 杠上了，万年历 + 双追针 + 三问的 Grande Complication，限量 50 枚，是收藏家的最爱。ETA7750 怎就一"牛"字而已呢？！

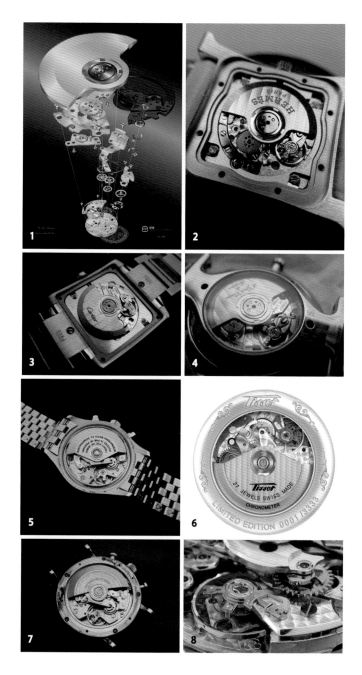

1　ETA2000-1 自动机芯
2　爱马仕搭载的 ETA2000 机芯
3　卡地亚搭载的 ETA2000 机芯
4　浪琴搭载的 ETA2000 机芯
5　老款万国表搭载的黄色版 7750 机芯
6　天梭搭载的 7750 机芯
7　万国表搭载的银色版 7750 机芯
8　鱼钩式快慢调校的 7750 机芯特写

（二）机芯等级差别

ETA 根据客户和市场的不同需求，把出厂的机芯分为 4 个级别：标准（Standard）、进阶级（Elaboré）、顶级（Top）、天文台（Chronometre）。这 4 个等级的 ETA 机芯，都是采用相同的机械机构，在外观上看来几乎完全一样。但是在原材料的选择、做工质量、零件的光洁度上存在不同，同时最后执行的走时精度标准也不同。

Standard 标准级

发条	Nivaflex NO 材料
游丝	Nivarox 2 材料
避震器	Etachocs
调教方位	两方位
误差	±12 秒
方位差	±30 秒
等时性	±20 秒

Elaboré 进阶级

发条	Nivaflex NO 材料
游丝	Nivarox 2 材料
避震器	Etachocs
调教方位	三方位
误差	±7 秒
方位差	±20 秒
等时性	±15 秒

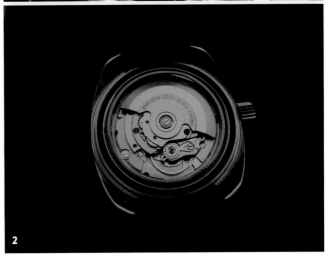

Top 顶级

发条	Nivaflex NM 材料
游丝	Anachron 材料
避震器	Incabloc
调教方位	五方位
误差	−4/+10 秒
方位差	±15 秒
等时性	±10 秒

Chronometer 天文台级和 Top 顶级的配置一样，只是 Chronometer 还通过了 COSC 天文台认证，走时检测的精度更高，达到 −4/+6 秒间。

Nivaflex 为一种专利合金，成分为铍、铁、钛、镍、铬，

1 Chronometer 天文台级的 2824 机芯

2 黄色版本三角簧避震的 ETA2824 机芯

可防磁、防锈，不易金属疲劳，输出扭力稳定，不易折断等特点。Nivaflex 后不同的数字代表成分、物理、抗腐蚀特性不同。

Etachocs 为 Incabloc 公司于 1980 年为 ETA 开发的便宜避震器，制造虽然简单，但维修拆装困难，使用 Novodiac Spring（三角簧片）固定轴心宝石。最先用于 ETA2846，后来在低等级的 2824 出现。避震效果和 Incabloc 差不多，但是抗干扰性差。Incabloc 避震器为 1934 年瑞士工程师 Georges Braunschweig and Fritz Marti 发明，结构较为复杂，制造成本高，但拆装简单，生产 Incabloc 的公司后来被 ETA 并购。

Glucydur 为专利合金，成分：铍、铜及铁（berrylium bronze），优点是非常硬及稳定，耐变形，防磁，及防锈，Glucydur 镀金摆轮被不少 C.O.S.C. 表采用。

Nivarox 游丝有 5 种等级，1（最好）至 5（最差），不同在于在计时性能及合金金属的微量差异。Nivarox 成分为钴（42% ~ 48 %），镍（15% ~ 25 %），铬（16% ~ 22 %），和少量的钛和铍。Anachron 合金则又比任何 Nivarox 游丝表现得更好，用于高等级的手表中，Anachron 合金成分到现在仍未透漏。Etastable（专利名称 Nivacourbe）是 ETA 发明的游丝热处理程序，其作用在受到撞击时不易变形。

那如何辨别 ETA 机芯的不同等级？ Standard 标准级和 Elaboré 进阶级没有明显的差别，靠肉眼是难以区分的。而 Standard 标准级、Elaboré 进阶级与 Top 顶级、Chronometer 天文台级可以靠避震器区分。Standard 标准级与 Elaboré 进阶级采用的是 Etachocs 避震器，像一朵三瓣的梅花。Top 顶级和 Chronometer 天文台级则使用的 Incabloc 避震器，两者的区别还是很明显的。至于 Top 顶级和 Chronometer 天文台级间如何区分，Chronometer 天文台级均会在表盘与机芯夹板上注明 Chronometer 或是 COSC 等字样予以表明身份。

另外，不能单看机芯的打磨来肯定辨别 ETA 机芯的等级，因为划分等级的标准并不是打磨，而是走时精度和使用材料。不过大多数情况下，差的机芯厂家也懒得打磨了。

（三）机芯主夹板上的刻字含义

ETA 机芯以及之后的 SW 机芯等公用机芯之外，

1 帝舵搭载的 ETA2824 机芯
2 对机芯进行五方位持续地测试
3 豪利时搭载的 ETA2824

自产机芯等均会在摆轮下方的主夹板上刻印上诸如"ETA""2824"等型号字样或图样。但除了这些以外，我们在 ETA 机芯中也会看到 V8、DM、GJ、SW 这 4 个戳记也不时出现，那这些字样代表着什么意思？是真如坊间传闻 V8 多使用于顶级手表品牌，而 DM 多用于小品牌，Top、Chronometre 大多数是以 V8 为基础升级改造的？

神秘的"DM"字样其实就是"Origin Sellita Watch Co."的意思，代表这枚机芯由 Sellita 生产。DM 没有任何好坏的意思，只是生产商标志而已。事情的真相很简单，Sellita 给 ETA 公司做了 30 多年的代工。虽然最后的产品上面带有"ETA"公司的商标，但幕后英雄还是 Sellita 公司。

同时也可以解释为什么我们能在一些带有"GJ"字样的机芯上同时看见"DM"。"GJ"字样乃 Sellita 公司的创始人"Grandjean"的名字缩写，和"DM"一样代表 Sellita 公司。同时我们可以通过"DM"印记后面的数字来判断机芯的具体生产年份，比如 DM16 代表是 Sellita 于 2016 年生产、DM17 代表乃 Sellita 在 2017 年生产，以此类推。甚至具体的月份都还可以查询到，比如 DM08.1 代表是 2008 年 1—2 月生产的；DM08.2 代表是 3—4 月生产的，以此类推。

而对于"V8"的含义其实和"DM"一样，它也只是生产商的代码，不代表机芯的好坏之别。比如我们能找到同时带有 V8、DM、ETA 印记的 ETA2824 机芯，以及在一些素质不高的机械、石英机芯上看见 V8 标志。而 V8 背后的生产商就是 ETA 公司，按照 ETA 公司公布的官方标准，除了客户单独定制版，其常规机芯只有 4 个等级，分别是：Standard 标准级、Elaboré 进阶级、Top 顶级、Chronometer 天文台级。

我们对于其机芯的鉴定无论是公用机芯还是自产机芯，印刻的字体我们是需要做一些鉴定与分析，在这个前提下，主要的还是需要在鉴定避震器、有卡度或是无卡度的微调装置以及机芯打磨等级是否与鉴定的这个品牌的机芯工艺标准对应否？

1　ETA2000 摆轮下方的刻印字体
2　ETA2824 摆轮下方的刻印字体
3　ETA2896 摆轮下方的刻印字体
4　马克十五改用 ETA 2892 为基础的 C 30110，已换上了更优质的游丝与摆轮，因此稳定耐操又精准，注意下摆轮下方刻印的字体以及夹板上刻印的字体

二、Stellita 机芯

（一）历史与种类

  Stellita 这家成立于 1950 年且一度作为 ETA 下游企业存在的机芯工厂，可以说是 ETA 事件中的"陈胜""吴广"，但结局不尽相同，Stellita 不仅作为先行者"点燃"了机芯组装厂的转型风潮，更在整个过程中取得了不俗的成绩。而这，显然要归功于 Stellita 对 ETA 的了解。

  在转型初期，Stellita 为了抢占 ETA 留下的空白市场，将目光锁定在多款早已过了专利期，并大量被瑞士钟表产业使用的 ETA 机芯为参考对象，小幅修改后推出自有的通用机芯让品牌选购，如发表于 2005 年以 ETA2824 为参考的SW200，发表于 2010 年以 ETA7750 为参考的 SW500 机芯等。这些机芯都有一个通性，那就是与对应型号的 ETA 机芯近乎 100% 共通。

  如此对于钟表品牌来说，无疑是个福音。它们可以直接将 Sellita 机芯装载于之前为 ETA 机芯设计的表款上，无需做任何规格上的改动。或许正是因为这样的原因，Sellita 很快成了 ETA 机芯的接棒者，收到了许多来自早先以 ETA 为机芯基础的钟表品牌的订单，客户包含 IWC（万国）、ORIS（豪利时）、BAUME & MERCIER（名士）、TAG HEUER（泰格豪雅）、HUBLOT（宇舶）、ULYSSE NARDIN（雅典）在内的数十家钟表品牌。这些品牌针对 Sellita 常见的做法为购买通用机芯作为基础，在经过改装及冠以全新机芯编号后搭载于表款之中。改装部分，简单点的就是如 BAUME & MERCIER（名士）般仅附加一些装饰性的打磨或按需搭载功能组件，复杂点的则是如 IWC（万国）对 SW300 做出更换陶瓷轴承等动作。宣传部分，也是一件非常有趣的现象，大致分为三种情况。第一种是非常坦然地承认自己使用的基础机芯是 Sellita；第二种则是不会主动承认，但问及会做出对应说明，只是重心会放在改制部分，这也是如今诸多使用 Sellita 机芯的钟表品牌的对外宣传口径；第三种则是少数，但笔者确实切身经历过，那就是坚持宣称自产，国内的宣传口径中绝不承认以 Sellita 为基础。不过不管怎样，Sellita 机芯已经成为我们名表中普遍使用到的公用机芯，数量上仅次于 ETA 机芯，所以我们需要了解并熟悉 Sellita 机芯。

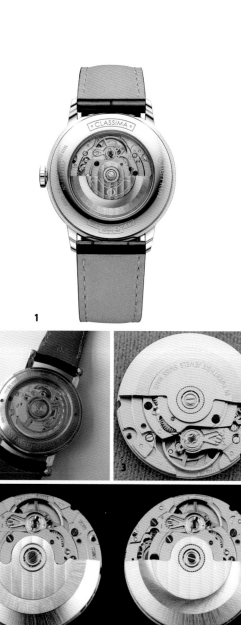

1

2

3

4　　ETA 2824-2　　　SELLITA SW200-1

5　　　　　　　　6

1 BAUME & MERCIER（名士）克莱斯麦系列"恒久之玄"陈坤特别款，搭载 SW 200 自动机芯

2 CHRONOSWISS 搭载 SW300 机芯

3 Sellita SW200

4 Sellita SW200-1 在设计上参考了 ETA 2824-2

5 Sellita SW300

6 Sellita SW500

（二）国产 ETA 与 ETA 及 Sellita 机芯之间的区别

国产 ETA 与 ETA 及 Sellita 机芯之间殊途同归，但差异还是存在的，特别是国产 ETA 与后两者之间的差异就更大了。此处我们仅以结构做区别。

ETA2824 与国产 2824 结构上，自动中轴的一字螺丝及"Y"字形快慢针是 ETA2824 最明显的特征。国产 2824 使用了两种避震器，一是 INCABLOC 样式的（马蹄形），一是 NOVODIAC 样式的（三角避震）。但三角避震与 ETA 的三角避震细节上不一样，一是避震簧更粗，二是宝石颜色发紫，三是安装避震簧的碗口只有 1 个口子（ETA 的为 3 个口子）。对于某些高端品牌使用到的 ETA 机芯会有某些部件的改进升级，如帝舵所使用的 ETA2824 升级快慢针形式为 TRIOVOS 微调（外装侧边精密微调螺丝），同时避震器由普通三角避震改为 KIF 避震，这是帝舵使用公用机芯的鉴定核心点。当然帝舵现在也有属于自己的自产机芯 MT5601 等。

国产 2892 与 ETA2892 及 SW300 结构上，标志性的自动中轴也是识别它的一个明显特征，外形类似于一个大饼，它的快慢针和 2824 一样，也是 ETA/SW 公用机芯典型的标志。常见的 ETA2892 有两个版本，普通版本固定中轴拉丝处理工艺修饰，高端 2892 固定中轴做镌刻发散纹理，有时这两种情况会在同一品牌中同时出现，如在卡地亚这两个版本均会出现。国产 2892 与 SW300 的摆轮夹板，轮系夹板及条盒轮夹板等均会有装配销钉可见，ETA2892 是不可见的。同时在摆轮下方的标志也不尽相同，SW 机芯上会印刻 CJ 或双倒 7，ETA 机芯上的印刻为 ETA 小花标，而国产机芯中是没有的，当然仿品会在此处印刻有 ETA 标志。还有钻石数也就是轴承数不尽相同，均会在夹板上印刻出相关信息，但这个无法作为鉴定点。

国产 7750 与 ETA7750 及 SW500 结构上，ETA7750 其特点为鱼钩式样的调校装置，一字螺丝自动中轴固定方式。部分品牌使用 ETA 机芯时，会更改摆轮下方的型号，如万国等品牌。国产的会在其摆轮下方没有如 ETA7750 与 SW500 一样印刻有相关标志与型号。对于其改进升级处理，将鱼钩式样的快慢针微调升级为 TRIOVOS（外装侧边精密微调螺丝）。

1 　国产 6497

2 　一个缺口的三角避震簧，为国产 2824 机芯

三、Soprod A10 机芯

Soprod 曾经也是 ETA 的加工公司，产品比 Sellita 更高级一些，擅长打磨、镀层、更换高级零件、叠加功能模组等，也是对 ETA 机芯依赖相当大的公司。目前，它自产的主力机芯 A10，是一款基础机芯，在微调装置和摆轮夹板等方面，与 ETA 和 Sellita 都有所不同，从设计上看，很容易将它和这些机芯区分开来。A10 主要是针对 ETA2892 档次的，所有的 A10 机芯均按照 ETA 机芯中 Top 顶级标准进行生产。不过，Soprod 机芯的年产量较低，只有 10 来万枚，所以目前使用 A10 机芯的品牌并不多，梅花表大概是最早从 2892 改用 A10 的瑞士品牌，还有依波路，法穆兰等。板路是与 ETA2892 的板路正好是个镜像，还有 U 形的快慢针微调很有特点。

SOPROD 曾经也是 ETA 的加工公司，产品比 Sellita 更高级一些，擅长打磨、镀层、更换高级零件、叠加功能模组等，也是对 ETA 机芯依赖相当大的公司。它早已计划研发自己的统机，但是资金总是出现问题，还曾被中国投资者收购过一段时间。拖拖拉拉这么多年也就开发出一个 A10 基础自动机芯（以及 A10 衍生出的透摆和镂空版本），主要是针对 ETA2892 档次的。外观比较，最直观的区别就是它的摆夹板方向与 ETA 和 SW 是相反的，微调样子也不同。这款 A10 机芯推出之后，被很多大牌看好，它比 SW300 更显高级一些。这款机芯并没有提供差异化的产品，所有的 A10 机芯均按照 ETA 机芯中 Top 顶级标准进行生产，没有毛坯版本。法兰穆勒大概是最早从 2892 改用 A10 的大品牌。

从定位来说，Soprod 生产的 A10 机芯定位比 Sellita 略高，擅长打磨修饰、添加模块、更换零件。但是由于 Soprod 机芯的年产量较低，约 10 来万枚，所以目前使用 A10 机芯的品牌并不多。印象里，在老一辈人心目中有着良好口碑的梅花，是最早使用 Soprod A10 机芯的品牌之一，在梅花的大师系列中，A10 机芯经常扮演着重要的角色。目前使用 Soprod A10 机芯的品牌还有 Dior、豪雅、柏莱士、Stowa 等。

1

2

1、2　SOPROD A10

四、高端公用机芯 FP、JLC 机芯

　　高端公用机芯严格意义上讲并不属于公用机芯，它泛指专为高端瑞士名表生产制造机芯的厂家生产出来的机芯，为便于区分，常在鉴定中将其分为特殊机芯，它与普通公用机芯最大的区别在于机芯定位高端，生产工艺及制造复杂，成本高，由此工艺的限制等而无法仿制。FREDERIC PIGUET（简称 FP），是一家瑞士高级机芯厂，现属于 SWATCH 集团，改名为宝珀机芯工厂。FP 以高素质、超薄、长动力机芯著称，一直是各大顶级品牌喜欢用的"统芯"。它的 1185 自动计时芯势力占了顶级计时芯的半壁江山。百达翡丽早期的三问，也有来自 FP。宝珀机芯工厂拥有大规模的模具设计制造部门，能完全自制所有需要的模具，从设计、研发到制造的流程之完整，在业内绝无仅有。从 2006 年到 2015 年，宝珀好芯不断，总共发布了 34 枚全新机芯，其中就包括广泛应用于五十噚系列的 1315 机芯，常见于 Villeret 系列的 1150 机芯。但之前该机芯也供给宝玑、江诗丹顿、爱彼、罗杰杜比等。

　　JLC 积家机芯，为历峰集团旗下的机芯研发部门，品牌覆盖包括万国、卡地亚、江诗丹顿、爱彼等。

五、朗达 Ronda 机芯

　　朗达机芯是瑞士石英表中常用的机芯。瑞士朗达有限公司于 1946 年由威廉 – 莫塞创立，并从 1974 年开始生产精确的石英机芯，现已成为国际间具领导地位的石英机芯制造商。朗达有限公司是瑞士第二大手表机芯生产厂家，仅次于 Swatch 集团的 ETA 机芯。基于其独立性及家族式管理，面对世界经济气候之转变，瑞士朗达均能以极高的灵活性作出应变，与时并进。

　　如今朗达公司在世界各地聘用员工超过 1 400 名。凭借尖端科技，瑞士朗达公司在竞争激烈的机芯市场上仍保持着良好竞争力，其卓越生产效率正是以瑞士传统优良工艺配合先进自动化生产程序的结果。为求保持高质量水平，朗达所有生产程序均设有严密的监控制度。其设于瑞士与泰国的厂房已先后获得 ISO 9001 证书，确保了所有朗达机

1　Cal.28–255：源自 JAEGER-LECOULTRE（积家）Cal.920，唯一被三大巨头都用过的自动机芯，AUDEMARS PIGUET（爱彼）名 Cal.2120、VACHERON CONSTANTIN（江诗丹顿）名 Cal.1120，36 石，Gyromax 摆轮，轨道自动结构

2　F.P. Cal.1185 垂直离合计时机芯

3　在欧米茄中变成了型号 Cal.3301 机芯

芯都能达到顾客的要求。

朗达机芯应用越来越广泛，法国品牌赫柏林也有部分手表采用朗达机芯。顶级品牌法兰克穆勒的石英表也是采用的朗达机芯，其部分表款上放置了打磨精美的"遮羞盖"。

2016年，朗达重新回到了机械机芯阵地，已经生产了40年石英机芯的朗达，现在开始大张旗鼓地涉足机械机芯，推出了品牌第一块机械机芯——R150，这款机芯的竞争力非常大，预期售价约合人民币450元，最重要的是它还满足"Swiss Made"的审定标准。不过短板是生产目标每年才10万枚，数量真的挺少的。

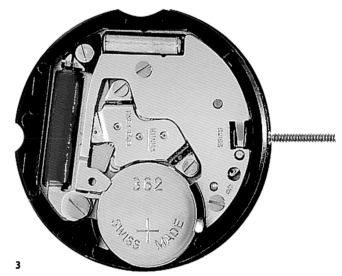

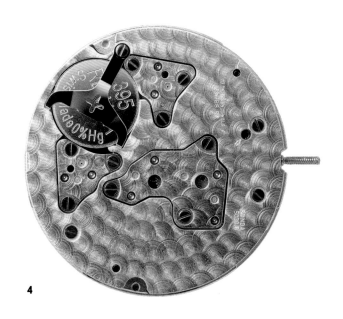

1　朗达 Ronda 机芯厂
2　朗达 Ronda 机械机芯
3、4　朗达 Ronda 机芯

第二节 | 避震器的鉴定

避震器的种类

　　机械手表由齿轮将发条盒里面的能量传递到擒纵摆轮系统，周而复始地围绕着轮轴旋转、摆动。为了减少摩擦，一方面在机芯中使用红宝石轴承，另一方面就是减少轮轴的直径，越细越好。但直径的变小，也带来了不可忽视的问题。摆轮轮轴的直径小到 0.07 毫米，相当于一根头发丝。当手表收到撞击的时候，力量传递到摆轮轮轴，非常容易将这一纤细的部分折断。即使枢轴不折断，它也可能会略微弯曲，导致钟表无法正常运行。在现代避震器发明并被广泛应用之前，手表撞击从而导致摆轮枢轴受损，是一个非常普遍的问题。同时，避震器的制造看似简单却复杂得很，在目前的国内制表市场中没有突破这一块的技术难关，我们可以通过对避震器的鉴别来鉴定手表机芯等的真伪。

（一）PARE-CHUTE 降落伞避震

　　被称为 PARE-CHUTE 防震器的防震保护系统是宝玑最著名的制表发明之一。通过观察可知，如果遭受撞击，表壳内纤细的平衡摆轮转轴是最脆弱易损的组件，于是，宝玑先生决定采用锥形转轴来加强其稳固性，并配备一个与形状匹配的底盘，安装于板簧之上。大约于 1790 年，宝玑先生开始测试这项发明，让他的怀表不再那么脆弱，也进一步增强了他们的声誉。

　　从 1792 年开始，他的 "Perpétuelle" 自动上链表开始采用这一装置。很快，所有他所创制的表款都搭载了这项

1

1 "降落伞" 式的避震装置

发明，在 1806 年的全国展览会上，他确定了最终造型。有时也被称为摆轮弹性悬挂系统的 PARE-CHUTE 避震器（也称降落伞）是"Incabloc"等现代防震保护系统的鼻祖。

（二）Incabloc 避震器

1934 年，两位瑞士工程师 Georges Braunschweig 和 Fritz Marti 发明了 Incabloc 防震系统，该系统采用圆锥形结构，结构更为精巧，可通过一个弹簧吸收摆轮轴横向和轴向冲击。Incabloc 系统使用"琴弦"形弹簧，使精密轴承在受到冲击时可在其设置中移动，直到更坚固的肩部接触坚固的金属端件为止，以便枢轴和轴承不必承受冲击的力量。撞击结束后，弹簧将零件引导回其原始位置。

新开发的避震器极大地提高了手表的长期精度和可靠性，避免了很多故障。避震器已成为所有配备瑞士杠杆擒纵机构的手表必不可少的组成部分。1935 年，交付了 30 万套 Incabloc 避震器。第二次世界大战后，它几乎占领了制表市场，甚至要求制表师在表盘上刻上"Incabloc"字样。劳力士却拒绝了这项要求，从那以后一直支持 KIF。

（三）KIF 避震器

KIF 可以说是 Incabloc 的主要竞争对手，自 1944 年以来，KIF 就开始生产钟表和手表的零部件。其产品被顶级和豪华手表品牌采用，这反映了其专业能力。KIF 减震器系统通过使用弹簧安装的宝石镶座，允许其在横向和垂直方向上略微移动，从而防止了手表摆轮枢轴的断裂。实际上，KIF 和 Incabloc 具有相似的性能，但顶级或奢侈品牌更喜欢 KIF。

（四）Diashock 避震器

1956 年精工推出新款的 Diashock 避震器，这款避震器与前述的两款瑞士避震器较为接近，仅有弹簧片略有不同，外形像是特殊的三叶草造型，与盖石的接触点也较多，日后成为精工的主要避震器。但之后精工在 7S26 以及 6R15 系列机芯上所使用的避震器，其类似于长方形的弹簧片与先前三叶草式的弹簧片有所不同，但厂方皆通称为 Diashock 避震器。

1、2 Incabloc 避震器
3 ~ 5 KIF 避震器
6 Diashock 避震器
7 另一种的 Diashock 避震器

（五）Parashock 避震器

1956 年 4 月，西铁城推出 Parashock 避震器，它与一般避震器不同之处在于，取消了避震器基座，以一个螺旋状的弹簧片与穴石固定住，上方则是与盖石固定在一起的弹簧片，所以两个宝石都有与弹簧片固定，明显与因加百禄避震器、KIF 避震器有所不同。西铁城还在日本国内举办投下实验的全国性宣传，在 30 米高空的直升机上，将腕表朝铺有软垫的地面丢下，而机芯仍可以准确地运作。

（六）Etashoc 避震器

Etashoc 防震系统是最便宜的型号，是 ETA 在 1990 年代末量身定制的型号。该避震器因为外形貌似梅花，又被称为梅花形避震器或者三叶避震器。早期的 ETA 2836 和 ETA 2824 配备了 Etashoc，天梭和 Mido 入门级手表都使用 Etashoc，它的弱点是它的轴承比 Incabloc 厚，因此使用 Etashoc 防震系统的机芯精度不高，它被广泛用于价格适中的手表中。

（七）Paraflex 避震器

劳力士自 1940 年代以来就一直偏爱 KIF。但劳力士拒绝长期与其他公司合作从事钟表制造和创新。自 20 世纪 80 年代末以来，劳力士逐渐收购其供应商，形成完全 in-house 开发生产能力；劳力士（Rolex）于 2005 年终止了与 KIF 的关系，劳力士独立开发 Paraflex 避震器，比 Incabloc 和 KIF 更复杂。它比起 KIF 将防震性能提高了 50%，并延长了机芯的使用寿命。3131，3135，3555 和 3186 都配备了 KIF，而新型号机芯比如 3132，3136，3156，3187 和 9001，3235 都配备了 Paraflex 避震器。

（八）Nivachoc 避震器

劳力士独立开发 Paraflex 减震系统后，Swatch 集团的成员宝玑于 2006 年发布了 Nivachoc 避震器系统。该系统最初用于宝玑 777Q 机芯。由于避震弹簧片如同两个英文字母"T"的组合，所以也有人称这种避震器为"双 T 避震器"。现在，欧米茄（Omega），浪琴（Longines）和雷达（Rado）等都使用 Nivachoc 避震器。

1、2　Parashock 避震器
3　Etashoc 避震器
4　国产仿制的 Etashoc 避震器
5　Etashoc 避震器与国产仿制的区别
6 ~ 10　Paraflex 避震器
11　Paraflex 避震器也用于擒纵轮上下轴处

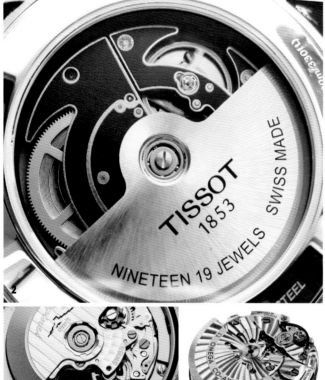

KIF

NORMAL BS	Ø D'AJUSTEMENT DEN PASSUNG ADJUSTMENT DEL AJUSTE D'AGGIUSTAMENTO	RESSORT FEDER SPRING MUELLE MOLLA	CONTRE-PIVOT DECKSTEIN CAP JEWEL CONTRAPIVOTE CONTROPERNO	CHATON STEINFUTTER IN-SETTING CHATON CASTONE Ø...
KIF TRIOR	160	1 - 2	515	302 Ø...
	210	1 - 4	517	304 Ø...
	160 BS	1 - 2	508	312 Ø...
KIF FLECTOR	160	2 - 2	515	302 Ø...
	190	2 - 3	516	303 Ø...
	210	2 - 3	516	303 Ø...
	160 BS	2 - 2	508	312 Ø...
	190 BS	2 - 3	510	313 Ø...
KIF ELASTOR	160	3 - 2	515	302 Ø...
	190	3 - 3	516	303 Ø...
	210	3 - 3	516	303 Ø...
	160 BS	3 - 2	508	312 Ø...
	190 BS	3 - 3	510	313 Ø...
KIF SATELLOR	160	4 - 2	515	302 Ø...
	190	4 - 3	516	303 Ø...
	210	4 - 3	516	303 Ø...
ULTRAFLEX	130	6 - 1	SUS 515 SOUS 508	301 Ø...
	160	6 - 2	515	303 Ø...
	160 BS	6 - 2	510	313 Ø...
DUOFIX	160	10 - 2	515	
	190	10 - 3	516	
	210	10 - 3	516	
	230	10 - 6	514	
	160 BS	10 - 2	508	
	190 BS	10 - 3	511	
MINIFIX	130	507/12-1		
DUOBIL	130	13 - 1	526	
	160	13 - 2	522	
	190	13 - 3	524	
	210	13 - 3	524	
	230	13 - 6	525	

Pour le choix des pièces à remplacer, en cas de doute, mesurer le Ø d'ajustement du bloc (normal ou BS); pour les châtons indiquer le Ø du trou à la commande.

Für die Wahl der Ersatzteile messen Sie im Zweifelsfalle den Ø der Passung des Blocks (normal oder BS) und geben Sie auf der Bestellung den Lochdurchmesser des Steinfutters an.

When choosing replacement parts, in case there is any doubt, measure the Ø adjustment of the block (normal or BS) and indicate the Ø of the hole when ordering the in-setting.

Para escoger las piezas de recambio, en caso de duda, midase el Ø del ajuste del bloque (normal o BS), para los chatones indique el Ø del agujero en el pedido.

Per la scelta dei pezzi di ricambio, in caso di dubbio misurare il Ø d'aggiustamento del blocco (normale o BS), per i castoni menzionare il Ø del buco ne ordine.

KIF-PARECHOC S.A. LE SENTIER (SUISSE)
Imprimé en Suisse

1 ~ 4 Nivachoc 避震器
5 KIF
6 其他类型的避震器

常见的擒纵机构类别

擒纵机构是机械钟表中一种传递能量的开关装置。从字面上就很好理解擒纵机构在机械钟表中所扮演的角色："一擒，一纵；一收，一放；一开，一关"，擒纵机构将原动系统提供的能量定期地传递给摆轮游丝系统使其不停地振动，并把摆轮游丝系统的振动次数传递给指示系统来达到计时的目的。因此，擒纵机构的性能将直接影响机械手表的走时精度。

擒纵机构的起源现已很难考据。13 世纪的法国艺术家 Villard de Honnecourt 就已发明出擒纵机构的雏形，这个仪器看上去是一个计时装置，但走时不精确。随后的几百多年，迎来了机械钟表的"黄金时代"，大约有 300 多种擒纵机构被发明出来，但只有 10 多种经受住了时间的考验。而在我们现代腕表中也只普遍看到几种而已了，更多的得在古董钟表才能看到，这里我们只介绍 2 种最普遍的，当然在形状上也会有些变化，特别是在擒纵轮上，如劳力士3235 机芯中使用的虽然也是杠杆式擒纵机构，但做得更加精美，我们可以在打开了劳力士后盖后，使用各种各样的目镜，能清晰地看到它，如果说假表表面能欺骗你，但"内心"还是做不到那么强大的。

1

一、杠杆式擒纵机构
Lever escapement

杠杆式擒纵机构是分离式的擒纵机构，从而使手表或时钟的计时完全免于来自擒纵机构的干扰。杠杆式擒纵机

1 现代表中常见的擒纵叉与擒纵夹板

构是由英国制表师 Thomas Mudge 在 1750 年发明的，后来经过了包括 Breguet 和 Massey 在内的制表师们开发，被应用到大多数机械手表、怀表和许多小型机械钟（非摆钟）里。

英国制表师使用英式杠杆式擒纵机构（English lever escapement），其中杠杆与摆轮成直角。随后，瑞士和美国的制表师使用内联杠杆式擒纵机构（Inline lever escapement），顾名思义，摆轮与擒纵轮之间的杠杆是内联的，这是现代手表所使用的杠杆式擒纵机构。

擒纵轮的转动是由擒纵叉控制。擒纵轮齿呈锯齿状，与 2 颗宝石（分别是擒纵叉的进瓦和出瓦）相互作用。除了特殊情况，擒纵轮有 15 个轮齿，由钢制成。进瓦和叉瓦被固定在擒纵叉的叉身上，叉头钉被固定在擒纵叉的叉头上，圆盘钉被固定在摆轮圆盘上，摆轮圆盘安装在摆轴上。擒纵叉头能在两个固定的限位钉之间自由旋转。

擒纵轮沿顺时针方向旋转，一个轮齿被进瓦锁定，通过牵引，擒纵叉靠在左限位钉上。摆轮以逆时针方向向平衡位置运动。由于圆盘钉和摆轮是一体的，所以也会随摆轮逆时针运动。此时圆盘钉与擒纵叉的叉槽左壁发生碰撞，使得擒纵叉获得了一定的动能。另外，由于擒纵轮的一个轮齿的齿尖压在进瓦的锁面上，当圆盘钉与擒纵叉的叉槽右壁发生碰撞的同时，擒纵轮的这个轮齿与进瓦也会发生碰撞。碰撞结束后，圆盘钉沿擒纵叉的叉槽右壁相对滑动而擒纵轮的齿尖与进瓦的锁面相对滑动，并把进瓦逐渐提起。这时进瓦将逐渐升起直到它的前棱与擒纵轮齿尖接触为止。擒纵轮通过擒纵叉的进瓦给摆轮动能，摆轮获得了一定能量并逆时针向右自由运动，此时擒纵轮与擒纵叉脱离然后继续转动直到它的另一个齿的齿尖碰到出瓦的锁面上。由于擒纵轮的牵引力作用迫使擒纵叉转动，直到擒纵叉碰到右限位钉。

擒纵轮齿与擒纵叉瓦，擒纵叉头与圆盘钉相互之间必须通过碰撞才能传递能量给摆轮，由于撞击和摩擦力导致能量被大量消耗，只有少部分能量被传递给摆轮。由于这个弊端，人们又开始设计其他的擒纵机构。

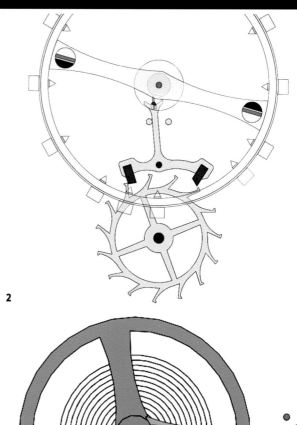

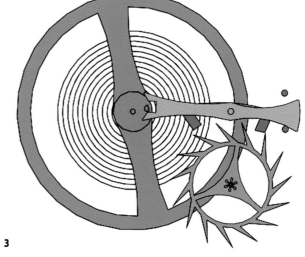

1 2011 年，ULYSSE NARDIN（雅典）发布 Cal.UN–118 机芯，采用了传统的瑞士杠杆式擒纵机构，但将擒纵叉和原为红宝石材质的棘爪一体成型，采用独家研制的钻石和硅晶体合成材料 DIAMonSIL，擒纵轮的材质也是采用此轻巧坚固耐磨损的新材料，而游丝则是采用硅材质

2 瑞士杠杆式擒纵机构示意图

3 英式杠杆式擒纵机构示意图

二、同轴擒纵机构 Co-axial escapement

1974年，英国制表师George Daniels发明了同轴擒纵机构，于1980年注册专利并被运用到现代商业中。同轴擒纵机构是在杠杆擒纵机构的基础上改良，有着自由式擒纵机构的特点。这项发明被公认为是杠杆擒纵机构之后钟表技术上的一大突破。同轴擒纵机构将杠杆擒纵机构中的一个擒纵轮扩展为两个擒纵轮，这两个不同直径的擒纵轮同轴旋转。摆轮游丝系统左、右振动各一次。摆轮向左摆动时所得到的能量是由主擒纵轮直接输入；而摆轮向右摆动时所得到的能量是由副擒纵轮通过擒纵叉间接输入。这样的好处就是有效地降低传递动力的擒纵系零件之间的摩擦，减少了润滑的需要。但由于摆轮在两次振动中所得到的能量不可能一致，因此摆轮左、右振幅就有可能存在差别而导致等时性受到影响。20世纪90年代，OMEGA（欧米茄）引入了这项技术。

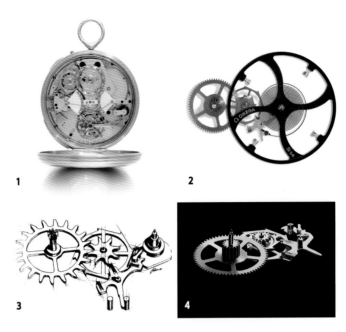

1 George Daniels于1987年左右制作搭载了早期同轴擒纵机构的18K黄金高复杂怀表
2 同轴擒纵系统与硅游丝搭配使用，为腕表带来了更高的精准性和持久稳定性
3 第一代同轴擒纵机构草图
4 同轴擒纵系统（早期）

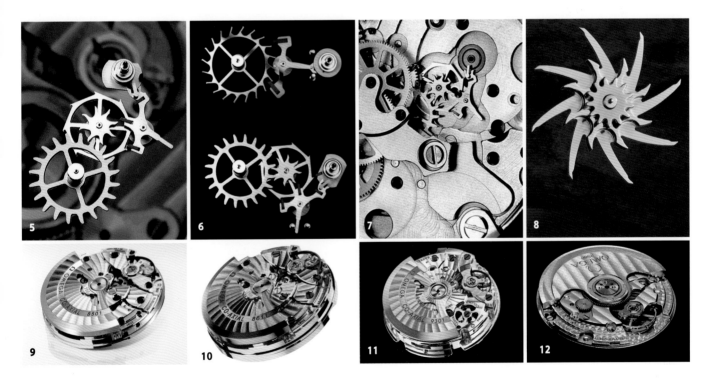

5 同轴擒纵结构（早期）
6 同轴擒纵系统与传统杠杆擒纵相比，改进了动力传输的方式
7 同轴擒纵机构在机芯中
8 同轴擒纵轮

9 同轴机芯8501
10 同轴机芯8611
11 同轴机芯9301
12 OMEGA同轴机芯2500

有卡度与无卡度摆轮游丝的鉴定

就机械钟表来说，振荡系统（包括擒纵系统和摆轮游丝系统）的协调性及稳定性是决定其能否精准走时的主要因素。当然，影响钟表精准走时的因素还有很多，比如原动系动力输出的恒定与平稳，以及行轮系传动过程中的摩擦损耗等。不过，这些都属于制造工艺的范畴，也就是说，一只手表制造成型，这些都属于"硬件"方面的配置，能够达到什么样的工艺水平，基本属于固定的了，很难在使用过程中对其进行优化或者调节。另一方面，比如齿轮咬合过程中的摩擦损耗，这是客观存在的影响，是任何机械装置都存在的问题，很难通过工艺或者技术进行消除。我们这里讨论的钟表内的调校系统，是指可以在手表制作完成后的使用过程中，根据其走时的具体表现，通过附加装置对其进行人为干预、调节的部分。

从钟表原动系（主发条盒）传递出来的动力，本来是没有规律的。换句话说，如果没有一个机构加以干预，那么主发条所积聚的动力就会在瞬间释放完毕，无法达到记录时间的目的。震荡系统便是规范和约束主发条动力的机构。通过震荡系统的运作，原本毫无规律的"一团"能量，便能够以等分（完全等分是机械制表的终极目标）的方式分解释放，进而驱动时间显示的齿轮，以秒（或若干分之一秒）为基本单位，最终规律地体现在表盘上的显示系统，确保精准走时。振荡系统是机械钟表内部协调动力输出的"节拍器"，也是钟表精准走时之源。

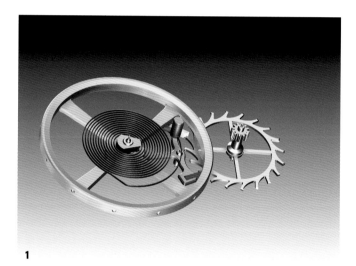

1

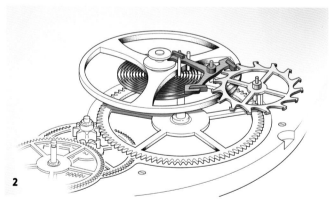

2

1　摆轮游丝与擒纵
2　影响精准度走时的摆轮擒纵系统

一、有卡度摆轮游丝

有卡度摆轮游丝的基础是快慢夹调节器，一般设计为Y字夹形，摆夹板上可延长加装指针，标示快慢方向及刻度值，所以也称为快慢针。

现代机芯细化调节机构的方式大同小异，以添加偏心螺丝为主，其中公用机芯有两款实用且廉价的辅助游丝精调装置：夹板偏心螺丝微调Etachron、游丝固定桩（外桩）旁侧螺丝调节器Triovis，这两种装置以调节螺丝的方式，将快慢针操作细化，精密度也较简单的指针式为高。尤其Triovis，以旋转螺丝带动啮合的摆下微小齿轮，拧进拧出螺丝，相关联的齿轮改变运动游丝的长短，因为这枚关键螺丝和揑合齿轮相当幼小，所以其改变游丝的长度也仅在毫厘之间，可以更细致地实现精度调节。目前使用Triovis的机芯不少，有改自公用芯的，也有自家班底，该种微调除去实用因素，还有一些其他优点，比如它比鹅颈成本低廉，效果却丝毫不逊色；可为夹板腾出大片空间，使之可与其他夹板进行一体化的打磨美化处理。

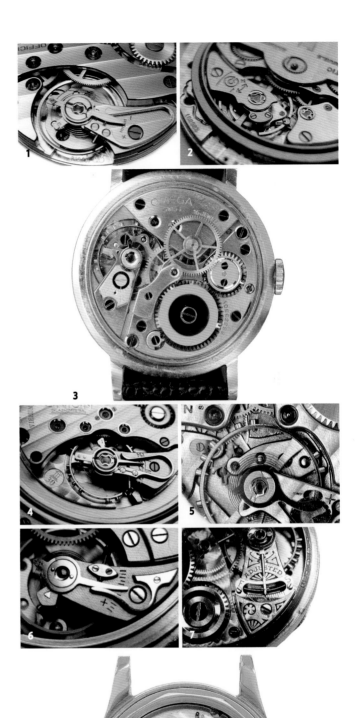

1 沛纳海有卡度游丝，配以鹅颈微调
2 大部分的2120机芯使用了顶级表常见的砝码摆轮，这是一种非常精密的微调快慢机制
3 OMEGA（欧米茄）Cal.30T2
4 UNION Cal.30机芯在鹅颈根部开个小口，既有线性密度美，又具有机械工程原理中的阻尼稳定性
5 ZENITH（真力时）Cal.135
6 鹅颈微调的有卡度摆轮游丝
7 美国早期ELGIN（爱尔琴）小怀表上的卡针螺旋调节器
8 早期PATEK PHILIPPE（百达翡丽）上的鹅颈微调弧度十分圆润

二、无卡度摆轮游丝

当前使用或改制无卡度螺丝配重微调的厂家越来越多，如 PATEK PHILIPPE（百达翡丽）、ROLEX（劳力士）、AUDEMARS PIGUET（爱彼）、IWC（万国）、OMEGA（欧米茄）等，从手表技术上讲，无卡度必将成为趋势，其微调机构更利于走时，PATEK PHILIPPE（百达翡丽）Cal.324 就把原先吸盘一般的砝码调节器由 8 颗减为 4 颗，由摆轮移至摆臂。

因为砝码摆轮生产加工、后期调教的要求比较高，假表生产商目前还做不出来，或者做得不好，所以通过这样方法去分辨真假是最简单粗暴的！

之前，天梭、美度之流的品牌很难鉴定真假，现在新款的 80 小时动力储存机芯版本升级了无卡度摆轮，只要摆轮上有这样的砝码，就可以轻松确定是真表。

现在有一种模仿劳力士 3135 机芯的假表，机芯板路差不多，但是通过砝码摆轮也能轻松鉴别。万国的葡萄牙七天也是假表泛滥的款式，也有机芯板路差不多的假表，迷惑性较强。使用看无卡度摆轮的方法，也可以轻松辨别真假。爱彼的皇家橡树、离岸系列同样也是假表泛滥，假表使用的机芯也是模仿真表板路，这一方法同样适用。

欧米茄同轴砝码摆轮也是适用。靠分辨摆轮是否为砝码微调摆轮已经可以分辨很多的假表、假机芯了。不过在实际过程中，部分品牌的机芯之前的还是老款的快慢针调节，所以，大家在使用这一方法的时候，一定核对好机芯型号和表款型号。

另外现在市面上有一种假的沛纳海，其摆轮上也有砝码，所以千万不能单靠这 1 种方法去区分真伪。假的沛纳海手动机芯的摆轮中间的两个支架是呈 90 度垂直交叉的。而真表不仅有砝码微调，而且摆轮的两个支架是呈 45 度交叉的，通过观察摆轮也可以分辨。

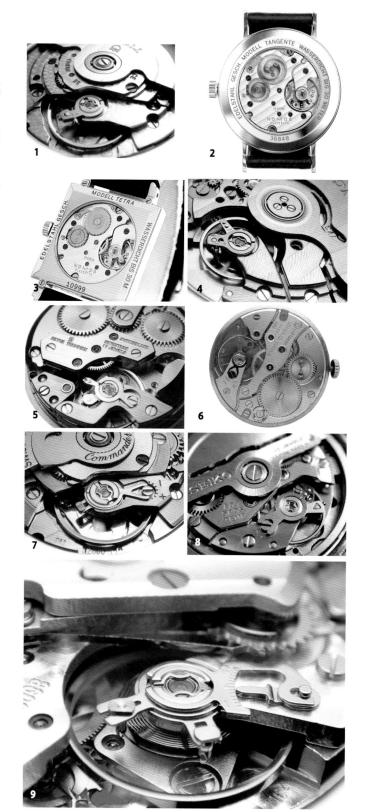

1 ~ 4　Triovis 精密微调
5 ~ 8　偏心螺丝微调
9　鱼钩形微调

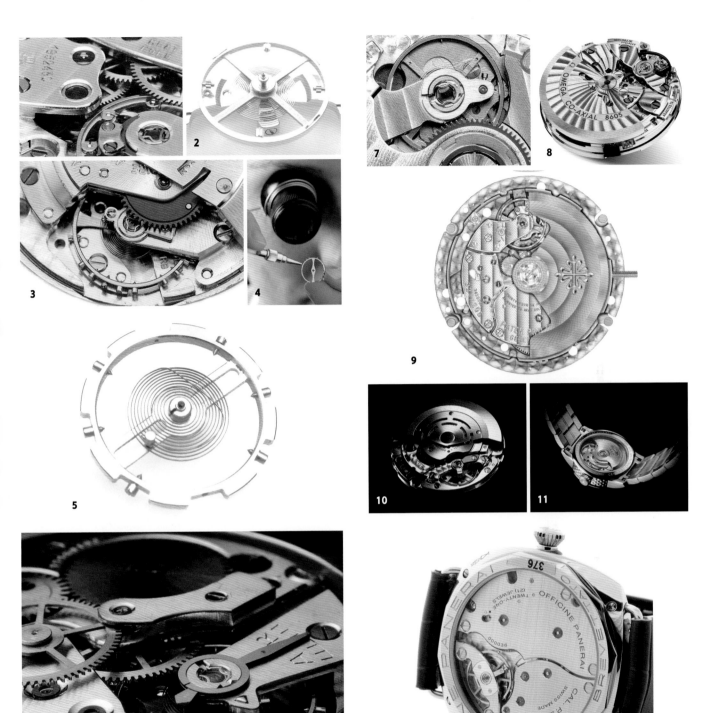

1 百达翡丽砝码摆

2 劳力士砝码摆

3 劳力士螺钉摆

4 砝码摆轮制造

5、6 螺丝摆、莲花摆或钉摆

7 OMEGA（欧米茄）Cal.2500 则是两颗小螺丝担当精调重任

8 OMEGA（欧米茄）Cal.8605 同轴机芯

9 PATEK PHILIPPE（百达翡丽）Cal.324 就把原先吸盘一般的砝码调节器由 8 颗减为 4 颗，由摆轮移至摆臂

10 ROLEX（劳力士）Cal.3135 机芯

11 新款的 80 小时动力储存机芯

12 装在 PAM376 中的 PANERAI（沛纳海）Cal.P.3000 手动机芯

三、摆轮

摆轮是一个会来回摆动的有轴臂的轮，内有螺旋状游丝。摆轮、游丝等共同构成了机芯的调速器（调速机构），对表的走时有决定性的作用。摆轮上联结的游丝带动它进行往返运动，将时间切割为完全相同的等分。每一回合的往返运动（所谓的滴、答）称为摆频，1次摆频细分为2次振频。

摆轮的技术要求：①摆轮必须平整，也就是摆轮轮缘四周要与摆轴垂直。②要圆，不得偏心，也就是不能成椭圆形。③要平衡，也就是摆轮四周重量要一致。

在铜铍镍合金被用在摆轮上以前，大多数是铜制的摆轮，但铜本身易受温度的影响，而且比重也不均一，导致误差变化比较大。铜铍镍合金作为摆轮材料，它质地均匀、稳定，受温度影响变化较小，是一种理想的材料，备受天文台机芯的青睐。

摆轮运转的稳定与否直接影响走时精确度。摆轮摆动是否稳定除了决定于它的质地是否均匀外，还跟它的真圆度有关，而真圆度与摆轮轴臂数目有关。也就是说，摆轮的轴臂越多，它所围成的摆轮就越接近理论上的真圆，运转起来就越稳定，走时也越准。我们常见的有两臂、三臂、四臂。

5种最常见的摆轮分别是：① Glucydur 摆轮，设计虽然简单，但被不少 C.O.S.C. 天文台表所采用。其材质是铍、铜及铁的合金，优点是非常硬且稳定、耐变形、防磁及防锈。平价表的摆轮虽然也是采用这样的设计，但选用的材料是平价物料。常用的 ETA2892、2824 等机芯 TOP 级与天文台的摆轮就是采用 Glucydur 合金制成的。而 ETA2824 标准级与精致级则使用 Nickel gilt 摆轮（顺时针方向旋转），Nickel 镀金相对便宜，重量较轻，容易被干扰。②双金属螺钉摆轮。由两种合金制成，可补偿温度改变，摆轮边的螺丝可调进或调出，改变位置，而螺丝数量也可增加或减少，作用是平衡摆轮。③螺丝摆轮，为单一物料摆轮，因为新的合金容许摆轮无需再为游丝被温度影响作出补偿。最出名的合金是 Nivarox，成分：镍、铬、berrylium、钛、铝及铁。最高级的 Nivarox 游丝的温度误差是 +/-0.3 秒 / 每度每日。④砝码摆轮，因为砝码上的缝隙（slot）会减少该点的重量，转动砝码便可改变摆轮边的重量分配。如一双相对

1 OMEGA 同轴机芯四臂摆轮

2 OMEGA（欧米茄）硅质摆轮游丝

3 PATEK PHILIPPE（百达翡丽）Gyromax Si 摆轮

4 PATEK PHILIPPE（百达翡丽）Gyromax 摆轮

5 PATEK PHILIPPE（百达翡丽）的 27–460 搭载蓝钢双层游丝，可让摆轮的摆动等时性较好，走时精准，此为最早期的百达翡丽砝码摆轮，考虑到风阻问题，后期微移了砝码的位置

的砝码以同方式调整，手表的日差便可被调整。越多砝码指向摆轮外（缝隙指向摆轮中心）会增加摆轮的有效直径，并减慢手表的时间。砝码也可独立调整以用作平衡摆轮本身。此设计被 Patek Philippe 大量使用。⑤劳力士摆轮，为劳力士专用，调整需使用特制工具。

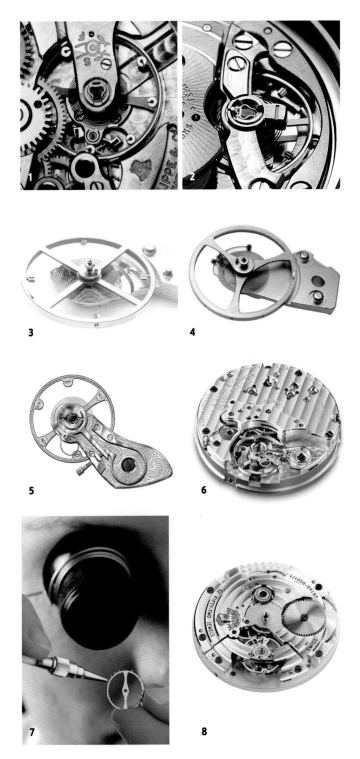

1 PATEK PHILIPPE（百达翡丽）的 Gyromax 摆轮，双臂八砝码，近期则多用四臂四砝码的形制

2 ROLEX（劳力士）Cal.3186 机芯的摆轮游丝

3 四臂砝码摆

4 摆轮游丝系统的反面，带有圆盘与红宝石圆盘钉，该圆盘钉与擒纵叉叉口接触配合，此为三臂摆轮

5、6 朗格摆轮游丝系统

7 砝码摆轮制造

8 雅典完美的打磨与坚固的横跨桥板，内凹式砝码摆轮

主流自产机芯

一、朗格（A.LANGE & SÖHNE）

所有朗格腕表均搭载专有自制机芯。朗格是少数不需要采购外供机芯的制表厂之一，机芯中最重要与品质息息相关的零件全部由朗格自行研发、制造、整饰和组装。自1990年朗格重启业务以来，品牌已研发了60多款机芯。品牌一直以不懈追求制表技术和至臻美学为目标。这些机芯除具备极高的品质标准，还需辅以大量手工制造与修饰，朗格还是极少有能力自制摆轮游丝的表厂。因此朗格每年仅能生产少量的腕表。

A. LANGE & SÖHNE（朗格）Cal.L001.1 追针计时机芯

A. LANGE & SÖHNE（朗格）时分秒 三追针计时表所搭载的 Cal.L132.1 机芯 A. LANGE & SÖHNE（朗格）时分秒 三追针计时表所搭载的 Cal.L132.1 机芯

A. LANGE & SÖHNE（朗格）计时机芯

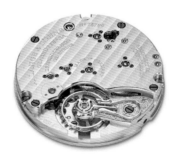

A.LANGE & SÖHNE（朗格）1815 手动 Cal.L051.1 小三针机芯，机芯直径30.6毫米，摆频21 600，55小时动力储存

A.LANGE & SÖHNE（朗格）Richard Lange Pour le Mérite L044.1手动芝麻连机芯，直径31.6毫米、厚6毫米、279个零件，芝麻链组件的零件高达636个，33石，21 600摆频，36小时动力储存。A. LANGE & SÖHNE（朗格）自产无卡度游丝，4颗螺丝微调快慢

二、爱彼（AUDEMARS PIGUET）

1875 年，两位年轻的制表工匠 Jules Louis Audemars 与 Edward Auguste Piguet 在瑞士汝山谷的布拉苏丝小镇创立了 AUDEMARS PIGUET（爱彼），并制定下 "低产量、高品质" 的品牌理念，之后便在独立的环境内维护和传承着高级制表的精湛工艺，并辅以最高水准的装饰和打磨技巧。

受到汝山谷奇丽雄壮的自然风貌启发，AUDEMARS PIGUET（爱彼）的每一枚时计均完美体现出独一无二、内外兼具的设计美感。这些复杂、精致的时计经过致力完美的制表师之手，蕴藏着手工装配与细节润饰的独特价值。每一个 AUDEMARS PIGUET（爱彼）时计系列都以各自独有的鲜明特色，诠释着品牌世代传承的高级制表工艺与强大的创新研发能力。

1955 年，爱彼推出首款具有闰年显示的万年历腕表机芯 Calibre 13VZSSQP 表底面视图

1955 年，爱彼推出首款具有闰年显示的万年历腕表机芯 Calibre 13VZSSQP 表盘面视图

AUDEMARS PIGUET（爱彼）Millenary Chalcedony Tourbillon Cal.2861 手动上链陀飞轮镂空机芯（玉髓夹板），陀飞轮机芯尺寸 33.90×28.90（毫米），15 石，72 小时动力储存，摆频 21 600

AUDEMARS PIGUET（爱彼）丰碑之作 Cal.3120 机芯之摆陀，顶级摆陀的典范

AUDEMARS PIGUET（爱彼）Jules Audemars Audemars Piguet Escapement Cal.2908 手动机芯，机芯直径 39 毫米，34 石，267 个零件，56 小时动力储存，摆频 43 200，搭配 AUDEMARS PIGUET（爱彼）创新的擒纵系统

AUDEMARS PIGUET（爱彼）The Tradition Perpetual Calendar 2

AUDEMARS PIGUET（爱彼）的 2120 持续生产 50 年，是全世界尚在使用最薄的全幅自动盘双向上弦机芯

AUDEMARS PIGUET（爱彼）出品的两款小三针天文台表，分别采用 Valjoux VZAS 和 VZSS 两种机芯，均为 13 法分、镀铑、19 石、杠杆擒纵、单金属摆轮、宝玑游丝

三、宝珀（BLANCPAIN）

作为宝珀机芯工厂的前身——FP 机芯工厂，创始于 1858 年，它出身名门，集工艺之大成，始终专注于顶级腕表机芯的研发制造，只为世界著名的腕表品牌提供高端机芯，是目前全球规模最大的高级机芯工厂。毫无疑问，它已跻身于瑞士最好的独立机芯制造商之列，是腕表机芯技术的领导者与传奇缔造者。

经历数十年的洗礼，FP 已傲立在世界高端机芯工厂的巅峰，成为一座不折不扣的"机芯梦工厂"，这里也会为其他顶级腕表品牌（如：江诗丹顿，百达翡丽，宝玑，爱彼等品牌）提供机芯，因为这里生产的机芯，拥有最卓越的品质，优雅的内部结构，完美的工程学以及打磨；同时在结构上安排精妙，兼容性能强大，是诸多顶级腕表品牌走向成功之路中不可或缺的组成部分。可是，在众多腕表巨星之中，与它最具共鸣的依然是宝珀，因为大多数品牌已经纷纷停滞或减缓机芯研发，只有宝珀在机芯改进和突破上不遗余力，孜孜不倦地勇敢创新，这一点它们充满着默契与共识，它们紧密合作，不断突破一个又一个不可思议的工艺极限。

翻开悠久的合作历史，Blancpain 宝珀连续发布了 11 枚全新机芯，这个惊人数字已成为一个难以复制的里程碑，而这些机芯也纷纷成了"传奇之芯"。它们都具备超长的动力储备，三发条盒，自由平衡轮，精细打磨；其中有制表业首创的一分钟同轴卡罗素，与宝珀率先获得了"故宫博物院首枚典藏腕表"的荣耀；更有带全天候调校功能，集合了八天动力的全历月相款……

1991 Blancpain 宝珀 1735 超复杂功能腕表机芯

2012 年全新亮相的宝珀 Calibre 69F9 机芯，镂空轮辋状摆锤采用 5N 红金设计

BLANCPAIN（宝珀）500 Fathoms GMT Cal.5215 自动机芯，35 石，3 发条盒，5 天动力储存，螺旋桨摆陀，Glucydur 摆轮、K 金微调螺丝

BLANCPAIN（宝珀）Cal.66BF8

BLANCPAIN（宝珀）L-Evolution 8 天动力全历月相 Cal.66R9 自动机芯，机芯直径 32 毫米、厚 7.60 毫米，36 石，3 发条盒，8 天动力储存，钛金属摆轮，K 金微调螺丝

BLACNCPAIN（宝珀）反转机芯手表，搭载的 Cal.152B 手动机芯源自 Frédéric Piguet Cal.15

BLANCPAIN（宝珀）Cal.15 手动机芯

BLANCPAIN（宝珀）Cal.1181 追针计时手动机芯

BLANCPAIN（宝珀）Cal.1185 计时自动机芯

宝珀 Blancpain Cal.2322 陀飞轮卡罗素机芯

 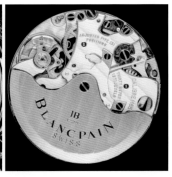

BLANCPAIN（宝珀）
Carrousel Volant Une
Minute 中国龙限量
Cal.225 自动卡罗素机
芯，摆频 21 600，动
力储存 100 小时。K
金摆陀人手雕刻五爪
皇家龙

BLANCPAIN（宝珀）F.P. Cal.1185 垂
直离合计时机芯

宝珀 Calibre 15B 中国款，雕刻有万里长城图案

四、宝格丽（BVLGARI）

宝格丽是为数不多的几个，从上到下一体化的钟表品牌，即从表壳到机芯，从内到外，全部都可以自产。宝格丽又收购了杰罗尊达和 DANIEL ROTH，复杂表实力大增。再加上宝格丽是 LV 集团（LVMH）4 大名表品牌之一，和宇舶、真力时、泰格豪雅都是"兄弟"，在超薄表领域，力压积家、伯爵。

BVLGARI（宝格丽）B89 自动机芯，双向自动上弦，42 小时动力储存，瑞士杠杆式擒纵结构，摆频 28 800，21 石，直径 25.60 毫米、厚 4.50 毫米

BVLGARI（宝格丽）BVL 250 自动机芯，单向自动上弦，250 个零件，55 小时动力储存，瑞士杠杆式擒纵结构，摆频 28 800，32 石，直径 25.60 毫米、厚 3.73 毫米

BVLGARI（宝格丽）BVL 465 自动机芯，双向自动上弦，465 个零件，64 小时动力储存，英国杠杆式擒纵结构，摆频 21 600，46 石，直径 28.60 毫米、厚 8.30 毫米

BVLGARI（宝格丽）BVL 360 自动机芯，单向自动上弦，360 个零件，55 小时动力储存，瑞士杠杆式擒纵结构，摆频 28 800，32 石，直径 25.60 毫米、厚 5.68 毫米

五、格拉苏蒂原创（GLASHÜTTE ORIGINAL）

1

提及钟表品牌近代兴起的机芯自产化浪潮，GLASHÜTTE ORIGINAL（格拉苏蒂原创）是一个不得不提的品牌。自 1990 年 GUB 私有化后，继承其所有技术、知识产权与财产的 GLASHÜTTE ORIGINAL（格拉苏蒂原创）就开始了机芯自产化的道路。从最初的将 GUB 时期的 59 系列、64 系列、70 系列略作改动推出市场，到如今有了多条属于自己的自产机芯脉络，整个时间跨度也不过二十余年。虽然时间跨度较短，但如今回望 GLASHÜTTE ORIGINAL（格拉苏蒂原创）的自产机芯发展史，会发现要想以一篇文章道明整个历程是件非常"困难"的事情。究其原因，在于庞大的产量。单就计时条线而言。从 Cal.60 到 Cal.61，从 Cal.95 到 Cal.96，背后就有无数故事可以叙述，更遑论还有搭载追针功能的 Cal.99 以及作为通用计时机芯的 Cal.37。然而，在多条自产机芯脉络中，有一条颇具意义，那就是 Cal.39—Cal.100—Cal.36。

之所以如此说，有两方面的原因。一为作为基础机芯的 Cal.39、Cal.100、Cal.36，分别衍生出了无数受市场认可的相关作品；二为 Cal.39—Cal.100—Cal.36 的"进化过程"，一定程度上映射了 GLASHÜTTE ORIGINAL（格拉苏蒂原创）对于自产机芯的态度。对于基础机芯的要求，或许每家钟表品牌都有不同的侧重点。但就综合了多家的意见来看，有 3 点是尤为重要的。第一为机芯结构布局的简洁明了，因为只有这样才有可能预留足够的空间以供将来功能模组的叠加；第二为长动力储存，这也是搭载某些复杂功能的前提条件；第三则为精准性与稳定性，作为基础机芯，这点实现与否直接关系到市场对于品牌的信心。巧合的是，Cal.39—Cal.100—Cal.36 的"进化过程"，正是基于上述理念。

2

3

先来看下 Cal.39，作为 GLASHÜTTE ORIGINAL（格拉苏蒂原创）近代首款基础机芯，这款诞生于 2002 年的机芯作品在整体装饰上延续了德国制表风格、3/4 夹板、单鹅颈微调……虽然在相关部件的装饰性打磨修饰方面略显不足，且为单向上链机制。但就基础机芯的定位来说，尤其是在 2002 年这个时间节点上，其整体布局还是颇为让人眼前一亮。数据方面，Cal.39 的直径为 26.2 毫米，厚度为 4.3 毫米，振频为 4Hz，动储时间为 42 小时。

1 GLASHÜTTE ORIGINAL（格拉苏蒂原创）Cal.58-01 手动上链机芯
2 GLASHÜTTE ORIGINAL（格拉苏蒂原创）Calibre 100-08
3 GLASHÜTTE ORIGINAL（格拉苏蒂原创）Calibre 100-14

随后，定位为基础机芯的 Cal.39 开始在 GLASHÜTTE
ORIGINAL（格拉苏蒂原创）服役。品牌也开始以首款
Cal.39 为基础，不断叠加不同功能模组，搭载计时功能
的 39-31/34、搭载大日历的 39-42/43/47、搭载双日历的
39-51……无数相关作品应运而生，从而形成了如今产品
数量极为庞大的 39 机芯系列。与此同时，GLASHÜTTE
ORIGINAL（格拉苏蒂原创）在 2005 年推出了 Cal.100 自动
机芯。虽然品牌在这款机芯推出之时并未将其明确定义为
39 的"升级版"，但就产品本身而言，升级款之名当之无
愧。相比之前的 Cal.39，Cal.100 的升级主要表现在以下几
个方面。第一，Cal.100 将机芯直径扩至 31.5 毫米，并且厚
度也增到 5.6 毫米；第二，Cal.100 将单向上链机制更改为
双向上链机制，并串联了一个发条盒从而将动力储存时间
扩至 55 小时；第三，Cal.100 在相关部件增加了装饰性元素，
例如部分齿轮上的太阳纹等，从而增加了机芯的美观程度；
第四则是增加了秒针归零，这也意味着调校时间时，摆轮
持续运行，当完成调校后，只需手动按压相关按钮，秒针
就会自动归零。

与 Cal.39 系列相同，GLASHÜTTE ORIGINAL（格拉
苏蒂原创）也在首款 Cal.100 的基础上发展出了多款搭载
其他功能的自动机芯，万年历的 100-02、月相及大日历的
100-04、星期显示的 100-06、响闹的 100-13……相比前作，
衍生作品在数量上与 Cal.39 相差无几，搭载功能的复杂程
度上则见仁见智，前者有计时功能，后者则有万年历。此
处需要指出的是，Cal.100 并未如预期般逐步取代 Cal.39 成
为新一代的基础机芯，而是两者并行了长达十余年的时间。
当被问及机芯选择的标准时，GLASHÜTTE ORIGINAL（格
拉苏蒂原创）给出的答案也非常简洁，"我们根据不同产品
选择最合适的机芯"。

1　GLASHÜTTE ORIGINAL（格拉苏蒂原创）Cal.39
2　GLASHÜTTE ORIGINAL（格拉苏蒂原创）Calibre.36
3　GLASHÜTTE ORIGINAL（格拉苏蒂原创）自制的 Cal.100 机芯，
　　螺丝平衡摆轮，鹅颈式微调，属于高级机种

六、伯爵（PIAGET）

　　超薄设计，就是伯爵的传统，纵观伯爵半个多世纪自产机芯历史，超薄绝对是终极的主题，所以自产机芯也主要围绕这个主题展开，而且是紧紧围绕，绝不放松。

Cal.430P 手动机芯（1998 年）
功能：时、分
直径 20.5 毫米、厚 2.1 毫米

Cal.438P 手动机芯（2005 年）
功能：时、分
尺寸 20.3 毫米 ×23.7 毫米、厚 2.1 毫米

Cal.450P 手动机芯（2006 年）
功能：时、分、秒
直径 20.5 毫米、厚 2.1 毫米

Cal.600P 手动机芯（2003 年）
功能：秒、时、分，动力储存显示，浮动式陀飞轮
尺寸 28.6 毫米 ×22.4 毫米、厚 3.5 毫米

Cal.600S 手动机芯、镂空（2004 年）
功能：秒，时，分，动力储存显示，浮动式陀飞轮
尺寸 28.6 毫米 ×22.4 毫米、厚 3.5 毫米

Cal.600D 手动机芯、镂空镶钻（2005 年）
功能：秒、时、分，浮动式陀飞轮
尺寸 28.6 毫米 ×22.4 毫米、厚 3.5 毫米

Cal.640P 手动机芯（2005 年）
功能：秒，时，分，月相显示，浮动式陀飞轮
尺寸 28.6 毫米 ×22.4 毫米、厚 3.5 毫米

Cal.642P 手动机芯（2012 年）
功能：秒，时，分，月相显示，浮动陀飞轮
尺寸 28.6 毫米 ×22.4 毫米、厚 4 毫米

Cal.830P 手动机芯（2007 年）
功能：时、分
直径 26.8 毫米、厚 2.5 毫米

Cal.832P 手动机芯（2010 年）
功能：24 小时显示、分
直径 26.8 毫米、厚 2.5 毫米

Cal.838P 手动机芯（2007 年）
功能：时、分、秒
直径 26.8 毫米、厚 2.5 毫米

Cal.838S 手动机芯、镂空（2008 年）
功能：时、分、秒
直径 26.8 毫米、厚 2.7 毫米

Cal.838D 手动机芯、镂空镶钻（2010
年）
功能：时、分
直径 26.5 毫米、厚 3.1 毫米

Cal.855P 自动机芯、万年历（2008
年）
功能：小三针，万年历，第二时区，
日夜指示，逆跳星期与日历
直径 28.4 毫米、厚 5.6 毫米

Cal.880P 自动机芯（2007 年）
功能：小三针，计时，第二时区，日
历
直径 27 毫米、厚 5.6 毫米

Cal.882P 自动机芯（2012 年）
功能：时、分，异地时，飞返计时，
日历
直径 27 毫米、厚 5.6 毫米

Cal.900P 手动机芯（2014 年）
功能：偏心时、分
直径 38 毫米、厚 3.65 毫米

Cal.1200P 自动机芯（2010 年）
功能：时、分
直径 29.9 毫米、厚 2.35 毫米

Cal.1200S 自动机芯、镂空（2012 年）
功能：时、分
直径 31.9 毫米、厚 2.40 毫米

Cal.1200D 自动机芯、镂空镶钻
（2013 年）
功能：时、分
直径 31.9 毫米、厚 3 毫米

Cal.1205P 自动机芯（2013 年）
功能：时、分、秒、日历
直径 29.9 毫米、厚 3 毫米

Cal.1208P 自动机芯（2010 年）
功能：时、分、秒
直径 29.9 毫米、厚 2.35 毫米

Cal.1270P 自动机芯（2011 年）
功能：时、分、秒，动力显示，
浮动式陀飞轮
直径 34.9 毫米、厚 5.5 毫米

Cal.1270D 自动机芯（2014 年）
功能：时、分、秒，动力显示，
浮动式陀飞轮
直径 35.4 毫米、厚 6 毫米

Cal.1290P 自动机芯（2013 年）
功能：时、分，三问
直径 34.9 毫米、厚 4.8 毫米

七、积家（JAEGER-LECOULTRE）

积家在机芯研发方面，是真正的行业巨头。据统计积家至少共发明了 1 231 枚机芯，获得了超过 398 项注册专利。从创立至今，由于积家的机芯生产极其多样，是世上极少的机芯输出型制表公司。特别在高档机芯这一块，积家为各大品牌名表提供机芯，其中包括百达翡丽、江诗丹顿、爱彼、卡地亚。

JAEGER-LECOULTRE（积家）Cal.944 机芯

JAEGER-LECOULTRE（积家）Gyrotourbillon Cal.174 球体陀飞轮机芯

JAEGER-LECOULTRE（积家）Cal.889

JAEGER-LECOULTRE（积家）Reverso Gyrotourbillon 球型陀飞轮手表搭载的 Cal.174 型手动上弦机芯

JAEGER-LECOULTRE（积家）举世无双的无离合计时机芯 Cal.380

JAEGER-LECOULTRE（积家）球型陀飞轮手表 Cal.177 型手动上弦机芯

JAEGER-LECOULTRE（积家）Reverso Gyrotourbillon，Cal.174 机芯，尺寸 31.00×36.00（毫米），摆频 28,800，制造商组并列冠军

积家 Calibre 381 机芯图片

积家 Duomètre Sphérotourbillon 双翼立体双轴陀飞轮腕表搭载的积家 382 型手动上链机械机芯

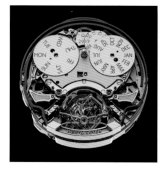

积家 Master Grande Tradition Gyrotourbillon Westminster Perpétuel 超卓传统大师系列球型陀飞轮西敏寺钟乐万年历腕表（机芯背面）

积家 Master Grande Tradition Gyrotourbillon Westminster Perpétuel 超卓传统大师系列球型陀飞轮西敏寺钟乐万年历腕表（机芯正面）

积家早年做的直线机芯座钟

Cal.28–255：源自 JAEGER-LECOULTRE（积家）Cal.920，唯一被三大巨头都用过的自动机芯：AUDEMARS PIGUET（爱彼）名 Cal.2120、VACHERON CONSTANTIN（江诗丹顿）名 Cal.1120，36 石，Gyromax 摆轮，轨道自动结构

JAEGER-LECOULTRE（积家）Cal.849

八、劳力士（Rolex）

　　迪通拿使用劳力士自产4130机芯。4130是劳力士在2000年推出的自动上弦计时机芯，也是劳力士第一种自产计时机芯。在4130机芯之前，劳力士的计时机芯也是外购的（来自真力时、Valjoux）。4130计时机芯尺寸30.5毫米，厚6.5毫米，摆频28 800次/时，动力72小时，使用蓝铌游丝（从2005年换装），柱状轮和垂直离合，有超级天文台认证，每天误差+2/-2秒。4130机芯诞生以来，可以说是市面上最优秀的自动计时机芯之一，一些品牌的计时机芯也是参考了劳力士4130的技术。其他的31系列、32系列也成了劳力士现在表款的主力机芯。

ROLEX（劳力士）Cal.2235自动机芯，用于劳力士女表

ROLEX（劳力士）Cal.3135机芯

ROLEX（劳力士）Cal.5035机芯

ROLEX（劳力士）Daytona采用ZENITH（真力时）机芯并做了极大幅度的修改的Cal.4030机芯

ROLEX（劳力士）Cal.3235机芯

ROLEX（劳力士）的1570机芯搭载双层游丝，Microstella微调系统，被誉为20世纪最为优质与经典的名机之一

ROLEX（劳力士）在2000年的千禧年份ROLEX（劳力士）推出了全新的Cal.4130机芯

ROLEX（劳力士）Cal.4130计时机芯

ROLEX（劳力士）首款GMT Master搭载的Cal.1065机芯

九、江诗丹顿（VACHERON CON-STANTIN）

江诗丹顿自产的超复杂功能机芯 80% 都是手动机芯，之所以这样，可能江诗丹顿是为了让每一位收藏家都能体验到江诗丹顿顶级机芯的上链手感。2755 机芯是目前江诗丹顿在售腕表之中最为复杂的机芯，也是世界上著名的三合一（三问、陀飞轮、万年历）超复杂机芯之一，如果说生产单一超复杂功能的品牌还算多的话，那么能够生产三合一的品牌实在是凤毛麟角。

VACHERON CONSTANTIN（江诗丹顿）Cal.1120 机芯

VACHERON CONSTANTIN（江诗丹顿）Cal.2460 机芯

VACHERON CONSTANTIN（江诗丹顿）Cal.2790 镂空机芯

VACHERON CONSTANTIN（江诗丹顿）Cal.3500 最薄自动追针计时机芯

江诗丹顿 Patrimony 1731 超薄机芯

VACHERON CONSTANTIN（江诗丹顿）Cal.4400 镂空机芯

VACHERON CONSTANTIN（江诗丹顿）Cal.4400 手动上弦机芯，日内瓦印记，机芯厚仅 2.8 毫米、直径 28.5 毫米，21 石，28 800 摆频，动力储存 65 小时

VACHERON CONSTANTIN（江诗丹顿）五分问计时手表，搭载 1899 年怀表机芯，1956 年售出

十、百达翡丽（PATEK PHILIPPE）

目前百达翡丽的主力机芯是大家非常熟悉的 324 自动上弦机芯，该机芯广泛使用在百达翡丽从鹦鹉螺、手雷、卡拉卓华到复杂表上。30 多年来，百达翡丽主力机芯进行过 3 次重大升级。从 315 到 324 到 26-330，具体情况如下：百达翡丽 315 机芯，1984 年至 2005 年，摆频 21 600 次 / 时，双臂摆轮，8 砝码微调，无止秒功能。百达翡丽 324 机芯，2004 年至今，摆频 28 800 次 / 时，四臂摆轮，4 砝码微调，无止秒功能。百达翡丽 26-330 机芯，2019 年推出，增加了止秒功能。

主流自产机芯其实还有很多，如 PANERAI（沛纳海）、GIRARD-PERREGAUX（芝柏）、IWC（万国）、OMEGA（欧米茄）、HERMèS（爱马仕）等均有其优秀的自产机芯，这里由于版幅有限不做太多的展开与列举，对于品牌的自产机芯，定位比较高端，制造工艺、设备、技术有极高的要求，仿表无法达到其核心技术标准，此类表鉴定核心集中在机芯或者说任何一个因素都可作为鉴定核心点，其机芯结构还是机芯打磨工艺均可以做鉴定核心，可作为直接判定点。以上的是我们常见的主流自产机芯的高清图片，通过对比法并结合前面的章节以及后续的"机芯等级与打磨分级"章节，相信很快就能掌握机芯的要点。

PATEK PHILIPPE（百达翡丽）Cal.240 自动机芯

PATEK PHILIPPE（百达翡丽）Ref.3939 "世界第一陀飞轮三问表"机芯

PATEK PHILIPPE（百达翡丽）Ref.5650G 搭载的 Cal.324 S C FUS 机芯

PATEK PHILIPPE（百达翡丽）Ref.5990 搭载的 Cal.CH 28-520 C FUS 机芯

PATEK PHILIPPE（百达翡丽）手动计时机芯 CH 29-535

PATEK PHILIPPE（百达翡丽）第二代自动上弦机芯 27-460，是收藏家必备的高优质机芯

隔着透明表背我们最先看到机芯夹板。近代手表多为日内瓦条纹，一种波浪形的装饰图案，做法是以一种供打磨使用的特制油膏涂于木制打磨转轮上，配以人手打压造夹板桥和底板会缀以环形纹线条。利用人手配合强化金刚砂条制作而成。削槽是将微细复杂的钢制零件边缘削出坑纹及以人手打磨，令各钢制部分的抛光效果更为出色，对比分明；自动机芯或者复杂功能的机芯夹板，有些则以日内瓦条纹的圆形变种弧线打磨。这道工序大半是手工与机械的结合，也就是以人手控制机器——纯粹的人手雕琢机芯工艺。夹板的打磨，看的是光泽的对比、条纹的密致程度是否均匀、细腻程度，以及整体的光泽效果。

机芯主夹板，多为圆珍珠打磨，也就是一个圆又一圆叠加的，主夹板的细腻打磨可以避免产生细屑并防止它们在机芯内漂浮。这个工艺分软打与硬打。所谓硬者，乃是纯粹以机器钻头加工，乃是流水线的活计；而软打，则是以人手伴机器操作以木头打磨之，软打出来的花纹更加细腻，光滑更为内敛。但这种软打，几乎只在顶级的品牌例如 PP 之中才有，实乃耗时劳人之工序。主夹板的打磨同样看的是光泽的对比、珍珠纹路的密致程度是否均匀，以及整体的光泽效果。

摆陀，似乎并不怎么需要打磨的一个东西；但恰恰是在这个并不主要的纯粹美观的东西上面，诸多顶级品牌皆展现了超卓的工艺。PP 的著名的 Cal.315 机芯的摆陀，看似很简单，但在上面却呈现着几种不同规格不同工艺的打磨：如中心部分有着圆珍珠打磨，而中央部分则是圆弧打磨（在这小小方寸间，圆弧打磨还分为两种尺寸），在侧面，又是直线打磨。

1

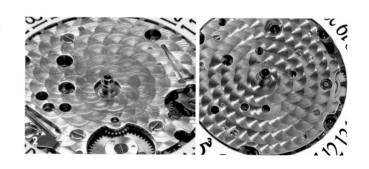

1 GLASHÜTTE ORIGINAL（格拉苏蒂）Cal.61 手动机芯

2 软打更为绵软细腻

3 硬打更为粗砺

大钢轮，在可见的大钢轮之中，一般有直线拉丝打磨与太阳纹打磨。

以上几个表面的打磨被人们称之为装饰性打磨；而机芯内部一些的零件的打磨，而被称为功能性打磨，内部打磨相对于外部打磨要复杂和昂贵得多。所谓功能性打磨，主要是一些传动系的打磨，特别是轮系、齿轮、轴眼与宝石，打磨使上述部件啮合精确。手表里面没有不必要的部件，每个部件都有自己的功能，而对于大部分部件来说打磨的质量直接影响它们的工作表现和耐久性，主发条、条盒和条盒盖的打磨直接影响到输出给机芯的动力是否平稳。对于这些工作接触面的打磨会直接影响到它们的耐久性。有些粗劣打磨的表面有可能因为初期的高级润滑油作为补偿（甚至可能工作得更好），但是长远来看，他们会显出磨损痕迹，甚至更糟糕的是有可能会在其他特定对应部件上也出现磨损——功能性打磨，为无限地接近零公差而战。

螺丝，所有螺丝必须抛光打磨，使之具有最佳外观。螺丝应该是：平面打磨、抛光、倒角螺丝，或平面打磨、抛光、外边缘倒角、螺丝头开口槽边缘倒角，螺丝凹陷处也经过表面打磨，螺丝在装配后其表面必须与夹板绝对平整。除了一些像游丝调整卡度那样的特定功能需露出表面的螺丝例外。

所有露出的钢件，像擒纵棘爪、卡度等，必须抛光，在一些高级机芯里，须使用"发黑"打磨，使机件具有深度的、平滑的抛光处理，欠佳的打磨看起来发灰，抛光的质量主要看机芯是否平整和有没有损伤等，最佳的打磨包括磨光和边角磨圆。机芯的打磨可以由装嵌在夹板或额外附加的优质宝石得到提升。暗色泽或透明的宝石均可（今天所使用的大部分是人造红宝石，可根据氧化铝或氧化铬的添加而产生不同的色泽，并由添加物的含量决定透明度）。当宝石直接装嵌在夹板或板桥时，它是放入有斜角的孔中，该孔必须很好地打磨出斜角，这样使装入的宝石呈现出一定的光洁度。琢磨中央齿轮内部，轮齿经切割、强化及琢磨，工序包括滚动、琢磨及磨滑枢轴，并将两端抛光。这些打磨工序可避免机件内因摩擦而出现过早磨损，保证美感水平，令机芯性能更为可靠。

一般来说，机芯打磨可分为 8 个等级。

最初级：机板未经打磨处理，擒纵结构的材料不是合金材质，是一般的钢和铜。

第二级：机芯有打磨处理，擒纵结构的材质依旧。

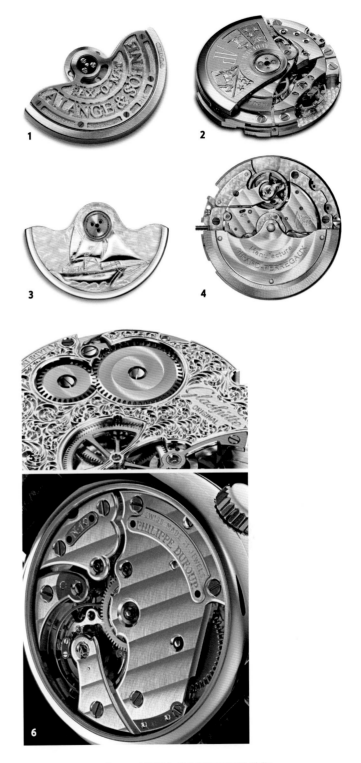

1　A.LANGE & SÖHNE（朗格）的金属气质最为浓郁

2　AUDEMARS PIGUET（爱彼）丰碑之作 Cal.3120 机芯之摆陀，顶级摆陀的典范

3　BLANCPAIN（宝珀）的雕刻摆陀以 PT950 位之

4　Girard-Perregaux（芝柏）的 Cal.GP3300 的弧形打磨，乃是弧形打磨之典范

5　GLASHÜTTE ORIGINAL（格拉苏蒂）大钢轮与雕花夹板一样美轮美奂

6　PHILIPPE DUFOUR 的夹板打磨

第三级：机芯有打磨处理，电镀加强使其更亮丽，采用合金作为擒纵结构的材料，使其准确性不受温度变化的影响。

第四级：与第三级类似，只是增加了快慢针的微调装置。

第五级：机芯上的机板作些小改变，打磨、抛光都有较严格的要求，有了自家的机芯编号，有快慢针的微调装置，选用上好的合金材质来制造精密的擒纵结构组件，并加强打磨，送天文台检验，并在机板上刻有5方位调校等字。

第六级：同样有第五级的要求与制作水准。特别在擒纵轮、马仔、快慢针等钢质零件上作倒角镜面抛光，齿轮也作倒角圆纹处理，螺丝也要求镜面倒角处理；如为自动表，则采用k金做摆陀或是摆陀边缘，如此机芯已达高级表应有的品级。

第七级：符合日内瓦印记要求的机芯，在自己工厂内，自己研发、设计生产的机芯。

第八级：比日内瓦印记要求更高级的应该是资深钟表名师以手工打造，为参加钟表竞赛而制作的作品，具有日内瓦印记的制作水准。或是在个人工作室里，从结构设计，机板排列零配件加工制造、抛光、打磨、测试、组合，包括以个人独力完成超级复杂功能机芯设计、制造与组合。它不只是基本功能或复杂功能的展现，也是件传世的钟表艺术品。

倒角，是指将夹板表面与侧缘之间的锋利棱边切割，然后打磨至光亮。倒角是最复杂的精饰工序之一，十分耗时且需要精湛工艺。棱角面必须平整顺滑，棱边要平行，宽度需要一致。压力过大会导致部件变形，压力不足又无法打磨出清晰明确的棱边。

机芯倒角的处理，可分为6档。

第一档：无倒角或部分倒角。

第二档：有斜面倒角。

第三档：有斜面倒角并抛光。

第四档：有弧面倒角。

第五档：有弧面倒角并抛光。

第六档：有弧面倒角且抛光，并有内尖角和外尖角。

总结一下基本规律：①贵的表比便宜的打磨好。②有印记认证的比没有的打磨好。③背透的比密底的打磨好。虽非绝对正确，但至少可以避免很多坑。劳力士不是所有品牌中打磨最好的，但依旧不妨碍它成为全球最热卖的钟表品牌。Philippe Dufour 的 Simplicity 以极致打磨著称。

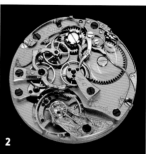

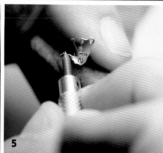

1 AUDEMARS PIGUET（爱彼）的细节处理

2 LANG & HEYNE 的 caliber– IV，繁复的零件、精准的打磨，化钢铁于绕指柔，已是动静交混之境

3 劳力士 3235 机芯有斜面倒角并抛光

4、5 零件边缘的倒角抛光操作

6 上夹板外沿倒角抛光

7 万宝龙 Cal. MB R200 自动机芯有斜面倒角并抛光

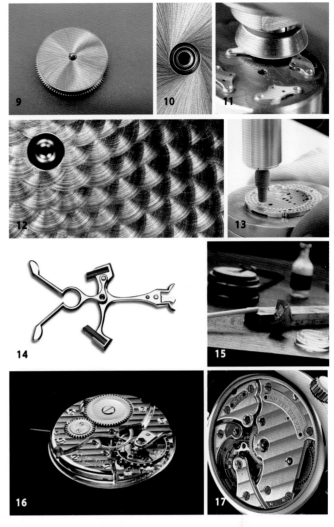

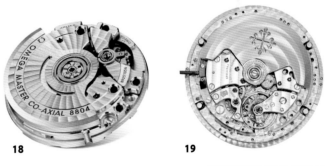

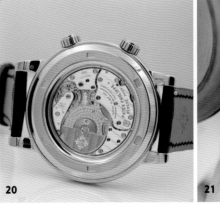

1 圆纹

2、3 直纹

4 百达翡丽摆陀背面的打磨工艺

5 百达翡丽大钢轮的缎面打磨

6 齿轮上的圆纹打磨

7 平面抛光、齿轮圆纹打磨、夹板镜面倒角

8 日内瓦纹的打磨操作

9 ~ 11 太阳纹

12 鱼鳞纹

13 鱼鳞纹的打磨操作

14 擒纵叉的光与影，即便在如此小如此精细的零件之上仍旧做了细腻的处理，这就是顶级名表的魅力

15 正是这份拿着木棒打磨的耐力，造就了神奇

16 KariVountilainen Observatoire 机芯有圆弧倒角并抛光，有内尖角

17 PHILIPPE DUFOUR 的夹板倒角，有弧面倒角且抛光，并有内尖角和外尖角，包括大钢轮齿轮边缘也做圆弧镜面倒角

18 OMEGA（欧米茄）于 2018 年全新研发面世的 8804 至臻天文台机芯，有斜面倒角并抛光

19 Ref.5450P 的 Caliber324SQA LU 自动机芯摆陀边缘的镜面圆弧倒角

20 百达翡丽机芯的倒角与打磨

21 夹板的边缘倒角抛光操作

第七节 ｜ 日内瓦印记十二法则

所谓的日内瓦印记（Geneva Seal 或 Poinçon de Genève），以今日的行销术语来说，可以说是类似"AMG铭牌"或是"Hand Made"这类的品质保证标记。当年，日内瓦地区的制表业界为了保障真正在日内瓦地区所生产的钟表，避免其他地方或国家所制作的手表鱼目混珠，在低劣的产品刻上"日内瓦制造"的名号来销售，于是在1886年由日内瓦的钟表同业公会订立了"日内瓦法则"（Ecole d'Horologerie et d'Electronique et d'informatique Section Poinçon de Genève rte du Pont-Butin 43 1213 Petit-Lancy Geneva Switzerland），符合法则所制作出来的手表经过验证，便可以在机芯的夹板上镂刻上"鹰与钥匙"盾牌图样的日内瓦徽章标志。目前共有十二条的"日内瓦法则"订立至今曾历经多次修改，以配合时代的转变。

"日内瓦印记"为顺应制表技术日新月异和材料不断革新的趋势，对其标准进行了进一步改进。自2012年起，"日内瓦印记"不再是仅适用于机芯，更是对整体腕表进行认证。腕表组件的生产，对腕表制作流程乃至成品腕表的检验也将形成系统化要求，标准更加严苛，且必须由日内瓦的独立机构执行。机芯通过了"日内瓦印记"标准的检测并获得官方认证后，当局仍会对企业进行定期突击检查，以确保整个生产流程符合要求。检查时将特别核查腕表的组装、调校和装壳是否确实在日内瓦市境内进行，同时也要评估生产部件和组装机芯的品质。

除机芯外，全新标准将应用于整个腕表上，因此表壳都会印上"日内瓦印记"。腕表的外层也要进行检验，尤其针对连接机芯和表壳的元件，即装壳圈、夹板、拉杆和定位螺丝等，以确保所有部件必须符合生产流程，成品才可

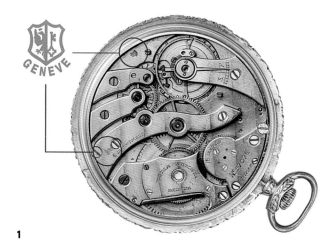

1 机芯上镂刻的日内瓦印记
2、3 日内瓦印记

刻有"日内瓦印记"。但无论标准如何改变,那 12 条铁定的法则是永远不会变的,下面我们就逐条了解一下。

第一法则:(1A)机芯内所有零件,包括添加的机械装置,其工艺必须达到 12 法则的严格要求,并接受抽样检验。意即所有金属材料所制作的零件以及附加的机装置,其表面必须整平,边缘必须削角抛光,所有零件的内面和侧面都必须打磨。(1B)所有钢制零件的边缘必须削角、打磨、抛光使其如镜面般光亮。所有螺丝帽的边缘及凹口都要削角抛光,螺丝尾则须做平面或球面抛光。

第二法则:除发条盒、发条轴心以及底板中心轮的轴孔可以不必装配红宝石外,其他所有机芯轮系、擒纵器、马仔和摆轮都必须装配红宝石轴承,其孔内必须高度抛光,和齿轮接触的平面必须做弧形抛光,至少也要做到平面抛光,借以减少摩擦面积。红宝石中心孔必须留有喇叭口的蓄油槽,并高度抛光以免油质扩散流失,而红宝石的外围必须做凹环并抛光美化处理。擒纵轮和马仔最好也像摆轮一样有托石,使摩擦力减到最小,至少擒纵轮要有上下托石。

第三法则:游丝必须采用宝玑式双层蓝钢游丝,超薄机芯使用单层的蓝钢游丝也可被接受。摆轮上的游丝头必须用单头有圆颈,可自由滑动式的活动金属压板锁紧固定,或以可调校式的支撑螺旋栓也可接受。

第四法则:游丝调整器,也就是快慢指示针必须有固定装置并可以微调(如鹅颈式微调器),超薄机芯则不需要有微调快慢针的装置。若无快慢针的设计,摆轮上必须有可微调快慢的补偿螺丝,而最少 2 颗或 4 颗新式的铍镍合金砝码补偿摆轮,或者最少 4 颗或 8 颗可微调快慢,没有补偿螺丝的环状光摆,在近代则是可被接受的。

第五法则:带动摆轮旋转的摆碟、调校等时节拍的结构和快慢针等机制及其零件,都必须达到法则 1A 和 1B 的要求。

第六法则:所有轮系的齿轮传动环边及其支撑梁都必须削角,和小齿瓣结合处,必须打磨修饰。厚度相当或小于 0.15 毫米的齿轮,则可以只削角打磨一面,传动环经过打磨。如果齿轮厚度大于 0.15 毫米,则齿轮的两面都必须做削角打磨处理。

第七法则:所有轮系的钢质齿瓣及其横切面、所有轮轴末端以及其杆柱都要做镜面抛光。也就是说所有的传动轮系的齿轮都必须打磨削角,钢质的齿瓣包括所有部位都必须做镜面打磨,使其光彩夺目,而且不会因毛细现象而让

1 搭载 Cal.CHR 27–525 PS 手动追针计时机芯
2 VACHERON CONSTANTIN(江诗丹顿)2009 年新机芯 Cal.4400 拥有日内瓦印记
3 VACHERON CONSTANTIN(江诗丹顿)Cal.3500 最薄自动追针计时机芯

油扩散流失。当红宝石和轴心都做镜面光打磨时，摩擦阻力会减少，润滑油也会因内聚力的物理效应而凝聚成球形，不致因为粗糙的表面，让油因毛细孔现象而导致扩散流失。

第八法则：在擒纵系统的结构里，擒纵轮必须轻巧，马仔本身最好要有平衡装置。机芯大于 18 毫米者，其擒纵轮的厚度最好不超过 0.16 毫米，而机芯小于 18 毫米者，其擒纵轮的厚度不可超过 0.13 毫米。擒纵轮锁住马仔红宝石的部位必须打磨抛光，推动马仔红宝石的齿尖必须做镜面抛光打磨，只有如此，才能有效地减少摩擦阻力，油不致因为毛细孔物理现象而扩散流失。摆轮和马仔红宝石的摩擦面应该在 0.07 毫米和 0.03 毫米之间最理想，摩擦面积越小，动能的损耗越少，释放能量的效果最佳，当然只有最上等的钢材，才能达到效率高长的最好状况。

第九法则：在杠杆式擒纵系统的结构里，马仔左右摆动释放出能量，驱动摆轮运转同时，制止马仔的定位机制必须由固定型夹板限制，不管在主机板或马仔板都可以接受，但是不容可随意移动或可变动位置的部件。其中有一种镶有 2 颗红宝石作为马仔的定位限制结构中最为高级，而且禁止使用栓钉式可微调的偏心螺栓。

第十法则：所有的机芯都必须安装有防震装置。约 1900 年的怀表以及 1940 年到 1970 年间的很多机芯烙印有日内瓦印记，像百达翡丽和江诗丹顿手表在当时并未安装有避震装置，所以这一条守则可能是 1970 年后才加上去的规定。

第十一法则：在上链系统结构的棘轮与冠轮，必须遵照注册型号的特别规定制作。亦即鼓车、吉车和小钢轮与大钢轮的咬合，必须打磨抛光，使其上链省力顺畅。为了达到坚固耐用的目的，小钢轮须为垂直双层式，大小钢轮最好是狼牙状的齿型，这一点在古董高级钟表中可遇见，近代表大都仅是有倒角抛光的齿型。

第十二法则：不可使用钢丝弯曲成型的弹簧。机芯里具有弹簧性能的挡仔，如发条挡仔，或鼓吉车、离合的弹簧、日历和自动轮系、三问、报时、计时码表以及万年历等性能，其零件所使用的弹簧必须以整块钢板切削雕琢，打磨抛光制成具弹性与优美线条的零件。不管任何零组件在操控动作时，都必须借助弹簧回位，弹簧的形状哪怕是薄如纸，或长、或短，而且都必须由定位钉来固定，不可以用现状或扁平弹簧加工弯曲成型，或以无螺丝固定的弹簧来代用。

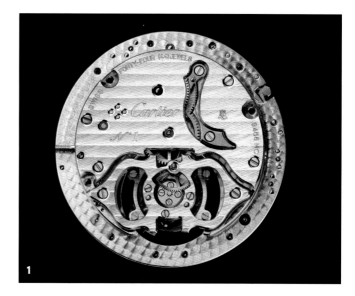

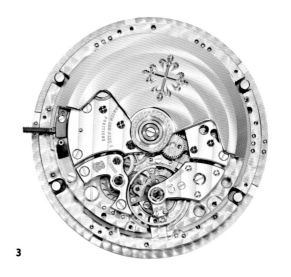

1 CARTIER（卡地亚）Cal.9456 MC 型机芯

2 CHOPARD（萧邦）以 1.96 走上了自产机芯之路，它的打磨、它的整体素质，天下失色

3 Ref.5450 的 Cal.324 S QA IRM LU 机芯

第八节 | 升角

钟表是一种精密复杂的仪表，关于它的研究也建立了很多理论，包括定理、公式和计算，尤其是在擒纵机构方面的，升角（Lift angle）就是其中之一。大家都知道，手表里面有个左右高速旋转的摆轮，细分析这个摆轮在绝大多数时间内都是在做自由震荡。只是在通过平衡位置附近的一个范围（角度）时，才与擒纵机构发生碰撞，擒纵机构顾名思义是会有止住和释放的意思，但还有一点非常重要，那就是同时还会发生另一个动作，叫传冲。传冲是在释放过程的某个阶段产生的，它补充了摆轮因和擒纵机构的碰撞而造成的能量损失，从而使摆轮的震荡能稳定的维持下去。

我们这里所讲的摆轮升角，通俗地说，就是摆轮在和擒纵机构发生关系时它所转过的角度。升角包括摆（摆轮）升角和叉（擒纵叉）升角，细分起来，还有摆全升角和叉全升角一说。摆轮升角就是摆轮上的圆盘钉与擒纵叉一侧叉口槽壁接触的瞬间，到圆盘钉与擒纵叉另一侧叉口槽壁脱离的瞬间，摆轮所转过的角度。经常能应用的是摆全升角，因为在进行手表的性能指标的测量时候，常常需要去测量手表的摆幅（也叫振幅），而摆幅的测量是通过一种叫做"基角法"的方式进行的，实际上就是在测量摆轮通过升角的时间长短，这段时间也被叫做"升角时间"。当手表摆幅高的时候，升角时间就短，而摆幅低的时候，升角时间就长。

专门测量手表摆幅的仪器叫做振幅仪，但是在测量的时候，必须正确地选择被测试手表的摆轮升角，才能得到准确的测量数值。不同的手表机芯都有不同的摆升角，一般都在45～55度之间，最典型的摆轮升角为52度。摆轮升角是由机芯厂家给出的，所以我们在此处给到市面上常见机芯的官方升角数据，供使用时查询使用。

机芯　升角

ETA2000　50 度

ETA2660/2671/2678　51 度

ETA2801/2804-2/2824/2834/2836　50 度

ETA2892/2893/2894/2895/2896/2897　51 度

ETA6497/6498　44 度

ETA7001　50 度

ETA7750/7751/7753/7754　49 度

SW200/220/240/260　50 度

SW300　51 度

SW500　50 度

Soprod A10　47 度

Omega2500B　51 度

Omega2500C/2500D/8500/3313 同轴　38 度

Rolex651　55 度

Rolex750　46 度

Rolex1220-25　52 度

Rolex1400　52 度

Rolex1520-25　52 度

Rolex1570-75　52 度

Rolex1601　51 度

Rolex2030-35　52 度

Rolex3000　52 度

Rolex3035-55/3075-85　52 度

Rolex3135-55/3175-85　52 度

Rolex4030/4130　52 度

Rolex3235-3255　55 度

附录

手表常见故障分析

问题 1 石英电子表中的电池在一定年限之后出现漏液而污染整个机芯?

无论是机械还是石英,都有其拥护的粉丝。石英电子表的好处就在于从不让"妈妈"担心"我"的走时以及动不动就要来个保养啥的,不会如机械表一样的"败家"。当然每隔一段时间换个电池还是需要的,一来给手表补充充沛的体能,二来解决电池漏液的问题。

我们石英电子表中的电池目前都是以 1.55 伏的初始电压的氧化银电池(也有 3 伏的或是老款中的 2.1 伏的,这个很重要,或许连很多资深的钟表维修师都不晓得),而瑞士德国表中都以这 Renata 品牌的电池为主。电池为何会在用了一段时间后出现这"尿床"现象,我们得先从这电池的内部讲起,这氧化银电池外形像什么? 纽扣,所以也称之为纽扣电池,纽扣的内部又如同是一块三明治,一层为以镍、不锈钢、铜为元素的负极,一层为氧化银颗粒组成的正极,中间加了一片美味的"黄油"——含有锌的电解液(之前还含有汞,不过自从 2009 年起国内从环保角度出发就要求已无汞的含量了)。当然电解液刚开始是比较稳定的,而且也有隔膜及高分子材料的密封层包裹着,同时也起到了绝缘的作用。当上下两层的正负极接通时被装入机芯后,锌与电解液的化学反应击穿这隔膜后区还原这氧化银颗粒中的银金属而产生电能,而设计它的使用时效一般为 3 年(这是由其容量决定之)。在寿终正寝之前的放电都是以这 1.55 伏的额定电压下输出电能的,而后突然之间电压会直线下降,那此时的电池内部的化学反应已经极其不稳定,同时由于时间的因素,摧残着密封层,所以就会漏液。

唯一的方法就是勤换电池,一般建议为 2 年半为界限,时间到后要及时更替,如有时准备长时间不佩戴这款石英电子表了也请记得电池从这机芯中转移走,免得后悔莫及。而同时这 2 年半的时限虽是换电池,同时也正好对手表的防水性做个检测与更换新的防水圈等零部件,这也是防护壳内部的最好保障,水汽也是电池漏液的又一个很大的诱因。

问题 2 机械手表的自动陀擦碰夹板与后盖而影响自动上链效率并伴有异响?

无论是对于表友还是技术人员来说,自动机械表中最头疼的地方之一就在于上链效率的问题。当然影响到这块的因素有很多,其中一个是很多表友都碰到过的问题,就是自动陀擦碰夹板与后盖。由我们手腕的运动来带动这自动陀的转动而给发条上链,使得我们的手表有着无穷无尽的动能,但是否想到过,自动陀也是个苦命的主?

目前大部分的自动陀结构一般采用的是滚珠轴承式与弹簧锁片销钉式,前者如 ETA 的 2892、7750 等,后者如 IWC 的啄木鸟自动机构、劳力士的陀钉式等。虽有不同的技术承载,但相同的是什么? 都是大力士级别的象征——单臂支撑着这重物,有时很多的自动陀还得加量,譬如弄个 21K 级别的陀边或是整陀。效率是提升了不少,但也给自动陀带来了负担,时间一长,轴承中的滚珠与轴承内壁研磨久了,就出现了磨损,与滚珠一样功能的陀钉也是一样,都会有磨损的一天。

自动陀既要有一个轴向间隙与横向间隙来自由的转动,但同时也得保持住最外边的陀边与轮夹板之间的空间,要做到互不侵犯,一旦相碰,那绝对是面目全非,相互间的镀镍或是镀铑不见了,发出异响并影响自动上链的效率。所以保持住这个间隙所用的方法有以下几种。

1. 滚珠轴承中的滚珠由钢质的改为陶瓷的，增加了硬度，不易被磨损。
2. 销钉式的自动陀陀钉经常性的更换呗，永远保持着具有肌肉般的臂力。
3. 机芯洗油点油时的油品需要加的到位：正确的油、正确的量、正确的点油方法。
4. 品牌生产的机芯钢材制造得找回原先的水平吧，现在有点偷工减料的迹象了，也包括功能性的打磨，此处的摩擦也正是这自动陀擦碰轮夹板与后盖的魔鬼之步伐。
5. 还有一种方式，前人已经使用，被JLC、PP、VC、AP共同使用的轨道式自动陀：PP的 Cal.28-255/VC的 Cal.1120/AP 的 Cal.2120 JLC 的 Cal.920。

问题 3　腕表走时不准?

机械表都有误差，出厂之时，品牌会把误差控制在要求的范围里，超出这个范围，我们才需要留意。其中比较常见的人为原因就是受磁、碰撞导致的游丝位移（不中心、不平）、快慢针变化等，这些情况算是日常佩戴中最常见的，不用过分担心，毕竟不是每个人戴表都缩在袖管里，正确的做法是送到品牌指定的服务中心，您一定会从一个重视售后服务的品牌那里得到满意的答复。

问题 4　手表进水或进雾气?

从室外走进室内，若在手表表镜外侧起雾，这种情况自然不用担心，是正常的物理现象。但通常比较常见的手表起雾是在手表内侧。若是这种情况，可能就需要关注手表的防水性能是否

正常了。手表的外观件除了美观以外，也会对手表起到防水保护的作用。但是外观零件通常是由金属、塑料等材质制作而成。由于这些材质弹性较差，零件与零件的接缝会存在空隙。为了避免空隙造成进水隐患，所以，会在这些零件链接的部位添加富有弹性的橡胶圈，达到填补空隙增强手表的防水性能。

手表内起雾，有可能手表的防水性能已经存在异常，防水保护已经形同虚设，只要手表接触水，水汽就可能进入表内，冬季若从室外走进室内，内部的水分，通过温度的突然升高，会造成手表内潮湿的水"雾化"，雾气会附着在手表镜面上。通常这种情况雾气会很快消散，因为手表不密封，雾气会通过不密封的部位消散。

在手表的防水性能良好的情况下，由于冬或夏季室内外温差巨大，突然的温差变化，会对手表造成无形的冲击，在热胀冷缩的作用下，室内的湿气会突破原本的防水保护，进入手表内部。如果防水性能良好，当手表防水又恢复如初时，则雾气被"困"在手表内部，无法消散，再遇冷后水汽可能会变成水珠。手表内部则长期处于"潮湿"环境。久而久之，会侵蚀腐蚀手表金属零件，造成手表走时不准、停滞等故障。

所以，当手表出现"雾气"现象，需要尽快送至服务中心进行检查并处理。避免造成更严重的损失。除此以外，维修手表出现雾气，也是一个整体的维修过程，可能需要更换失效的防水零件，也可能需要对内部的机芯零件进行重新清洗加油，避免出现腐锈情况。

问题 5　手表晃动有异响?

透过腕表表镜，我们每日去看时间，细心的朋友也会留意腕表内的声音。除了擒纵机构的嘀嗒声，自动陀旋转（或往返滑动）的声音之外，有时候轻晃手表会听到异响，主要有几个原因：表盘固定出现问题，如表盘脚断裂，表盘脚固定螺丝松脱；机芯固定出现问题，固机螺丝断裂，松脱，固机圈压片变形，或螺丝脱落；机芯出现问题，螺丝松，自动陀蹭陀，或者干脆脱落等。

以上问题发生之初，运气好的时候，并不影响腕表的走时，所以很难被发现，但随着每天的佩戴，问题可能越来越严重，例如表盘固定松脱，导致指针碰擦立体时标，影响走时不说，还会划伤表盘（有些品牌款式不使用这种表盘脚的固定方式就避免这种情况）；蹭陀划伤机芯等，你只能选择保留这些难看的痕迹，或者品牌帮你更换这些部件，自己承担零件费用。

问题 6 自动机械表不自动？

不少机械表"表友"都有过这样的经历，周五下班后把手表放在桌上，周一上班出门却发现手表停在了某个时间点，销售人员明明介绍这个是自动机械表，但是为什么手表却停了呢？它是不是坏了呢？

机械表的动能源自于内部的条盒，通过条盒释放能量使手表持续运行，而条盒的能量储备是固定的，所以需要定时上弦增加能量。自动机械表在原有的上弦功能上增加了自动上链装置，连接着自动锤，一般是扇形的金属片，在手臂不停摆动的过程中，自动锤会转动带动自动上链装置给手表增加能量。当手表放下的时候，自动上链装置是静止不动的，手表运作只会消耗能量，而没有能量产生，若能量耗尽后就会出现走停的现象。遇到这样的情况，只需要手动上满发条，给手表足够的能量启动和运行。然后，校对时间再佩戴。

若是长动力的自动表可以不用考量那么多，但又有另外一种情况——平常都佩戴，但放下一个晚上后，早上发现手表停了或走时不准了，那是怎么回事呢？这主要的原因是白天佩戴

着手表手腕的运动量不足而无法给予手表充分上链，或者就是自动上链的效率出了问题，具体可参见问题2。

问题 7 变成"跨栏高手"的石英表秒针？

说到手表的秒针，我们知道机械表的秒针是平滑运行的，而石英表的秒针则是的一格一格运行的。佩戴一段时间后，不少表友会发现，秒针不再"一步一步往上爬"了，出现了4秒动一下，虽然走时依然精准，但秒针的异常，也让人着实担心。其实，这个是石英表电池电量即将耗尽的提示，我们称之为石英表的EOL（End of life）。手表出现故障的时候，切记不要着急，有问题可以先查看一下说明书。同时，手表是精密仪器经不起拍打、磕撞，可能原本简单的情况会由于不当操作，导致二次损坏，这样的情况在售后过程中会影响到手表的保修，并带来高昂的维护费用，造成不必要的经济损失。有的时候，在使用手表或者其他物品的时候，多了解一下它的特性和常识，不但，会给你在使用的时候更得心应手，而且，也会增加物品的使用寿命。在出现故障的时候能更从容不迫游刃有余。

问题 8 石英表一般停走的故障判断？

1. 石英表电池无电或容量不足，需要更换新电池。一般常规电池可供指针式石英表使用2～3年周期，要是在更换电池短期内发现电池无电，这种情况一般是由于手表功能多功耗大，如指针式石英表加液晶显示功能表款；还有一种是因为电

池本身品质不高引起。在排查时检查电池是否有电，无电则需更换新电池。如果检测电池有电，可能是以下等问题。

2. 石英手表走走停停或直接"罢工不走"，我们判断应该是手表接触电池的正负极接触簧片上有污物或电池安装不到位，电路板上信号输出点与线圈线头引出点也会发生接触不良。这些都会引起电路不导通，使石英电子手表不走或者走不好。要是由于接触不好引起的电路不通，需将电池接触簧片和电池两极处充分清洁，然后再重新安装好。

3. 年代久的石英表可能是因为线圈短路。因为石英表一般寿命大约10年左右，随着时间推移由于石英表的线圈氧化，或人为原因使线圈损坏，可通过万用表测试检查，一般则需更换线圈。

4. 用仪器测试石英表电路板无输出信号，而其他各方面检查都正常，大多数原因是石英振子损坏或集成电路故障引起。建议先更换石英振子，要还是不行的话，则需更换整个电路板。

5. 查看机芯步进马达能否转动，查看带有磁性的步进马达转子是否吸附铁屑和杂物，卡死不能转动，引起石英表指针停走或时走时停。

6. 石英机芯机械轮系故障，查看轮齿间是否有杂物、灰尘，影响齿轮系的正常运行。也有机芯油过量，使轮片与夹板发生粘黏，解决办法是对石英表的机械构件进行洗油工作。

问题 9 为什么手表会出现走时不稳定？

往往手表走时不稳定都会受到很

多因素的影响。

1. 受磁场的影响

手表机芯的游丝一旦受磁就会黏连在一起，从而影响手表的精准度，严重的话会直接停走。一般手表受磁之后建议去钟表店进行消磁处理。

2. 受到撞击或是温度变化

虽然全自动机械手表就有一定的防震能力，但受到冲击力过大，比如大力挥动手腕，所产生的冲击力会让游丝缠在一起，导致手表偏快甚至停摆；更大的冲击力会让手表游丝跳出，减震装置脱落，快慢针错位，这对于调速系统是致命的影响。经常遭受大力冲击，也会让手表上线速率降低，甚至失效。

3. 动力不足

如果佩戴时间过短能量不足就会导致腕表出现忽快忽慢的状况，所以如果发现腕表出现动力不足的情况就要适当的手动补充发条了。

建议手表走时异常不稳定，需要找专业的师傅进行维修。

专业钟表词汇与常识

NOS

全称为：New Old Stock，NOS 是其缩写，中文译为：库存品，指未被使用、或轻微试戴痕迹的旧款手表，通常是已经停产的款式，历经多年，NOS 状态的手表数量稀少，同时不可再生，所以相对于被使用过的同款，价格会溢价不少，甚至翻倍。因为存在巨大的价差，所以有伪装成 NOS 状态的手表，购买前建议仔细核对。

Cal.

全称为：Caliber，Cal. 是其缩写，原意为直径，以前机芯是按照直径区分，比如以前天文台竞赛对手表怀表分级的一大标准就是机芯直径。如编号是 Cal.13″，则表示该机芯直径为 13 令，约 30 毫米，后面还会因为不同的功能而有不同的后缀，在久而久之的使用中，Cal. 被大家引申为机芯型号的意思。

Ref.

全称为：Reference Number，Ref. 是其缩写，原意为参考编号，特指手表的型号，比如 Ref.1518 就代表该表款的具体型号就是 1518。

大表

华语圈手表术语，这里的大在某些场合并不是指的是手表的表壳直径的大小，而是特指手表价格的高低，通常售价在 50 万人民币以上的会被称之为大表，比如百达翡丽 Ref.5959P，表壳直径只有 33 毫米，但是因其 400 万人民币的市场价，可以被称之为大表，而如万国的大型飞行原手表因为售价只有 10 万左右，即使表壳直径达到 48 毫米，也不能称之为大表。

万年历表－万年都不用调日期

"万"在很多时候是形容词，而不是量词。万年历表的日期显示，是由齿轮比控制，而齿轮比则根据实际的历法设计。实际的公历运行，每 4 年一个闰年，每 100 年少一个闰年，每 400 年又多一个闰年，齿轮比的设计难度陡增。常见的万年历表，都只负责每 4 年一个闰年的规律，每 100 年即需要手动调校一次。

1 1995 年推出双秒追针计时表 Ref. 5004，采用 Nouvelle Lémania Cal.CHR 27-70 机芯，带万年历功能
2 OMEGA（欧米茄）Cal.321

世界时表显示世界各地的时间

世界时表规范叫法，应该是世界时区表。也就是说，世界时表显示的是各世界时区的时间，最常见的是显示 24 个整时区，也有少数能显示 39 个时区，包含半时区和 1/4 时区。而世界时表上标记的城市，是每个时区的代表城市。

陀飞轮表走时一定很准

陀飞轮的发明，目的是为减少重力对怀表摆轮游丝的干扰，走时更精准。而到了手表时代，本身佩戴着的手腕一直在运动中，人体本身就是一个大"陀飞轮"，且在现代，随着材料改进和加工精度提升，不做陀飞轮手表也能做得非常精准。久而久之，陀飞轮反而变成一种工艺，做得再顶级对提升精度微乎其微，而一旦做得粗糙走时只会更差。

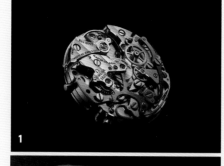

1　OMEGA（欧米茄）限量 1 014 枚的黄金版"阿波罗 11 号"50 周年纪念计时表搭载的 Cal.3861
2　Ref.1518 是 PATEK PHILIPPE（百达翡丽）第一代万年历计时腕表。生产周期为 1941 年至 1954 年（图片来自苏富比）
3　贵得有道理 -PATEK PHILIPPE（百达翡丽）Ref.5959P
4　MONTBLANC（万宝龙）1858 系列 Geos-phere 世界时表
5　爱彼 Calibre 5134 自动上链自产机芯表盘视图
6　爱彼万年历不锈钢搭配蓝色表盘
7　飞亚达航天系列陀飞轮腕表

陀飞轮表是很贵的

陀飞轮的结构并不复杂，做出来不难，但做好做精不易。事实上，评判一只陀飞轮表的关键，在于工艺和设计，这两样做到顶级就嗷嗷贵，做不好就没有价值。陀飞轮为实用而生，如今却可以说是为艺术而活。

手表越贵走时越准

手表已经不只用于看时间，所以很显然，手表的价值也不可能只体现在走时精度。事实上，如今作为奢侈品的腕表，价值反而在于"无用之用"，包含工艺、设计、文化、材质、品牌等。

金表一定比钢表贵

金比钢贵，因为金更稀缺。但金表和钢表，比的不是金属原料材质，而是表的稀缺性。金表不一定比钢表贵，因为有些钢表更稀缺。有些古董钢表因限量难得一见身价飙到千万，比如百达翡丽 Ref.1518 钢表。哪怕是现代制表，有些钢表也比金表昂贵，因为其背后的工艺和品牌价值更稀缺，比如百达翡丽的钢壳鹦鹉螺。

零件数越多表就越好

零件数越多，只代表功能越多。而功能多，不一定就品质好、工艺好，甚至连走时精准都不保证。理论上来说，轮系布局越简单零件越少，机芯就越容易运作好。当然零件数越多功能越复杂，发挥工艺的空间越大，但前提是要保证机芯运作的完美，难度相当高。事实上，顶级的复杂表，寥寥无几。

机械表透底更高级

机械表透底，指的是表底不做密封，装上蓝宝石表镜能看到搭载的机芯。所以，透底的价值核心不在于透底的形式，而是露出的机芯本身。机芯若精密精湛，那就高级，机芯若简陋粗糙，世俗话说那还不如捂着。

计时表一直启动会功能障碍

计时功能一直启动，本质上就像慢爬型的日历功能，一边走时一边运行计时功能，不会对走时造成影响，计时运作无过大的损耗。但一直操作计时功能，不停地启动、暂停、归零，是真的高损耗非常容易功能障碍。

机械表调校时间不能逆时针拨针

逆时针拨针，就像倒退行走，总怕会损坏机芯。实际上，拨针只拨时分轮，而被拨动的时轮和分轮的轮齿并不对接走时轮系，无论怎么拨，都牵连不到走时的运作。

振频越高表越准

理论上，振频越高，能够分割出的时间单位越小，能够计算出的时间也就更精准。正所谓，天下武功唯快不破。但对于机械解构而言，高振频也意味着高摩擦和高损耗，如果不能在材质和结构上避免摩擦，运行都成问题，更遑论高精度。

1 LONGINES（浪琴）经典复刻系列导柱轮单按钮精钢计时表

2 Ref.1518A

3 透过表底，机械之美一览无遗

4 芝柏表白金款三轴陀飞轮腕表

自动表不能手动上弦

功能性而论，自动上弦是手动上弦的加强版，手动是自动的基础，自动本就包含手动的功能。自动表手动上弦，就好比小孩学步，都已经会跑了走路自然没问题。

自动表不走可以甩手上弦

自动表自动上弦，是在日常生活中由手臂自然摆动完成。注意，是自然摆动，不是用力甩。

甩动一旦用力过猛，造成自动轮系的磨损，甚至损坏。所以，自动表不走，请手动上弦。

自动表不戴就得放转表器上转

自动表戴在手腕上通常来说，自动表经过 2～3 小时的有效佩戴就已满弦，但平时的手腕动作不会过猛，也不会动个不停。转表器并不会那么的人性化，没个轻重会加剧自动轮系的磨损。一直满弦下，又有自动装置不停地驱力下发条的力量对于机芯超载，能量过剩，机体承受不了。

防水 30 米的手表可以下水 30 米

防水表的防水深度，代表在该水深处所能承受的压力，比如防水 30 米，即 3bar 的压力，等于每 1 厘米^2 3 公斤的力。但一般的防水表，仅做压力测试，而非真实在水下检测，所以不能下水。比如防水 30 米的手表，仅能防汗水、雨水、洗脸水。只有潜水级别的防水表，才能真实下潜到标记的防水深度。

潜水表可以戴着洗澡

潜水级防水表，真的可以下水 300 米，游泳和潜水都没问题。但洗澡这件

事，潜水表面对的真正敌人，不是水而是水蒸气。气体不仅能潜入潜水表，而且潜入后马上液化，无法再被排出。

保修期内可以免费做一次保养

所谓保修期，就是在指定时间内，针对故障做免费维修，包括免费保养。如果在保修期内，手表没有出现故障，没办法免费保养，得自己掏钱。

石英表不会受磁

机械表受磁，因为磁场会导致游丝黏连，从而影响机械运作。石英表受磁，因为其自带的磁场，会受到外界磁场的干扰，就像电波信号会受电磁波干扰一样。

石英表不需要保养

一次性的石英电子表，机芯无法拆解，只能整个机芯更换，确实不需要保养。但其他的石英表，机芯除了电子板路，也有机械轮系，也要定期清洗、加油的。

1　1965 年更将计时按把改为旋入式，强化防水功能，因此在面盘 Cosmograph 的下方标示了 Oyster

2　"Milspec 1" 五十噚——美国海军潜水表

3　1993 年 Roland Specker 于纳沙泰尔湖（Lake Neuchatel）佩戴欧米茄海马系列 300 米专业潜水表下潜至水深 80 米的深度，验证了腕表卓越的防水性能

4　100 米防水、透明后盖、十分"运动感"的机芯

石英表换的电池是不一样的

石英表换电池，价格参差不等。一般的理解，是取决于电池成本的高低，就像日用的五号七号电池，金霸王要比杂牌高好几倍。但石英表电池，其实只有一个瑞士品牌 Renata，或是日本品牌 Sony、Panasonic 这几个，不同的型号成本上下浮动几元而已。

蓝宝石表镜不会有刮痕

蓝宝石硬度仅次于钻石，日常生活里也只有钻戒能迫害它。但也有一种常见的情况，不受伤的蓝宝石也会有刮痕，那就是刮蹭掉其他的金属，残存在表镜上。

经典之作

在制表业，经典两个字是极为常见的名词。如经典款式、经典设计、经典造型等不胜枚举，那到底什么才是经典？或许很多人脑海中只有一个模糊的概念，无法将其具象。事实上，经典款的确是一个非常抽象的说法，没有办法仅靠三言两语就给它定了性，但从广义上来说，被品牌冠以经典二字的作品，还是有些共通处可以追溯的。

一般来说，经典款往往在品牌的历史表款系列中可以找到与之相似的影子，或者是其所在的系列本身就有一定的年头，对品牌而言是有代表性的，才可以用经典之作这样的词汇来形容。不然您拿个全新的系列，全新的设计，甚至以前从来没有出现过的款式说这个表其实是经典款，这就不免有点误导消费者的嫌疑了。

另外，对于经典款的外观，也有一定的共识。基本上经典款大多是简单的三针或两针表，表径不宜过大，设计可以有五花八门，但简约清晰的布局往往是经典款式一个共同的标志，花里胡哨的经典款不能说没有，但绝对是少数派。其次，在材质方面，经典款通常会使用不锈钢、K金等在制表行业已使用多年的材质来制作表壳，表带则会以皮质或金属链带的搭配为主。所以某种程度上来说，经典款式的造型往往更偏传统与保守，也更符合普通人对手表外形的理解。

运动气息

运动二字在近几年的制表界中不可谓不是个热词，运动表更是常年霸占着许多大品牌热销表款的前几位，甚至有些热门款常年缺货买不到几乎成了大家的共识。但事实上，运动气息是个非常模糊的说法，起码不能完全代表这就是一款传统意义上的"运动表"。不过这也正常，因为如今的运动表款在界定上已经非常宽泛，并且在实际应用中同样如此。

在我的观念里，传统的运动表要么因运动需求而生，如马球、潜水等，要么服务于运动，比如高尔夫、赛车之类，这些表款有着非常清晰的特征，有些更有着严格的标准，可以称为正儿八经的运动表。

而如今，手表早已从单纯的工具属性中衍生出了个性穿搭、彰显品位等更多意义。于是运动逐渐成为手表的一种风格，并不是要真的戴去运动，而是迎合时下休闲随性的态度，具有运动风范或者运动气息的表款逐渐成为主流。这些"运动"属性的表

1 BLANCPAIN（宝珀）X Fathoms 潜水表
2 Rolex Deepsea Challenge
3 06 浪琴表经典复刻系列特大表冠 24 小时飞航表

款通常也具有一些特征，比如较大的表径、颜色鲜艳的表盘、带有计时功能或者配备橡胶表带等，这些要素间的互相叠加使得其与常规的表款间形成了非常鲜明的对比，往往更具潮流和时尚感。

传承工艺

工艺在高级制表中是一个非常重要的组成部分，包含着方方面面，其中的大多数也的确经历了数代的传承发展，才有了如今的运筹帷幄。比如我们熟知的珐琅，这项工艺早在数百年前就已存在，甚至比钟表诞生的时间还要久。如今，精通珐琅的制表工匠远比我们想象中的要少。珐琅制作有着十分精细繁复的工艺流程，并且极为考验珐琅大师的经验及判断力，特别是对温度的掌控，失之毫厘可能就会令最终的成品谬以千里。

事实上，制表中运用到的工艺技法所涵盖的范围非常广泛，金雕、微绘、各式镶嵌，甚至打磨技艺或是皮表带的缝纫手法都经过了数代人上百年的传承。而这一切其实正是制表行业发展数百年的一个缩影，将人类智慧的精华保留下来，并且代代相传，为的是创造出令所有人为之惊艳的作品。

1

3

2

4

5

1　天梭航行者 160 年复刻版
2　欧米茄海马复古款
3　PIAGET（伯爵）ALTIPLANO DOUBLE JEU 金雕表
4　Villeret 系列复杂金雕纹饰手表法国
5　微绘珐琅梁祝系列高级定制腕表五枚场景图
6　雅典 Cal.UN118 自动机芯的擒纵装置，包括擒纵轮、擒纵叉杆、摆轮轴上的摆碟和插销均是用 DIAMonSIL 材料，游丝则是硅质

6